高等院校工业机器人专业系列教材

机器人驱动与运动控制

○ 主编 史岳鹏 焦阳 李骞

西安电子科技大学出版社

内 容 简 介

机器人技术是一门典型的跨学科技术，融合了机械工程、电子技术、计算机、自动控制理论、人工智能等多个领域的相关技术。本书主要介绍了机器人驱动与运动控制的基础理论、技术应用及最新发展趋势。全书共10章，具体包括机器人的基础概念、机器人运动学分析、机器人动力学分析、机器人控制系统与控制方式、机器人传感系统、直流伺服电机及其驱动控制技术、永磁同步电机及其驱动控制技术、步进电机及其驱动控制技术、机器人液压与气压传动控制、机器视觉。

本书可作为高等院校机器人工程、自动化、智能制造工程、人工智能等相关专业的教学用书，也可作为相关科研人员与工程技术人员的参考书。

图书在版编目(CIP)数据

机器人驱动与运动控制/史岳鹏，焦阳，李骞主编．--西安：西安电子科技大学出版社，2024.3(2025.6重印)
ISBN 978-7-5606-7048-5

Ⅰ.①机… Ⅱ.①史… ②焦… ③李… Ⅲ.①机器人控制 Ⅳ.①TP24

中国国家版本馆CIP数据核字(2023)第175338号

策　　划　李鹏飞
责任编辑　程广兰　李鹏飞
出版发行　西安电子科技大学出版社(西安市太白南路2号)
电　　话　(029)88202421　88201467　　邮　编　710071
网　　址　www.xduph.com　　电子邮箱　xdupfxb001@163.com
经　　销　新华书店
印刷单位　西安日报社印务中心
版　　次　2024年3月第1版　2025年6月第2次印刷
开　　本　787毫米×1092毫米　1/16　印张　16.5
字　　数　388千字
定　　价　48.00元
ISBN 978-7-5606-7048-5
XDUP 7350001-2

如有印装问题可调换

前言

机器人被誉为"制造业皇冠顶端的明珠",其研发、制造、应用是衡量一个国家科技创新和高端制造业水平的重要标志。

当前,在百年未有之大变局中,新一轮科技革命已然开始。科技文明由蒸汽机带进工业时代,被发电机推至电气时代,借助计算机跨越到信息时代,正由机器人引领到智能时代。处于科技革命前沿阵地的机器人产业,正不断为经济社会的发展注入强劲动能,正不断定义、升级、重塑着各行各业的数字化和智能化内涵,正不断孕育着新的模式和新的业态。中国电子学会2022年8月发布的《中国机器人产业发展报告(2022)》中显示,2021年,我国机器人产业营业收入已经超过1300亿元,稳居全球第一大工业机器人市场。而据国家统计局最新数据,2023年仅1月至5月,我国工业机器人产量已达18.2万台,服务机器人产量已逾286.8万台,相比去年同期累计数据增长了3.8%和34.3%。不仅如此,我国机器人相关技术近年来有了大幅提升,精密减速器、智能控制器、实时操作系统等核心部件的研发都取得了突破性进展,太空机器人、深海机器人等一系列高复杂度产品被成功研制。

行业的蓬勃发展催生了对掌握机器人技术人才的海量需求,而如何让机器人在行业应用场景中运放自如,正是本书所探讨的内容。

全书共10章,每章内容安排如下。

第1章介绍了机器人的定义、组成和分类,同时介绍了决定机器人性能的自由度、定位精度、重复定位精度、工作空间、最高速度和负载等6个技术参数。

第2章介绍了在三维空间中运用数学语言描述机器人运动的方法,对机器人的位置、姿态、各关节间的相对位置等进行了严谨的数学表达。

第3章研究机器人的动力学问题,描述了由驱动器施加的力矩或者作用在机械臂上的外力控制机器人运动的动力学问题。机器人作为具有多输入输出、强耦合和非线性等特点的复杂动力学系统,其各类动力学正、逆问题将在本章中着重讲解。

第4章结合具体实例从控制系统的组成、特点、控制方式等方面介绍了机器人的控制系统。

第5章详细讲解了机器人的内、外部感知传感器的设置和应用。

第6~8章介绍了机器人驱动中最为关键的电机驱动控制技术,从直流伺服电机及其驱动控制技术、永磁同步电机及其驱动控制技术和步进电机及其驱动控制技术三方面详细讲解了各类电机的结构特点以及多种驱动方式和控制方法,并给出了具体应用案例。

第9章介绍了机器人集成系统中液压与气压传动控制及其应用。

第 10 章介绍了当前最新的图像处理算法和 3D 视觉技术,并针对工件抓取问题完整实现了全流程开发。

作为中国大学 MOOC(慕课)精品在线开放课程机器人驱动与运动控制的适配教材,全书包含了逾 400 分钟的对应视频和演示讲解,读者可以扫描各章节中的二维码进行学习。

本书的编写得到了河南省高等教育教学改革研究与实践项目(2021SJGLX285)、河南省本科高校精品在线开放课程建设项目(机器人驱动与运动控制)、河南省线上一流本科课程(豫教[2022]38660)等的资助和支持,特别是本书的责任编辑为本书的高质量出版付出了辛勤的劳动,在此一并致谢。

由于编者水平有限,同时也因为机器人技术仍在高速发展之中,书中难免有疏漏和不足之处,恳请广大读者批评指正。

编　者

2023 年 7 月

目 录

第1章 机器人的基础概念 …………… 1
  1.1 机器人的定义 ………………… 1
  1.2 机器人的组成 ………………… 3
  1.3 机器人的分类 ………………… 4
  1.4 机器人的技术参数 …………… 6
  1.5 本章小结 ……………………… 9
  1.6 课后习题 ……………………… 10

第2章 机器人运动学分析 …………… 11
  2.1 机器人空间描述 ……………… 11
    2.1.1 空间点的描述 …………… 12
    2.1.2 空间矢量的描述 ………… 12
    2.1.3 坐标系的描述 …………… 13
    2.1.4 刚体的描述 ……………… 14
  2.2 机器人位姿描述与坐标变换 … 15
    2.2.1 位置的描述 ……………… 16
    2.2.2 姿态的描述 ……………… 16
    2.2.3 位姿的描述 ……………… 17
    2.2.4 机器人坐标变换 ………… 18
  2.3 机器人齐次坐标变换 ………… 20
    2.3.1 齐次坐标 ………………… 20
    2.3.2 纯平移变换 ……………… 21
    2.3.3 绕轴纯旋转变换 ………… 22
    2.3.4 复合变换 ………………… 25
    2.3.5 机器人 RPY 与欧拉角 … 27
  2.4 机器人运动学方程建立 ……… 29
    2.4.1 连杆的描述 ……………… 29
    2.4.2 连杆参数和关节变量 …… 30
    2.4.3 机器人运动学建模 ……… 31
  2.5 机器人运动学计算 …………… 36
    2.5.1 机器人正运动学计算 …… 37
    2.5.2 机器人逆运动学计算 …… 41
  2.6 本章小结 ……………………… 44
  2.7 课后习题 ……………………… 44

第3章 机器人动力学分析 …………… 47
  3.1 机器人雅可比矩阵 …………… 48
    3.1.1 雅可比矩阵的定义 ……… 48
    3.1.2 速度雅可比矩阵的计算 … 49
    3.1.3 力雅可比矩阵与静力计算 … 51
  3.2 基于牛顿-欧拉法的动力学方程 … 53
  3.3 基于拉格朗日法的动力学方程 … 57
  3.4 机器人的轨迹规划 …………… 60
  3.5 本章小结 ……………………… 62
  3.6 课后习题 ……………………… 62

第4章 机器人控制系统与控制方式 … 64
  4.1 机器人控制系统概述 ………… 64
    4.1.1 机器人控制系统的基本原理及分类 …………… 64
    4.1.2 机器人控制系统的功能 … 65
    4.1.3 机器人控制系统的特点 … 66
    4.1.4 机器人控制系统的组成 … 66
    4.1.5 机器人控制系统的结构及控制方式 …………… 67
    4.1.6 机器人操作系统 ………… 69
  4.2 机器人的控制方式 …………… 71
    4.2.1 机器人的伺服控制 ……… 71
    4.2.2 机器人的位置控制 ……… 74
    4.2.3 机器人的速度控制 ……… 75

4.2.4　机器人的力控制 …………… 76
4.3　典型机器人控制系统 ………………… 77
　　4.3.1　ABB ………………………… 78
　　4.3.2　FANUC …………………… 78
　　4.3.3　安川 …………………………… 78
　　4.3.4　库卡(KUKA) ………………… 79
　　4.3.5　国产机器人的控制系统 …… 79
4.4　本章小结 …………………………… 80
4.5　课后习题 …………………………… 80

第5章　机器人传感系统 ………………… 81
5.1　机器人传感系统概述 ………………… 81
　　5.1.1　传感器的定义 ………………… 81
　　5.1.2　传感器的分类 ………………… 82
　　5.1.3　传感器的性能指标 …………… 83
　　5.1.4　机器人传感器的选择与要求 … 85
5.2　机器人内部传感器 …………………… 86
　　5.2.1　位置/位移传感器 …………… 86
　　5.2.2　速度/加速度传感器 ………… 91
　　5.2.3　力/扭矩传感器 ……………… 92
5.3　机器人外部传感器 …………………… 93
　　5.3.1　触觉传感器 …………………… 93
　　5.3.2　接近觉传感器 ………………… 98
　　5.3.3　视觉传感器 ………………… 101
5.4　机器人感知系统运动控制实例 …… 103
　　5.4.1　焊接机器人 ………………… 103
　　5.4.2　装配机器人 ………………… 104
　　5.4.3　移动机器人 ………………… 105
5.5　本章小结 …………………………… 107
5.6　课后习题 …………………………… 108

第6章　直流伺服电机及其驱动控制技术 … 109
6.1　直流伺服电机的结构 ……………… 111
　　6.1.1　有刷直流伺服电机的结构 … 111
　　6.1.2　无刷直流伺服电机的结构 … 114
6.2　直流伺服电机的原理 ……………… 117
　　6.2.1　有刷直流伺服电机的原理 … 117
　　6.2.2　无刷直流伺服电机的原理 … 120
6.3　无刷直流伺服电机的运行特性 …… 124

　　6.3.1　启动特性 …………………… 125
　　6.3.2　工作特性 …………………… 126
　　6.3.3　调节特性 …………………… 127
　　6.3.4　机械特性 …………………… 128
6.4　无刷直流伺服电机的控制系统 …… 129
　　6.4.1　PID控制 …………………… 129
　　6.4.2　PID控制器设计 …………… 130
6.5　本章小结 …………………………… 137
6.6　课后习题 …………………………… 137

第7章　永磁同步电机及其驱动控制技术 … 139
7.1　永磁同步电机伺服控制系统的构成 … 139
7.2　永磁同步电机的结构与工作原理 … 140
7.3　永磁同步电机的数学模型 ………… 144
　　7.3.1　永磁同步电机的基本方程 … 144
　　7.3.2　永磁同步电机的d、q轴
　　　　　数学模型 ………………… 147
7.4　正弦波永磁同步电机的矢量控制
　　方法 ………………………………… 149
　　7.4.1　$i_d=0$控制 ………………… 150
　　7.4.2　最大转矩控制 ……………… 150
　　7.4.3　弱磁控制 …………………… 151
　　7.4.4　$\cos\varphi=1$控制 ………………… 152
　　7.4.5　最大效率控制 ……………… 152
　　7.4.6　永磁同步电机的参数与
　　　　　输出范围 ………………… 154
7.5　脉宽调制控制技术 ………………… 156
　　7.5.1　正弦波脉宽调制(SPWM)控制
　　　　　技术 ……………………… 156
　　7.5.2　电流跟踪型PWM控制技术 … 161
　　7.5.3　电压空间矢量PWM控制技术 … 164
7.6　本章小结 …………………………… 173
7.7　课后习题 …………………………… 173

第8章　步进电机及其驱动控制技术 …… 174
8.1　步进电机的结构和分类 …………… 174
　　8.1.1　反应式步进电机 …………… 174
　　8.1.2　永磁式步进电机 …………… 176
　　8.1.3　混合式步进电机 …………… 177

8.2 步进电机的运行原理 ……………… 177
　8.2.1 三相单三拍 …………………… 178
　8.2.2 三相双三拍 …………………… 178
　8.2.3 三相单双六拍 ………………… 179
8.3 步进电机的运行特性 ……………… 181
　8.3.1 静态转矩特性 ………………… 182
　8.3.2 单脉冲运行 …………………… 185
　8.3.3 连续脉冲运行 ………………… 186
8.4 步进电机的参数、选择与使用 …… 188
8.5 本章小结 …………………………… 190
8.6 课后习题 …………………………… 190

第9章 机器人液压与气压传动控制 ……… 192
9.1 液压传动概述 ……………………… 192
　9.1.1 液压传动系统的工作原理 …… 192
　9.1.2 液压传动系统的组成 ………… 194
　9.1.3 液压传动系统的图形符号 …… 195
　9.1.4 液压传动的特点 ……………… 196
　9.1.5 液压传动技术的发展和应用 … 197
9.2 典型的液压传动系统 ……………… 198
　9.2.1 YT4543型组合机床动力滑台的
　　　　液压传动系统 ………………… 198
　9.2.2 YB32-200型四柱万能液压机的
　　　　液压传动系统 ………………… 202
9.3 气压传动基础知识 ………………… 207
　9.3.1 气压传动系统的工作原理 …… 207
　9.3.2 气压传动系统的组成 ………… 208
　9.3.3 气压传动的特点 ……………… 210
9.4 气动基本回路和气压传动系统实例 … 211
　9.4.1 换向控制回路 ………………… 211
　9.4.2 压力控制回路 ………………… 212
　9.4.3 速度控制回路 ………………… 215
　9.4.4 气压传动系统实例 …………… 217
9.5 本章小结 …………………………… 220
9.6 课后习题 …………………………… 220

第10章 机器视觉 ………………………… 221
10.1 机器视觉概述 …………………… 221
　10.1.1 机器视觉系统的组成 ……… 224
　10.1.2 视觉传感器 ………………… 227
10.2 机器视觉算法与图像处理 ……… 228
　10.2.1 数据结构 …………………… 228
　10.2.2 灰度值变换 ………………… 229
　10.2.3 图像平滑 …………………… 232
　10.2.4 傅里叶变换 ………………… 233
　10.2.5 几何变换 …………………… 234
　10.2.6 图像分割 …………………… 235
　10.2.7 特征提取 …………………… 236
　10.2.8 形态学 ……………………… 238
　10.2.9 边缘提取 …………………… 239
10.3 3D视觉技术 ……………………… 242
　10.3.1 相机模型和参数 …………… 242
　10.3.2 相机标定 …………………… 243
　10.3.3 双目立体视觉 ……………… 244
　10.3.4 光片技术 …………………… 246
　10.3.5 结构光技术 ………………… 247
10.4 本章小结 ………………………… 248
10.5 课后习题 ………………………… 248

附录 ………………………………………… 249

参考文献 …………………………………… 255

第1章 机器人的基础概念

当前,新一轮科技革命和产业变革正加速演进,新一代信息技术、生物技术、新能源、新材料等与机器人技术深度融合,机器人技术已然成了各国科技产业竞争的前沿和焦点。在我国转向高质量发展的过程中,迫切需要机器人产业和技术的强力支撑。

1.1 机器人的定义

1.1

作为当代科技创新的集大成者,机器人技术正在深刻改变着人类的生产和生活方式。当前,机器人这一领域的佼佼者中,既有发那科、ABB、波士顿动力等大家耳熟能详的国外公司,也有新松机器人、美的集团、埃斯顿自动化、大疆创新等中国企业。我国机器人技术研究虽然整体起步较晚,但发展迅猛,潜力巨大。

在科技界,科技术语一般都有较为固定和明确的定义,但对于机器人而言,其定义还在不断发展中。不仅是因为对机器人的定义在某些方面已经涉及对人这一概念的本质理解问题,更主要是因为机器人领域的技术发展十分迅猛,新的功能和技术的不断涌现使人们对机器人的认识和期待都在不断地变化。机器人(robot)一词是1920年由捷克作家卡雷尔·恰佩克(Karel Capek)在他的讽刺剧《罗素姆万能机器人》中首先提出的,描述的仅仅是一种关于人形机器的想象。而到了2022年,由中国空间技术研究院(航天五院)抓总研制的我国空间站天和核心舱上的智能机械臂已经能够在太空与航天员进行协同工作。该机械臂的展开长度达10.2米,最多能承载25吨的重量,主要承担空间站舱段转位、航天员出舱活动、舱外货物搬运、舱外状态检查、舱外大型设备维护等八大类在轨任务,是世界上最为先进的空间机器人之一。该机械臂有三个肩部关节、一个肘部关节、三个腕部关节,一共七个关节,每个关节对应一个自由度,因此该机械臂具有了七自由度的活动能力。在机械臂的两端——肩部与腕部还各有一个末端执行器,其上装有双目测量相机和多种传感器,可实现机械臂的自主控制和柔顺控制,能够实现在自身前后左右任意角度与位置的抓取和操作。我国空间站机械臂转位货运飞船的情形如图1-1所示。

当前,国际上在机器人领域较有影响力的组织如美国国家标准局(National Bureau of Standards,NBS)定义机器人是"一种能够进行编程并在自动控制下执行某些操作和移动作业任务的机械装置";美国机器人工业协会(Robotic Industries Association,RIA)认为机器人是"一种用于移动各种材料、零件、工具或专用装置的,通过可编程的动作来执行种种任务的具有编程能力的多功能机械手";国际标准化组织(International Organization for

图 1-1 我国空间站机械臂转位货运飞船的情形

Standardization，ISO)定义机器人是"具有一定程度的自主能力，可在其环境内运动以执行预期任务的可编程执行机构"。在此基础上，中华人民共和国国家标准 GB/T 36530—2018 中定义机器人为"具有两个或两个以上可编程的轴，以及一定程度的自主能力，可在其环境内运动以执行预期的任务的执行机构"。

而对于主要在工业生产中应用的机器人，它们还有专有的称谓——工业机器人。在我国的推荐性国家标准《机器人与机器人装备　词汇》(GB/T 12643—2013)中对工业机器人的定义是"自动控制的、可重复编程、多用途的操作机，可对三个或三个以上轴进行编程，它可以是固定式或移动式，在工业自动化中使用"。

根据以上的一些定义，一般认为机器人是一个在三维空间中具有多自由度运动能力和一定感知能力，可编程实现诸多拟人动作和功能的智能通用机器。机器人的最显著的四个特点如下。

(1) 可编程。机器人可随其工作环境变化的需要而再编程，决定了它不仅可以在长时间、大批量的工作中稳定地保持工作标准，而且在小批量、多品种的柔性制造过程中也具有很好的适应性和功用性。

(2) 拟人化。机器人在机械结构上有类似人的大臂、小臂、手腕、手指等部分。在控制上有类似人脑的中枢控制电脑。还有许多类似人类的"生物传感器"，如皮肤型接触传感器、力传感器、视觉传感器、声觉传感器等。丰富的传感器配置极大地提高了机器人对周围环境的感知和自适应能力。

(3) 通用性。经过编程调试的工业机器人可以胜任生产线上的不同工位，更换工业机器人手部的末端执行器便可执行不同的作业任务。

(4) 交叉性。机器人技术涉及的学科相当广泛，涵盖了控制、机械、电子、计算机科学等诸多学科。某些智能机器人还具有记忆能力、语言理解能力、视觉识别能力、推理判断能力等人工智能。

因此，机器人技术的发展和应用水平是一个国家科技水平和工业能力的综合体现。特别地，工业机器人的研发、制造、应用更是衡量一个国家科技创新和高端制造业水平的重要标志。本书之后的内容也将主要围绕工业机器人展开。

1.2 机器人的组成

随着机器人在工业生产中的不断普及,工业机器人的形态因应用场景的不同也变得日益多样化。但总体而言,工业机器人基本上由机械部分、传感部分和控制部分组成。其中,机械部分用于实现各种动作,其包括执行机构和驱动系统,执行机构与任务直接相关,起到执行的作用,像人的手;而驱动系统类似于人的肌肉,起到消耗能量得到动力的作用。传感部分用于感知内部和外部的信息,类似于人的视觉、触觉等,其作用是反馈任务执行过程中的信息。控制部分用于控制机器人完成各种动作,类似于大脑一样进行信息处理,起到控制、指挥、协调的作用。

1. 机械部分

机械部分中的执行机构是机器人赖以完成工作任务的实体,又被称为操作机,通常由连杆和关节组成。机器人典型执行机构示意图如图 1-2 所示。从功能角度来看,执行机构可分为手部、腕部、臂部、腰部和基座等。

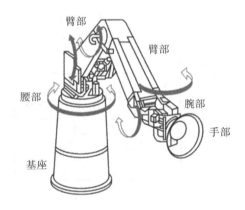

图 1-2 机器人典型执行机构示意图

机器人的驱动系统包括驱动器和传动机构两部分,它们通常与执行机构连成机器人本体。驱动系统的驱动方式主要有电机驱动、液压驱动和气压驱动三种。常用的驱动器有直流伺服电机、步进电机、永磁同步电机。传动机构包括各种减速器,滚珠丝杠、链、带以及各种齿轮系。其中,减速器是将电机的高速转动转换成低速运动的关键器件,其作用是增加负载和功率,主要有 RV 减速器、谐波减速器和行星减速器三种。

2. 传感部分

传感部分由机器人具体应用时需要的感受系统(包括各种检测器)、传感器组成,用以感知环境信息、检测执行机构的运动状况,并及时进行信息反馈。

机器人的传感器中有主要用来检测机器人本身状态,掌握机器人各执行机构的位置、姿态、运动速度等,以调整和控制机器人自身行动的内部传感器;也有用来检测机器人所处环境、外部物体的状态及与外部物体的关系等的外部传感器。

3. 控制部分

机器人的控制部分主要包括人机交互系统和控制系统，用以实现人机交互和机器人运动控制两个功能。控制系统通过驱动系统操纵执行机构进行动态调整，以保证其动作符合设计要求。控制系统一般由控制计算机和伺服控制器两部分组成。其中，控制计算机发出指令，协调各关节之间的运动，完成编程、示教或再现，以及与其他设备之间的信息传递和协调工作；伺服控制器是电机的驱动电路，其作用是将控制系统的弱电信号转换成控制电机运转的强电信号。

机器人各组成部分的关系如图1-3所示。控制系统是决策者，也是人机交互的对象。控制系统收到任务信息后计算各关节的运动量并指挥驱动系统动作。驱动系统消耗电能使执行机构按照设定任务运动并作用于工作对象。传感部分实时测量执行机构的动作偏差，并将偏差信息等反馈给控制系统进行动作矫正。整个系统协同配合，完成既定任务。

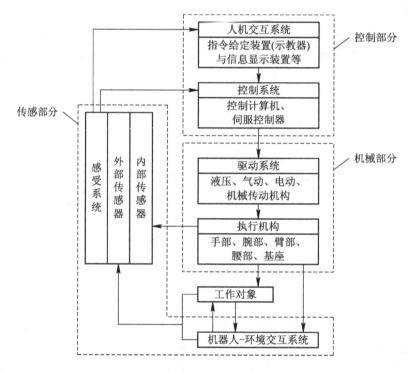

图1-3 机器人各组成部分的关系

 **1.3 机器人的分类**

中华人民共和国国家标准《机器人分类》(GB/T 39405—2020)中按照机器人的应用领域、运动方式、使用空间、机械结构、编程和控制方式等5种分类方式对机器人进行了类型划分。对于工业机器人而言，根据控制系统工作方式的不同，主要分为非伺服控制机器人和伺服控制机器人两大类。

从控制实现的角度来看，非伺服控制是较为简单的形式，非伺服控制机器人又称为开关式机器人。它的工作特点是机器人驱动装置接通能源后,带动执行机构的臂部、腕部和手部等装置运动。当它移动到由限位开关所规定的位置时,限位开关切换工作状态,给定序器等送去一个工作任务已经完成的信号,并使终端制动器动作,切断驱动系统能源供给,机器人停止运动,之后循环往复以上过程。

伺服控制系统是使物体的位置、状态等输出被控量能够跟随输入目标或给定值任意变化的自动控制系统。伺服控制机器人工作时通过多源传感器采集各种反馈信号,并用比较器将反馈信号与来自给定装置的综合设置信号进行比较,对误差信号进行放大后用以激发机器人的驱动装置,进而带动末端执行器进行规律运动,达到规定的位置和速度等。伺服控制机器人的工作过程如图1-4所示。

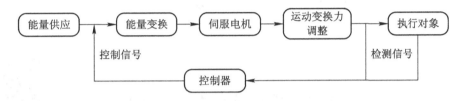

图1-4 伺服控制机器人的工作过程

按照运动控制方式的不同,伺服控制机器人又可细分为连续路径(continuous path,CP)控制机器人和点位(pose-to-pose,PTP)控制机器人两类。点位控制只规定了各关键点的位姿,不规定各点之间的运动轨迹。机器人末端可以调节姿态与路线,完成相邻点间的规划运动。点位控制机器人广泛用于执行部件从某一位置移动到另一位置的操作。例如,图1-5所示的码垛机器人可以完成码垛或装卸托盘作业。连续路径控制机器人不仅需要末端到达设定点,还要沿空间中设计好的轨迹运动。这类工业机器人的应用包括喷漆、抛光、磨削、电弧焊等较为复杂的任务。焊接机器人如图1-6所示。无论是连续路径控制机器人,还是点位控制机器人,都要对位置和速度等信息进行连续监测,并反馈到与机器人各关节有关的控制系统中,因此这两类机器人都属于伺服控制机器人。

图1-5 码垛机器人

图 1-6 焊接机器人

1.4 机器人的技术参数

在为实际生产进行工作站设计和设备选配时,需要有一定的依据来判断机器人是否适用,这些依据就是机器人的各项技术参数。对于工业机器人而言,其最主要的参数有自由度、定位精度、重复定位精度、工作空间、最高速度和负载。

1. 自由度

自由度(degree of freedom,DOF)又称为坐标轴数,有时也直接简称为轴数,指用以确定物体在空间中能独立运动的变量数或描述物体在空间运动所需要的独立坐标数。通常,组成机器人的每个能以直线或回转方式运动的关节就是一个自由度。通常情况下,机器人每增加 1 个轴可增加 1 个自由度。但机器人末端手指的开、合,以及手指关节的活动度一般不包括在自由度内。

当前,工业机器人以六轴关节型机器人最为常用,这是因为在三维空间中,描述物体的位置和姿态需要 6 个自由度,以安川 MA1400 六自由度机器人(如图 1-7 所示)为例,机器人各轴取名为 S 轴、L 轴、U 轴、R 轴、B 轴与 T 轴。其他公司也有以数字 1,2,…,6 进

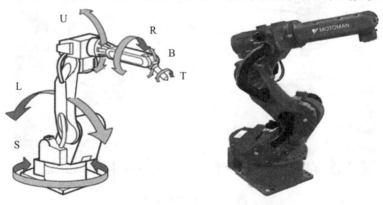

图 1-7 安川 MA1400 六自由度机器人

行依次命名,发那科小型机器人 LR Mate 200iD 则紧靠基座安装面的第一个运动轴开始依次命名为 J1 轴至 J6 轴。

人们期望机器人能够在三维空间中把它的末端执行器以及执行器负载准确地运动到目的点。如果机器人的用途预先不知道,则默认它应当具有六个自由度以适应不同的工作需求。六轴机器人可在水平面自由旋转,能在垂直平面移动,具有与人类的手臂和手腕类似的功能,这意味着它们可以完成拿起水平面上任意朝向的部件,并以特殊的角度放入包装产品里,同时它们还可以执行许多由熟练工人才能完成的操作。

根据需要,常见的工业机器人还有四轴机器人和七轴机器人等。例如,图 1-8 所示的是埃斯顿 ER6-600-SR SCARA 机器人。SCARA 机器人具有 4 个轴和 4 个运动自由度,它们的结构轻便、响应快,在平面上具有顺从性,而在 z 轴方向具有良好的刚度,最适用于平面定位以及在垂直方向进行装配作业。因此,SCARA 机器人在手机等 3C 电子产品装配等行业中得到了广泛应用。

七轴机器人多称为协作机器人,如图 1-9 所示的新松 SCR5 协作机器人是我国研制的首台七自由度协作机器人。协作机器人一般具备碰撞检测功能,这样就无需安装安全防护栏等,便于人机协同工作。协作机器人可以快速、灵活地配置到布局紧凑、精准度高的柔性化生产线中,7 自由度设计让它可以实现更多的姿态变化,从而实现安全、灵活、精准、高效的旋拧、定位等精密装配工作。

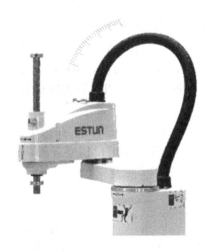 

图 1-8　埃斯顿 ER6-600-SR SCARA 机器人　　图 1-9　新松 SCR5 协作机器人

自由度的增多对机器人的应用有什么实际意义呢?将七自由度机器人和六自由度机器人做一个对比。通过对比可以发现,在保持末端机构位置不变的情况下,一个六自由度机器人在空间中是无法改变其他关节结构的,如图 1-10 所示。我们试想一下,如果机器人末端机构不变,那么机器人能从左边扭转到右边吗?答案是不行的。就像人的手臂和手指一样,不管关节怎么移动,手指的位置肯定是要变的。也就是说,对于一个六自由度机器人,从一个构型移动到另一个构型的时候,无法保持末端机构始终不动。而如图 1-11 所示的七自由度机器人则可以实现。不过,虽然自由度多的机器人有更高的灵敏性,但自由度越多,其刚度越差,控制也越复杂。

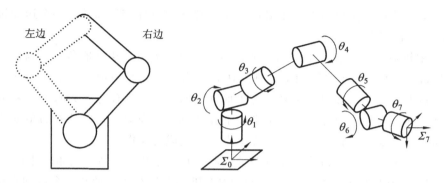

图 1-10 六自由度机器人扭转示意　　图 1-11 七自由度机器人关节示意图

2. 定位精度

定位精度是指机器人末端执行器实际到达位置与目标位置之间的接近程度。影响机器人定位精度的因素有很多，分为内部因素和外部因素，其中，内部因素包括控制系统位姿控制方式、机器人机械结构的刚度、机器人部件的制造精度；外部因素包括负载大小、速度或加速度等运动动量、温度等环境因素。

3. 重复定位精度

相较于定位精度，机器人产品的数据手册中常常标注的是重复定位精度参数。重复定位精度是指机器人手腕重复定位于同一目标位置的能力。影响机器人重复定位精度的因素有很多，分为内部因素和外部因素。内部因素有机器人尺寸、伺服系统特性、驱动装置的间隙与刚性、摩擦特性等；外部因素包括负载大小、运动过程（速度、加速度）、温度等环境因素。重复定位精度代表了末端执行器返回到同一位置的能力。当机器人进行装配类工作时，重复定位精度就非常重要了。

图 1-12 展示了机器人定位精度和重复定位精度的区别及好坏。在图中，B 表示正态分布标准位，h 表示重复定位精度，图(a)、(b)、(c)分别表示定位精度合理，重复定位精度良好；定位精度良好，重复定位精度较差；定位精度较差，重复定位精度良好 3 种情况。

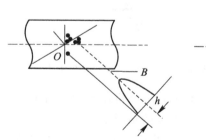 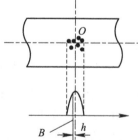 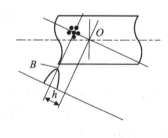

(a) 定位精度合理，重复定位　　(b) 定位精度良好，重复定位　　(c) 定位精度较差，重复定位
　　　精度良好　　　　　　　　　　　精度较差　　　　　　　　　　　精度良好

图 1-12 机器人定位精度和重复定位精度示意图

4. 工作空间

机器人的工作空间是指其活动部件所能掠过的空间与末端执行器和工件运动时机器人

手臂末端或手腕中心所能到达的所有点的集合。描述工作空间的手腕参考点可以选在手部中心、手腕中心或手指指尖,参考点不同,工作空间的大小、形状也不同。对于多自由度工业机器人,通常在产品数据手册中使用臂展或可达半径等数据值来表达工作空间的大小。

5. 最高速度

从功能实现角度来看,机器人的最高速度指的是在各轴联动的情况下机器人手腕中心所能达到的最高线速度,单位为 mm/s。从产品设计角度来看,机器人的最高速度指的是机器人主要自由度上的最大稳定角速度,单位是 rad/s 或°/s。通常,从应用场景来说,装配机器人的最高工作速度要低于搬运机器人的工作速度,因为装配要求非常高的位置精度和稳定性,而搬运小物件更看重工作效率。

6. 负载

负载(load)是指在规定的速度和加速度条件下,沿着运动的各个方向,末端执行器安装面或底盘等机器人组件能够承受的力和扭矩。负载是质量、惯性力矩的函数,是机器人承受的全部静态力和动态力。可通俗地将负载理解为机器人在作业范围内的任何位姿上所能承受的最大质量。为了安全起见,一般将承载能力这一技术指标定义为高速运行时的承载能力。影响机器人负载能力的因素众多,不仅包括驱动器功率、连杆尺寸和材料刚度、重力浮力等环境条件,还包括速度和加速度的大小、方向等运动参数。如图 1-13 所示为发那科 M-2000iA/1700L 机器人搬运车体的示意图,该机器人不含控制装置的本体质量为 12 500 kg,其手腕部搬运质量可达 1700 kg。

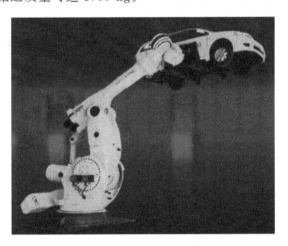

图 1-13 发那科 M-2000iA/1700L 机器人搬运车体的示意图

以上 6 个技术参数基本代表了机器人的主要性能指标。在进行工业产线设计和生产设备选型时需要综合考虑,这样才能挑选出符合实际应用的机器人。

1.5 本章小结

本章对机器人的定义、组成和分类进行了探讨,对决定机器人性能的自由度、定位精度、重复定位精度、工作空间、最高速度和负载等 6 个技术参数进行了讨论。

在实践中，机器人的驱动与运动控制涉及运动学、动力学、经典与现代控制理论、传感器技术、伺服电机及其特性、气压及液压、精密机械等多学科领域的综合性交叉知识。在日益成熟的计算机视觉技术推动下，该领域将进入一个更加崭新的发展阶段。

1.6 课后习题

1. 填空题：机器人的显著特点主要包括_____、_____、_____和_____。
2. 填空题：机器人的主要组成部分包括_____、_____和_____。
3. 单选题：在机器人各组成部分中，（ ）系统是决策者。
   A. 控制　　　　B. 机械　　　　C. 传感　　　　D. 执行
4. 单选题：机器人的坐标轴数（或轴数）又称为机器人的（ ）
   A. 自由度　　　B. 刚度　　　　C. 连杆数　　　D. 以上都不是
5. 判断题：机器人的驱动方式主要包括电机驱动、液压驱动和气压驱动3种。（ ）
6. 判断题：从控制的角度来看，非伺服控制是最简单的形式。（ ）
7. 判断题：当前使用最为广泛的工业机器人一般都是7轴的。（ ）
8. 简述题：目前对机器人的定义有哪些？
9. 简述题：机器人驱动系统中常用的驱动器和传动机构有哪些？
10. 简述题：与非伺服控制机器人相比，伺服控制机器人的优点和缺点有哪些？
11. 简述题：在机器人的运动控制中，点位控制方式与连续路径控制方式的区别是什么？

第 2 章 机器人运动学分析

要实现对机器人的控制,必须掌握机器人是如何进行运动的。不管是移动轮式机器人还是机械臂,其在运动过程中都需要准确描述环境中实体之间的几何关系。这个几何关系可以通过坐标系的变换来实现,这涉及一些数学方面的知识,需要运用数学语言描述机器人的运动,通俗来说就是将机器人的位置、姿态、各关节间的相对位置用数学关系式表达。

机器人可以看作由一个个关节连接起来的多刚体,每个关节之间由连杆相连,每个关节均有伺服驱动单元,每个伺服驱动单元的运动都会影响机器人末端执行器的位置与姿态(合称为位姿)。为描述机器人的位姿,本章主要介绍刚体/手爪的位姿描述、齐次位姿描述。例如,机器人手臂末端相对于参考坐标系的关系等。

本章重点内容为齐次坐标变换以及 D-H 建模。其中,齐次坐标变换为今后课程中的机器视觉处理、三维图像识别、计算机辅助设计等方面提供了有效的工具,D-H 建模为机器人的正、逆运动学计算提供了有效的方法。

2.1 机器人空间描述

2.1

在机器人学问题中,通常要考虑三维空间中物体的位置和姿态。矩阵可以表示空间点、空间矢量及坐标的平移、旋转和变换,还可以表示坐标系中的物体和其他运动元件。

符号表达是科学和工程中的一个重要问题。针对本书中提到的相关公式符号的一般表达,有如下说明:

(1) 一般用黑体字母表示矢量或矩阵,用非黑体字母表示标量。

(2) 左下标和左上标表示变量所在的坐标系。例如,$^A\boldsymbol{P}$ 表示坐标系 $\{A\}$ 中的位置矢量,$^A_B\boldsymbol{R}$ 是确定坐标系 $\{A\}$ 和坐标系 $\{B\}$ 相对关系的旋转矩阵。

(3) 右上标表示矩阵的逆或转置(比如 $\boldsymbol{R}^{-1}$、$\boldsymbol{R}^{\mathrm{T}}$),这种表示已被广泛接受。

(4) 右下标没有严格限制,可能表示矢量的分量(例如 x、y 或 z)或者某种描述。

(5) 我们可能会用到许多三角函数。例如,角 θ_1 的余弦可以用以下任何一种形式表示: $\cos\theta_1 = c\theta_1 = c_1$。

2.1.1 空间点的描述

空间中任一点 $P(a_x, b_y, c_z)$ 的位置(如图 2-1 所示)可用它在参考坐标系中的三个坐标表示,即

$$P = a_x \boldsymbol{i} + b_y \boldsymbol{j} + c_z \boldsymbol{k} \qquad (2-1)$$

式中,a_x、b_y、c_z 是点 P 在参考坐标系中的坐标。显然,也可以用其他坐标来表示空间点的位置。可以看出,空间中点的表示是比较简单的。

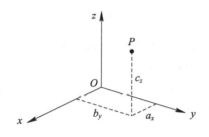

图 2-1 空间点的描述

2.1.2 空间矢量的描述

矢量是一个有大小和方向的量。如果一个矢量 $\boldsymbol{P}$ 起始于点 $A(A_x, A_y, A_z)$,终止于点 $B(B_x, B_y, B_z)$,那么它可以记为 $\boldsymbol{P}_{AB}$,且

$$\boldsymbol{P}_{AB} = (B_x - A_x)\boldsymbol{i} + (B_y - A_y)\boldsymbol{j} + (B_z - A_z)\boldsymbol{k} \qquad (2-2)$$

可以看出,公式(2-2)也就是两点坐标的差。特殊情况下,如果一个矢量 $\boldsymbol{P}$ 起始于原点,即点 A 在原点,则矢量 $\boldsymbol{P}$ 可以表示为

$$\boldsymbol{P} = a_x \boldsymbol{i} + b_y \boldsymbol{j} + c_z \boldsymbol{k} \qquad (2-3)$$

式中,a_x、b_y、c_z 是矢量 $\boldsymbol{P}$ 在参考坐标系中的 3 个分量。

实际上,2.1.1 节中的点 P 就是用连接到该点的矢量表示的,具体地说,也就是用连接到该点的矢量的 3 个分量表示的。我们可以把矢量的 3 个分量写成矩阵的形式,即

$$\boldsymbol{P} = \begin{bmatrix} a_x \\ b_y \\ c_z \end{bmatrix} \qquad (2-4)$$

在本章中,我们将用式(2-4)的形式表示运动分量。对于空间矢量的矩阵表示,也可以通过加入一个比例因子 w 将公式(2-4)稍做变化。令 x、y、z 各除以 w,得到 a_x、b_y、c_z,则这时矢量 $\boldsymbol{P}$ 可以写为新的形式,即

$$\boldsymbol{P} = \begin{bmatrix} x \\ y \\ z \\ w \end{bmatrix} \qquad (2-5)$$

式中

$$a_x = \frac{x}{w}, \quad b_y = \frac{y}{w}, \quad c_z = \frac{z}{w}$$

这里的变量 w 可以为任意数，而且随着它的变化，矢量的大小也会发生变化，这与在计算机图形学中缩放一张图片十分类似。如果 $w>1$，则矢量的所有分量都变大；如果 $w<1$，则矢量的所有分量都变小；如果 w 为 1，则矢量的所有分量的大小保持不变。但是，如果 $w=0$，则 a_x、b_y、c_z 为无穷大，在这种情况下，式（2-5）就可以表示一个长度为无穷大的矢量。这就意味着空间中任一方向矢量可以由比例因子 $w=0$ 的矢量表示，这时矢量的长度并不重要，而其方向由该矢量的 3 个分量表示。

2.1.3 坐标系的描述

一个原点位于参考坐标系原点的坐标系可由三个矢量（即 **n**、**o**、**a**）表示，如图 2-2 所示，通常这三个矢量相互垂直，称为单位矢量。图中 **n** 为法向矢量，**o** 为指向矢量，**a** 为接近矢量。这样，每一个单位矢量都由它所在参考坐标系的 3 个分量表示，因此，坐标系 $\{F\}$ 就可以由 3 个矢量以矩阵的形式表示出来，即

$$F = \begin{bmatrix} n_x & o_x & a_x \\ n_y & o_y & a_y \\ n_z & o_z & a_z \end{bmatrix} \tag{2-6}$$

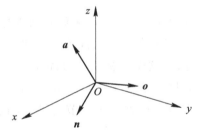

图 2-2 中心位于参考坐标系原点的坐标系

如果一个坐标系的原点不在参考坐标系的原点，那么该坐标系的原点相对于参考坐标系的位置也必须表示出来，如图 2-3 所示，为此，在该坐标系原点与参考坐标系原点之间做一个矢量 **P** 来表示该坐标系的位置。这样，这个坐标系就可以表示为矩阵 **F**，由三个表

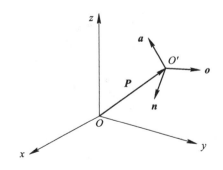

图 2-3 一个坐标系在另一个坐标系中的表示

示方向的单位矢量以及第四个位置矢量表示,即

$$F = \begin{bmatrix} n_x & o_x & a_x & p_x \\ n_y & o_y & a_y & p_y \\ n_z & o_z & a_z & p_z \\ 0 & 0 & 0 & 1 \end{bmatrix} \quad (2-7)$$

对于式(2-7),竖向看,前三个矢量表示该坐标系的三个单位矢量的方向,而第四个矢量表示该坐标系原点相对于参考坐标系的位置。与单位矢量不同,矢量 P 的长度十分重要,因而使用的比例因子 w 为 1。坐标系也可以由一个没有比例因子的 3×4 矩阵,但不常用。

2.1.4 刚体的描述

在坐标系中表示机器人时,需要把机器人看作一个物体,称之为刚体。刚体是一种理想物理模型,即在外力作用下,物体的形状和大小保持不变,而且内部各部分的相对位置保持恒定,也就是没有发生形变。刚体具有如下特性:

(1) 刚体上任意两点的连线在平动中是平行且相等的。

(2) 刚体上任意质元的位置矢量不同,相差一恒矢量,但各质元的位移、速度和加速度却相同。

以上刚体的特性也是我们常用"刚体的质心"来研究刚体的平动的原因。

刚体的坐标系的表示方法是首先在它上面固连一个坐标系,再将该固连坐标系在空间表示出来,如图 2-4 所示。由于这个坐标系一直固连在该刚体上,因此该刚体相对于坐标系的位姿是已知的。因此,只要把这个坐标系在空间中表示出来,那么这个刚体相对于固连坐标系的位姿也就已知了,根据 2.1.3 节所讲,空间坐标系可以用矩阵 F_{object} 表示,即

$$F_{\text{object}} = \begin{bmatrix} n_x & o_x & a_x & p_x \\ n_y & o_y & a_y & p_y \\ n_z & o_z & a_z & p_z \\ 0 & 0 & 0 & 1 \end{bmatrix} \quad (2-8)$$

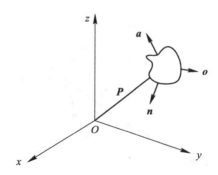

图 2-4 空间刚体的描述

理想情况下，如果将刚体看作空间中的一个点，那么它只能沿着 3 个参考坐标系的轴移动。实际上，空间中的一个刚体不仅可以沿着 x、y、z 3 个轴移动，而且还可绕这 3 个轴转动，也就是说，刚体有 6 个自由度。因此，要全面地定义空间中的刚体，需要用 6 条独立的信息来描述刚体在参考坐标系中相对于三个参考系坐标轴的位置，以及刚体关于这 3 个坐标轴的姿态。

显然，在式(2-8)中必定存在一定的约束条件，这些约束条件来自已知坐标系的特性，即 3 个单位矢量 n、o、a 相互垂直，每个单位矢量的长度必须为 1。可以将上述约束条件转换为以下六个约束方程：

(1) $n \cdot o = 0$；
(2) $n \cdot a = 0$；
(3) $a \cdot o = 0$；
(4) $|n| = 1$；
(5) $|o| = 1$；
(6) $|a| = 1$。

因此，只有上述约束方程成立时，坐标系的值才能用矩阵表示。否则，坐标系将不正确。只有了解了坐标系的表示方法，才能更好地建立多工件机器人、移动机器人、机器人与工具末端的坐标系。图 2-5 所示为多工件机器人坐标系。

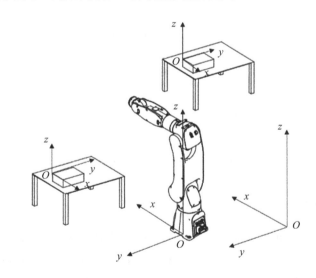

图 2-5 多工件机器人坐标系示意图

2.2 机器人位姿描述与坐标变换

在机器人运动时，我们需要知道机器人的位姿是如何描述的，这也是规划工业机器人运动轨迹的前提之一。机器人是由一个个关节连接起来的多刚体，每个关节均有伺服驱动单元，每个单元的运动都会影响机器人末端执行器的位置与姿态。本节主要通过刚体的位置和姿态描述来介绍机器人位置和姿态的描述方法。为了描述刚体的位置和姿态,首先规定一个参考坐标系,点的位置用3×1的位置矢量表示,刚体的姿态用3×3的旋转矩阵表示,刚体的位姿统一用4×4的齐次变换矩阵表示。

2.2.1 位置的描述

一旦建立了坐标系,我们就能用一个3×1的位置矢量描述坐标系中任何点的位置。但是如图2-5所示,机器人系统中经常有许多坐标系,因此必须能够在矢量中加入坐标系信息,即表明该矢量是在哪一个坐标系中被定义的。首先建立一个直角坐标系{A}(在机器人末端执行器上建立的笛卡儿坐标系即为工具坐标系),在直角坐标系{A}中,空间中任一点P的位置可用3×1的位置矢量$^A\boldsymbol{P}$表示,即

$$^A\boldsymbol{P} = \begin{bmatrix} p_x \\ p_y \\ p_z \end{bmatrix} \qquad (2-9)$$

从图2-6中可以看到,坐标系{A}(工具坐标系)的原点在固定坐标系中的位置可用来表示机器人的位置。

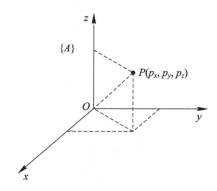

图2-6 机器人位置描述

2.2.2 姿态的描述

为了研究机器人在空间的运动状况,不仅要确定刚体的空间位置,而且需要确定刚体在空间的姿态(也称为方位)。刚体姿态的描述可以采用欧拉角、旋转矩阵、RPY角等方法。以下介绍使用旋转矩阵描述刚体姿态的方法,即通常使用与刚体固连的坐标系描述其在直角坐标系下的姿态。

刚体的姿态描述如图2-7所示。在图中,为了描述刚体的姿态,可以建立与之固连的直角坐标系{B},坐标系{B}的3个坐标轴上的单位矢量为$\boldsymbol{x}_B$、$\boldsymbol{y}_B$、$\boldsymbol{z}_B$。这样,坐标系{B}相对于参考坐标系{A}的描述就可以表示出刚体的姿态。当用坐标系{A}作为参考坐标系时,坐标系{B}的三个单位矢量可以表示为$^A_B\boldsymbol{x}$、$^A_B\boldsymbol{y}$、$^A_B\boldsymbol{z}$,其中,上标A表示参考坐标系{A},下标B表示被描述的坐标系{B}。我们可以将三个单位矢量按照顺序组成一个3×3的矩阵,称该矩阵为旋转矩阵,表示如下:

$$_B^A\boldsymbol{R} = \begin{bmatrix} _B^A\boldsymbol{x}, & _B^A\boldsymbol{y}, & _B^A\boldsymbol{z} \end{bmatrix} = \begin{bmatrix} r_{11} & r_{21} & r_{31} \\ r_{21} & r_{22} & r_{23} \\ r_{31} & r_{32} & r_{33} \end{bmatrix} \tag{2-10}$$

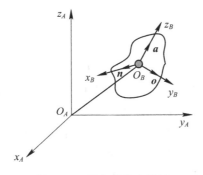

图 2-7 刚体的姿态描述

式(2-10)中，标量 r_{ij} 可用每个矢量参考坐标系中轴线方向上投影的分量来表示，即 $_B^A\boldsymbol{R}$ 可用一对单位矢量的点积表示，即

$$_B^A\boldsymbol{R} = \begin{bmatrix} _B^A\boldsymbol{x}, & _B^A\boldsymbol{y}, & _B^A\boldsymbol{z} \end{bmatrix} = \begin{bmatrix} \boldsymbol{x}_B \cdot \boldsymbol{x}_A & \boldsymbol{y}_B \cdot \boldsymbol{x}_A & \boldsymbol{z}_B \cdot \boldsymbol{x}_A \\ \boldsymbol{x}_B \cdot \boldsymbol{y}_A & \boldsymbol{y}_B \cdot \boldsymbol{y}_A & \boldsymbol{z}_B \cdot \boldsymbol{y}_A \\ \boldsymbol{x}_B \cdot \boldsymbol{z}_A & \boldsymbol{y}_B \cdot \boldsymbol{z}_A & \boldsymbol{z}_B \cdot \boldsymbol{z}_A \end{bmatrix} \tag{2-11}$$

由于两个单位矢量的点积可表示为两者之间夹角的余弦，故式(2-11)中的旋转矩阵也可表示为

$$_B^A\boldsymbol{R} = \begin{bmatrix} \cos(\boldsymbol{x}_A, \boldsymbol{x}_B) & \cos(\boldsymbol{x}_A, \boldsymbol{y}_B) & \cos(\boldsymbol{x}_A, \boldsymbol{z}_B) \\ \cos(\boldsymbol{y}_A, \boldsymbol{x}_B) & \cos(\boldsymbol{y}_A, \boldsymbol{y}_B) & \cos(\boldsymbol{y}_A, \boldsymbol{z}_B) \\ \cos(\boldsymbol{z}_A, \boldsymbol{x}_B) & \cos(\boldsymbol{z}_A, \boldsymbol{y}_B) & \cos(\boldsymbol{z}_A, \boldsymbol{z}_B) \end{bmatrix} \tag{2-12}$$

旋转矩阵是一个正交矩阵，即 $_B^A\boldsymbol{R}^{\mathrm{T}} = {_B^A\boldsymbol{R}}^{-1}$，且 $|_B^A\boldsymbol{R}| = 1$。旋转矩阵是研究机器人运动姿态的基础，它反映了刚体的定点旋转。经常用到的 3 个基本旋转矩阵分别是绕 x 轴、y 轴、z 轴旋转 θ 角得到的，表示如下：

$$\boldsymbol{R}(x, \theta) = \begin{bmatrix} 1 & 0 & 0 \\ 0 & \cos\theta & -\sin\theta \\ 0 & \sin\theta & \cos\theta \end{bmatrix} \tag{2-13}$$

$$\boldsymbol{R}(y, \theta) = \begin{bmatrix} \cos\theta & 0 & \sin\theta \\ 0 & 1 & 0 \\ -\sin\theta & 0 & \cos\theta \end{bmatrix} \tag{2-14}$$

$$\boldsymbol{R}(z, \theta) = \begin{bmatrix} \cos\theta & -\sin\theta & 0 \\ \sin\theta & \cos\theta & 0 \\ 0 & 0 & 1 \end{bmatrix} \tag{2-15}$$

2.2.3 位姿的描述

在机器人学中，位置和姿态经常成对出现，于是我们将此二者组合称作位姿。为了完整描述刚体在空间的位姿，需要规定它的位置和姿态。一个位姿可以等价地用一个位置矢量和一个旋转矩阵描述，4个矢量成一组，其中，1个矢量表示指尖位置，3个矢量表示姿态，合起来表示刚体的位置和姿态信息，即一个位置矢量和一个旋转矩阵。

以刚体B为例，将刚体B与坐标系{B}固连，坐标系{B}的原点通常选择在刚体的质心或对称中心等特征点上。相对于参考坐标系{A}，用位置矢量$^A\boldsymbol{P}_{BORG}$描述坐标系{B}原点的位置，用旋转矩阵$^A_B\boldsymbol{R}$描述坐标系{B}相对于参考坐标系{B}的姿态，则坐标系{B}的位姿完全可以由下式表示：

$$\boldsymbol{B} = [{}^A_B\boldsymbol{R}, {}^A\boldsymbol{P}_{BORG}] \qquad (2-16)$$

当式（2-16）表示位置时，式（2-16）中的旋转矩阵为单位矩阵，即$^A_B\boldsymbol{R}=\boldsymbol{E}$；当式（2-16）表示姿态时，位置矢量$^A\boldsymbol{P}_{BORG}=\boldsymbol{0}$。

机器人的末端执行器可以看成刚体，为了描述末端执行器的位置和姿态，与其固连的坐标系称为工具坐标系{B}。设夹钳中心点为原点，接近物体的方向为z轴，此方向上的矢量称为接近矢量$\boldsymbol{a}$，它是关节轴方向的单位矢量；两夹钳的连线方向为y轴，此方向上的矢量称为指向矢量$\boldsymbol{o}$，也就是手指连线方向的单位矢量；根据右手法则确定x轴，此方向上的矢量称为法向矢量$\boldsymbol{n}$。根据坐标系知识，可以将末端执行器的位置和姿态表示出来，即

$$\boldsymbol{P} = [p_x, p_y, p_z]^T \qquad (2-17)$$

$$^A_B\boldsymbol{R} = [\boldsymbol{n}, \boldsymbol{o}, \boldsymbol{a}] = \begin{bmatrix} n_x & o_x & a_x \\ n_y & o_y & a_y \\ n_z & o_z & a_z \end{bmatrix} \qquad (2-18)$$

总之，位姿可以用两个坐标系的相对关系来描述，即式（2-17）和式（2-18）。位姿包括了位置和姿态两个概念，$\boldsymbol{B}=[\boldsymbol{n},\boldsymbol{o},\boldsymbol{a},\boldsymbol{P}]$。机器人的位置可以用一个特殊的位姿来表示，它的旋转矩阵是单位矩阵，并且机器人的任意点的位置矢量的分量确定了被描述点的位置；同样，如果位姿的位置矢量是零矢量，那么它表示的就是姿态。

2.2.4 机器人坐标变换

在机器人学的许多问题中，需要在不同的参考坐标系中表达同一个量。下面讨论点P从一个坐标系到另一个坐标系的映射关系，即坐标变换。

1. 坐标平移

设坐标系{A}和{B}具有相同的姿态，但它们的坐标原点并不重合，如图2-8所示。若$^A\boldsymbol{P}_{BORG}$为坐标系{B}相对于坐标系{A}的平移矢量，点P在坐标系{B}中的位置矢量

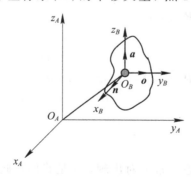

图2-8 坐标平移

为 ^BP，在坐标系 $\{A\}$ 中的位置矢量为 ^AP，则位置矢量 $^AP = {}^BP + {}^AP_{BORG}$。等式右侧即为坐标平移。空间中点 P 并没有改变，只是对点 P 的描述发生了改变。

2. 坐标旋转

设坐标系 $\{A\}$ 和 $\{B\}$ 有共同的原点，但两者的姿态不同，如图 2-9 所示。用旋转矩阵 ^A_BR 描述坐标系 $\{B\}$ 相对于坐标系 $\{A\}$ 的姿态。点 P 在坐标系 $\{B\}$ 中的位置矢量为 ^BP，在坐标系 $\{A\}$ 中的位置矢量为 ^AP，则点 P 在两个坐标系中的描述存在变换关系 $^AP = {}^A_BR\,{}^BP$，即坐标旋转。值得注意的是，由于旋转矩阵为正交矩阵，因此 ^A_BR 与 ^B_AR 两者互逆，即 $^B_AR = {}^A_BR^{\mathrm{T}} = {}^A_BR^{-1}$。

为了计算 ^AP，矢量 $\overrightarrow{AP}$ 的每个分量就是其坐标系中单位矢量方向的投影，投影是由矢量点积计算的。

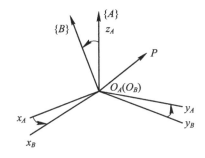

图 2-9 坐标旋转

3. 复合变换

一般情况下，坐标系 $\{A\}$ 和 $\{B\}$ 的原点不重合，两者的姿态也不同，如图 2-10 所示。用旋转矩阵 ^A_BR 描述坐标系 $\{B\}$ 相对于坐标系 $\{A\}$ 的姿态，用 $^AP_{BORG}$ 描述坐标系 $\{B\}$ 相对于坐标系 $\{A\}$ 的位置。任一点 P 在坐标系 $\{B\}$ 和坐标系 $\{A\}$ 中存在变换关系 $^AP = {}^A_BR\,{}^BP + {}^AP_{BORG}$。

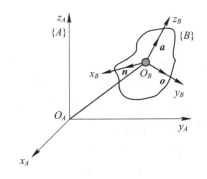

图 2-10 复合变换

可以这样理解，设置一个过渡坐标系 $\{C\}$，坐标系 $\{C\}$ 和 $\{B\}$ 的原点重合，坐标系 $\{C\}$ 和 $\{A\}$ 的姿态相同。首先坐标系 $\{C\}$ 由坐标系 $\{B\}$ 旋转变换后得来，坐标系 $\{C\}$ 与坐标系 $\{A\}$ 的姿态相同，但原点不重合；然后将坐标系 $\{C\}$ 平移使其原点与坐标系 $\{A\}$ 的原点重合，这个变换形式可以利用矢量相加来表示，故这个变换过程可总结为下式：

$$\begin{cases} {}^C\boldsymbol{P} = {}^C_B\boldsymbol{R}{}^B\boldsymbol{P} = {}^A_B\boldsymbol{R}{}^B\boldsymbol{P} \\ {}^A\boldsymbol{P} = {}^C\boldsymbol{P} + {}^A\boldsymbol{P}_{\text{BORG}} = {}^A_B\boldsymbol{R}{}^B\boldsymbol{P} + {}^A\boldsymbol{P}_{\text{BORG}} \end{cases} \quad (2-19)$$

[**例题 2-1**] 已知坐标系{B}的初始位置与坐标系{A}的位置重合，首先坐标系{B}相对于坐标系{A}的 z_A 轴旋转 $30°$，再沿坐标系{A}的 x_A 轴移动 10 个单位，沿 y_A 轴移动 5 个单位，试求矢量 ${}^A\boldsymbol{P}_{\text{BORG}}$ 和旋转矩阵 ${}^A_B\boldsymbol{R}$。假设点 P 在坐标系{B}中的描述为 ${}^B\boldsymbol{P}=[3,7,0]^T$，求它在坐标系{A}中的描述 ${}^A\boldsymbol{P}$。

解 ${}^A_B\boldsymbol{R}$ 的表达方式可以根据公式(2-15)写为

$${}^A_B\boldsymbol{R} = \boldsymbol{R}(z_A, 30°) = \begin{bmatrix} \cos30° & -\sin30° & 0 \\ \sin30° & \cos30° & 0 \\ 0 & 0 & 1 \end{bmatrix} = \begin{bmatrix} 0.866 & -0.5 & 0 \\ 0.5 & 0.866 & 0 \\ 0 & 0 & 1 \end{bmatrix}$$

根据已知条件可以列出

$${}^A\boldsymbol{P}_{\text{BORG}} = \begin{bmatrix} 10 \\ 5 \\ 0 \end{bmatrix}$$

故

$${}^A\boldsymbol{P} = {}^A_B\boldsymbol{R}{}^B\boldsymbol{P} + {}^A\boldsymbol{P}_{\text{BORG}} = \begin{bmatrix} 0.866 & -0.5 & 0 \\ 0.5 & 0.866 & 0 \\ 0 & 0 & 1 \end{bmatrix} \begin{bmatrix} 3 \\ 7 \\ 0 \end{bmatrix} + \begin{bmatrix} 10 \\ 5 \\ 0 \end{bmatrix} = \begin{bmatrix} 9.098 \\ 12.562 \\ 0 \end{bmatrix}$$

2.3 机器人齐次坐标变换

2.3

若将一个 n 维空间中的点用 $n+1$ 维坐标表示，则该 $n+1$ 维坐标即为 n 维坐标的齐次坐标。齐次坐标用于投影几何坐标系统，齐次坐标变换则用于表示同一个点在两个坐标系中的映射关系。

2.3.1 齐次坐标

一般情况下，公式(2-19)可以描述不同坐标系间 ${}^A\boldsymbol{P}$ 与 ${}^B\boldsymbol{P}$ 之间的关系，由此我们可以引出一个新的形式 ${}^A\boldsymbol{P} = {}^A_B\boldsymbol{T}{}^B\boldsymbol{P}$，即用矩阵形式表示一个坐标系到一个坐标系的映射，这比公式(2-19)更加简单。由于变换式对于 ${}^B\boldsymbol{P}$ 是非齐次的，因此可以定义一个 4×4 的矩阵，将等式 ${}^A\boldsymbol{P} = {}^A_B\boldsymbol{T}{}^B\boldsymbol{P}$ 写为等价齐次坐标变换形式，即

$$\begin{bmatrix} {}^A\boldsymbol{P} \\ 1 \end{bmatrix} = \begin{bmatrix} {}^A_B\boldsymbol{R} & {}^A\boldsymbol{P}_{\text{BORG}} \\ \boldsymbol{0}_{1\times3} & \boldsymbol{E} \end{bmatrix} \begin{bmatrix} {}^B\boldsymbol{P} \\ \boldsymbol{E} \end{bmatrix} \quad (2-20)$$

式中，$\boldsymbol{E}$ 为单位矩阵。

令式(2-20)中的 4×4 矩阵为齐次变换矩阵 ${}^A_B\boldsymbol{T}$，可得

$${}^A\boldsymbol{P} = {}^A_B\boldsymbol{T}{}^B\boldsymbol{P} \quad (2-21\text{a})$$

式中

$${}_B^A T = \begin{bmatrix} {}_B^A \boldsymbol{R} & {}^A \boldsymbol{P}_{\mathrm{BORG}} \\ \boldsymbol{0}_{1\times 3} & \boldsymbol{E} \end{bmatrix} \qquad (2-21\mathrm{b})$$

公式(2-21a)中 ${}^A \boldsymbol{P}$ 与 ${}^B \boldsymbol{P}$ 均为 4×1 的位置矢量。

齐次坐标变换既可以表示同一点在两个坐标系中的映射,也可以表示坐标系的位姿。另外,齐次坐标还可以用作运动算子。算子是用于坐标系间点的映射的通用数学表达式,包含平移、旋转等。

[**例题 2-2**] 对于例题 2-1 所述问题,可以用齐次坐标变换的方法求 ${}^A \boldsymbol{P}$。

解 由例题 2-1 可知 ${}^A \boldsymbol{P} = {}_B^A \boldsymbol{R}\,{}^B \boldsymbol{P} + {}^A \boldsymbol{P}_{\mathrm{BORG}}$,可以用齐次坐标变换的方法将齐次变换矩阵表示为

$${}_B^A T = \begin{bmatrix} {}_B^A \boldsymbol{R} & {}^A \boldsymbol{P}_{\mathrm{BORG}} \\ \boldsymbol{0}_{1\times 3} & \boldsymbol{E} \end{bmatrix} = \begin{bmatrix} 0.866 & -0.5 & 0 & 10 \\ 0.5 & 0.866 & 0 & 5 \\ 0 & 0 & 1 & 0 \\ 0 & 0 & 0 & 1 \end{bmatrix}$$

再由齐次坐标变换公式可得

$${}^A \boldsymbol{P} = {}_B^A T \, {}^B \boldsymbol{P} = \begin{bmatrix} 0.866 & -0.5 & 0 & 10 \\ 0.5 & 0.866 & 0 & 5 \\ 0 & 0 & 1 & 0 \\ 0 & 0 & 0 & 1 \end{bmatrix} \begin{bmatrix} 3 \\ 7 \\ 0 \\ 1 \end{bmatrix} = \begin{bmatrix} 9.098 \\ 12.562 \\ 0 \\ 1 \end{bmatrix}$$

2.3.2 纯平移变换

如果一个坐标系在空间中以不变的姿态运动,那么该坐标系所做的就是纯平移变换,如图 2-11 所示。从图中看出,在这种情况下,坐标系的方向单位矢量保持同一方向不变,所有的改变只是坐标系原点相对于参考坐标系的变化。当一个矢量相对于一个坐标系"向前"移动时,既可以认为矢量"向前"移动,也可以认为坐标系"向后"移动,这两者的数学表达式是相同的,只是观察位置不同。

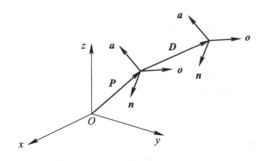

图 2-11 纯平移变换

相对于参考坐标系,新坐标系的位置可以用原来坐标系的原点位置矢量加上表示位移的矢量求得。若用矩阵形式,则新坐标系的位置表示可以通过坐标系矩阵左乘变换矩阵得到。由于在纯平移变换中方向向量不改变,因此变换矩阵 $\boldsymbol{T}$ 可以简单地表示为

$$T = \begin{bmatrix} 1 & 0 & 0 & d_x \\ 0 & 1 & 0 & d_y \\ 0 & 0 & 1 & d_z \\ 0 & 0 & 0 & 1 \end{bmatrix} \quad (2-22)$$

式中，d_x、d_y、d_z 是纯平移矢量 D 相对于参考坐标系 x、y、z 轴的3个分量。由式(2-22)可以看出，矩阵的前三列表示没有旋转运动（等同于单位矩阵），最后一列表示平移移动。平移后新坐标系的位置可表示为

$$F_{\text{new}} = \text{Trans}(d_x, d_y, d_z) \times F_{\text{old}}$$

$$= \begin{bmatrix} 1 & 0 & 0 & d_x \\ 0 & 1 & 0 & d_y \\ 0 & 0 & 1 & d_z \\ 0 & 0 & 0 & 1 \end{bmatrix} \times \begin{bmatrix} n_x & o_x & a_x & p_x \\ n_y & o_y & a_y & p_y \\ n_z & o_z & a_z & p_z \\ 0 & 0 & 0 & 1 \end{bmatrix} = \begin{bmatrix} n_x & o_x & a_x & p_x + d_x \\ n_y & o_y & a_y & p_y + d_y \\ n_z & o_z & a_z & p_z + d_y \\ 0 & 0 & 0 & 1 \end{bmatrix} \quad (2-23)$$

式中，F_{new} 是平移后的新坐标系的位置矢量，F_{old} 是平移前坐标系的位置矢量，$\text{Trans}(d_x, d_y, d_z)$ 称为平移算子，且

$$\text{Trans}(d_x, d_y, d_z) = \begin{bmatrix} 1 & 0 & 0 & d_x \\ 0 & 1 & 0 & d_y \\ 0 & 0 & 1 & d_z \\ 0 & 0 & 0 & 1 \end{bmatrix}$$

根据上面的讨论可知，对于坐标系的纯平移变换，首先，新坐标系的位置可通过坐标系矩阵左乘变换矩阵得到，在后面的讨论中会发现，无论以何种形式，这种方法对于所有的变换都成立；其次，方向矢量经过纯平移后保持不变，但新的坐标系的位置是矢量 D 和 P 相加的结果；最后，新矩阵的维数和变换前相同。

2.3.3 绕轴纯旋转变换

旋转矩阵还可以用旋转算子来定义。在坐标系的旋转表示中，为简化绕轴旋转的推导，先假设该坐标系的原点位于参考坐标系的原点并且与之平行，之后将结果推广到其他的旋转以及旋转的组合。

假设旋转坐标系 (n, o, a) 的原点位于参考坐标系 (x, y, z) 的原点，旋转坐标系 (n, o, a) 绕参考坐标系的 x 轴旋转一个角度 θ。再假设旋转坐标系 (n, o, a) 上有一点 P 相对于参考坐标系的坐标为 (p_x, p_y, p_z)，相对于运动坐标系的坐标为 (p_n, p_o, p_a)。当坐标系绕 x 轴旋转时，坐标系上的点 P 也随坐标系一起旋转。在旋转之前，点 P 在两个坐标系中的坐标是相同的（这时两个坐标系的位置相同，并且相互平行）。旋转后，点 P 的坐标虽然在旋转坐标系 (n, o, a) 中保持不变，但在参考坐标系中却改变了。现在要找到旋转坐标系旋转后点 P 相对于参考坐标系的新坐标。

绕 x 轴纯旋转如 2-12 所示。图 2-12 中，x 轴用来观察二维平面上的同一点的坐标，该图显示了点 P 在坐标系旋转前后的坐标。点 P 相对于参考坐标系的坐标是 (p_x, p_y, p_z)，

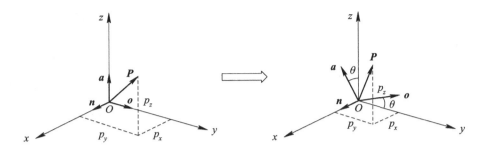

图 2-12 绕 x 轴纯旋转

而相对于旋转坐标系(也就是点 P 所固连的坐标系)的坐标仍为 (p_n, p_o, p_a)。

从图 2-13 可以看出，p_x 不随坐标系 x 轴的转动而改变，而 p_y 和 p_z 却改变了，可以证明，

$$\begin{cases} p_x = p_n \\ p_y = l_1 - l_2 = p_o \cos\theta - p_a \sin\theta \\ p_z = l_3 + l_4 = p_o \sin\theta + p_a \cos\theta \end{cases} \quad (2-24)$$

写成矩阵形式为

$$\begin{bmatrix} p_x \\ p_y \\ p_z \end{bmatrix} = \begin{bmatrix} 1 & 0 & 0 \\ 0 & \cos\theta & -\sin\theta \\ 0 & \sin\theta & \cos\theta \end{bmatrix} \begin{bmatrix} p_n \\ p_o \\ p_a \end{bmatrix} \quad (2-25)$$

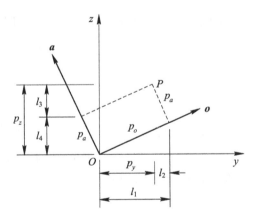

图 2-13 相对于参考坐标系的点的坐标和从 x 轴上观察旋转坐标系

由上述讨论可见，为了得到图 2-13 中参考坐标系的坐标，旋转坐标系中的点 P 或矢量 $\boldsymbol{P}$ 的坐标必须左乘一个旋转矩阵，它可以用旋转算子 Rot() 表示，则式(2-25)可表示为

$$\boldsymbol{P}_{xyz} = \text{Rot}(x, \theta) \times \boldsymbol{P}_{noa} \quad (2-26)$$

注意：在式(2-25)中，旋转矩阵的第 1 列表示相对于 x 轴的位置，其值为 1、0、0，表示沿 x 轴的坐标没有改变。这个旋转矩阵只适用于绕参考坐标系的 x 轴做纯旋转变换的情况。可用同样的方法分析坐标系绕参考坐标系 y 轴和 z 轴旋转的情况，如图 2-14 所示。在进行旋转变换时，逆时针旋转时角度为正值，顺时针旋转时角度为负值。

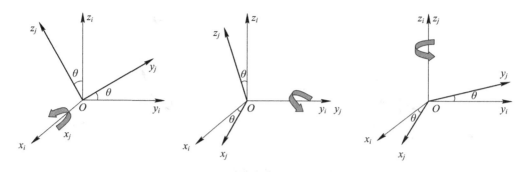

图 2-14 绕 x、y、z 纯旋转角度 θ

绕参考坐标系的 x 轴、y 轴和 z 轴旋转角度 θ 的旋转矩阵分别为

$$\text{Rot}(x,\theta) = \begin{bmatrix} 1 & 0 & 0 \\ 0 & \cos\theta & -\sin\theta \\ 0 & \sin\theta & \cos\theta \end{bmatrix} \quad (2-27)$$

$$\text{Rot}(y,\theta) = \begin{bmatrix} \cos\theta & 0 & \sin\theta \\ 0 & 1 & 0 \\ -\sin\theta & 0 & \cos\theta \end{bmatrix} \quad (2-28)$$

$$\text{Rot}(z,\theta) = \begin{bmatrix} \cos\theta & -\sin\theta & 0 \\ \sin\theta & \cos\theta & 0 \\ 0 & 0 & 1 \end{bmatrix} \quad (2-29)$$

为简化书写,习惯用符号 $c\theta$ 表示 $\cos\theta$ 以及用 $s\theta$ 表示 $\sin\theta$。因此,旋转矩阵(2-27)也可写为

$$\text{Rot}(x,\theta) = \begin{bmatrix} 1 & 0 & 0 \\ 0 & c\theta & -s\theta \\ 0 & s\theta & c\theta \end{bmatrix}$$

[**例题 2-3**] 参考例题 2-1,在坐标系 $\{A\}$ 中,点 P 的运动轨迹如下:首先绕 z_A 轴旋转 $30°$,再沿 x_A 轴移动 10 个单位,沿 y_A 轴移动 5 个单位。假设点 P 在坐标系 $\{A\}$ 中的描述为 $^A\boldsymbol{P}_0 = [3,7,0]^\text{T}$,求它在坐标系 $\{A\}$ 中的描述 $^A\boldsymbol{P}_1$。

解 平移算子可以表示为

$$\text{Trans}(10,5,0) = \begin{bmatrix} 1 & 0 & 0 & 10 \\ 0 & 1 & 0 & 5 \\ 0 & 0 & 1 & 0 \\ 0 & 0 & 0 & 1 \end{bmatrix}$$

旋转算子可以表示为

$$\text{Rot}(z_A,30°) = \begin{bmatrix} 0.866 & -0.5 & 0 & 0 \\ 0.5 & 0.866 & 0 & 0 \\ 0 & 0 & 1 & 0 \\ 0 & 0 & 0 & 1 \end{bmatrix}$$

运动算子可以表示为

$$T = \text{Trans}(10, 5, 0)\text{Rot}(z_A, 30°) = \begin{bmatrix} 1 & 0 & 0 & 10 \\ 0 & 1 & 0 & 5 \\ 0 & 0 & 1 & 0 \\ 0 & 0 & 0 & 1 \end{bmatrix} \begin{bmatrix} 0.866 & -0.5 & 0 & 0 \\ 0.5 & 0.866 & 0 & 0 \\ 0 & 0 & 1 & 0 \\ 0 & 0 & 0 & 1 \end{bmatrix}$$

$$= \begin{bmatrix} 0.866 & -0.5 & 0 & 10 \\ 0.5 & 0.866 & 0 & 5 \\ 0 & 0 & 1 & 0 \\ 0 & 0 & 0 & 1 \end{bmatrix}$$

所以

$$^A\boldsymbol{P}_1 = \begin{bmatrix} 0.866 & -0.5 & 0 & 10 \\ 0.5 & 0.866 & 0 & 5 \\ 0 & 0 & 1 & 0 \\ 0 & 0 & 0 & 1 \end{bmatrix} \begin{bmatrix} 3 \\ 7 \\ 0 \\ 1 \end{bmatrix} = \begin{bmatrix} 9.098 \\ 12.562 \\ 0 \\ 1 \end{bmatrix}$$

可以看到，例题 2-3 和例题 2-2 的结果是相同的，但是解释不同。一个变换包含了旋转变换和平移变换，常被认为是由一个广义旋转矩阵和位置矢量分量组成的齐次变换的形式。

2.3.4 复合变换

结合平移变换和旋转变换的两种表达形式可知，复合变换是由固定参考坐标系或当前运动坐标系的一系列平移和绕轴旋转变换所组成的。实际上，任何变换都可以分解为按一定顺序的一组平移和旋转变换。为了探讨如何处理复合变换，如图 2-15 所示，假定坐标系 $(\boldsymbol{n}, \boldsymbol{o}, \boldsymbol{a})$ 相对于参考坐标系 (x, y, z) 依次进行了 3 次变换，即

(1) 绕 x 轴旋转 α；
(2) 平移 (l_1, l_2, l_3)（分别相对于 x、y、z 轴）；
(3) 绕 y 轴旋转 β。

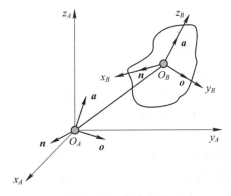

图 2-15 复合变换

比如，点 P_{noa} 固定在旋转坐标系，开始时旋转坐标系的原点与参考坐标系的原点重合。随着坐标系 $(\boldsymbol{n}, \boldsymbol{o}, \boldsymbol{a})$ 相对于参考坐标系旋转或者平移时，坐标系中的点 P 相对于参考坐标系也跟着改变。如前面所看到的，第一次变换后，点 P 相对于参考坐标系的坐标可用下列方程进行计算：

$$P_1 = \text{Rot}(x,\alpha) \times P_{noa} \qquad (2-30)$$

式中，P_1 是第一次变换后点 P 相对于参考坐标系的坐标。第二次变换后，点 P 相对于参考坐标系的坐标为

$$P_2 = \text{Trans}(l_1, l_2, l_3) \times P_1 = \text{Trans}(l_1, l_2, l_3) \times \text{Rot}(x,\alpha) \times P_{noa} \qquad (2-31)$$

同样，第三次变换后，点 P 相对于参考坐标系的坐标为

$$P_{xyz} = P_3 = \text{Rot}(y,\beta) \times P_2 = \text{Rot}(y,\beta) \times \text{Trans}(l_1, l_2, l_3) \times \text{Rot}(x,\alpha) \times P_{noa} \qquad (2-32)$$

这个过程可以使用齐次坐标变换表示为

$$P_i = [n, o, a, P] = \begin{bmatrix} n_x & o_x & a_x & l_1 \\ n_y & o_y & a_y & l_2 \\ n_z & o_z & a_z & l_3 \\ 0 & 0 & 0 & 1 \end{bmatrix} \qquad (2-33)$$

可见，每次变换后该点相对于参考坐标系的坐标都是通过用每个变换矩阵左乘该点的坐标得到的。当然，矩阵的顺序不能改变。同时还应注意，相对于参考坐标系的每次变换，矩阵都是左乘的。因此，矩阵书写的顺序和进行变换的顺序正好相反。

复合变换中平移和旋转的先后顺序有哪些影响呢？若先平移后旋转，则点或坐标系等发生变换时，既会发生平移变换也会发生旋转变换。若先旋转后平移，则变换公式可以表示为式(2-33)的形式。注意：变换算子不仅适用于点的齐次变换，也可用于矢量、坐标系和物体的齐次变换。

在固定坐标系中发生连续的齐次变换有两种情况，我们来对比一下。

(1) 如果齐次变换是相对于固定坐标系中各坐标轴旋转或平移的，则齐次变换为左乘，称为绝对变换。假设开始两个坐标系{B}、{A}重合，然后坐标系{B}先绕坐标系{A}的 x_A 轴旋转 α，再绕 y_A 轴旋转 β，得到坐标系{B}中的向量在坐标系{A}中的表示为

$$^A P' = \text{Rot}(x,\alpha)\, ^B P$$
$$^A P = \text{Rot}(y,\beta)\, ^A P'$$
$$^A P = \text{Rot}(y,\beta)\text{Rot}(x,\alpha)\, ^B P$$

(2) 如果运动坐标系相对自身坐标系的当前坐标轴旋转或平移，则齐次变换为右乘，称为相对变换。假设开始两个坐标系{B}、{A}重合，然后先绕 x_A 轴旋转 α 得到新坐标系{C}，再绕当前轴 y_C 轴旋转 β 得到要求的坐标系{B}，可以得到这个变换过程的公式为

$$^A P = \text{Rot}(x,\alpha)\, ^C P$$
$$^C P = ^C_B R\, ^B P = \text{Rot}(y,\beta)\, ^B P$$
$$^A P = \text{Rot}(x,\alpha)\text{Rot}(y,\beta)\, ^B P$$

下面结合图 2-16 实例具体说明相对变换、绝对变换的概念。坐标系{B}代表基座坐标系，坐标系{T}是工具坐标系，坐标系{S}是工件坐标系，坐标系{G}是目标坐标系，则它们之间的位姿关系可以用相应的齐次变换矩阵来描述。工具坐标系{T}相对于基座坐标系{B}的描述可用下列变换矩阵的乘积描述：

$$^B_T T = ^B_S T\, ^S_G T\, ^G_T T \qquad (2-34)$$

$$^T_G T = ^B_T T^{-1}\, ^B_S T\, ^S_G T \qquad (2-35)$$

在这里，结合图 2-16(b)，我们使用了坐标系的图形化表示法，即用一个坐标系原点

向另一坐标系原点的箭头来表示。箭头的方向指明了坐标系定义的方式。将箭头串联起来，通过简单的变换矩阵相乘就可以得到起点到终点的坐标系描述，如果一个箭头的方向与串联的方向相反，则需先求出该变换矩阵的逆再相乘即可。

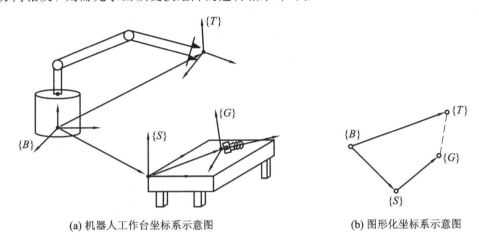

(a) 机器人工作台坐标系示意图　　　　(b) 图形化坐标系示意图

图 2-16　机器人工作台变换方程示意

2.3.5　机器人 RPY 与欧拉角

假设固连在机器人末端上的运动坐标系已经运动到期望的位置上，但它仍然平行于参考坐标系，或者假设其姿态并不是所期望的，下一步是在不改变位置的情况下，适当地旋转坐标系而使其达到所期望的姿态。合适的旋转顺序取决于机器人手腕的设计以及关节装配在一起的方式。考虑以下两种常见的构型配置：

(1) 滚动角(Roll)、俯仰角(Pitch)、偏航角(Yaw)，即 RPY；

(2) 欧拉角。

1. 滚动角、俯仰角和偏航角

RPY 是分别绕当前坐标系的 n、o、a 轴的三个旋转顺序(如图 2-17 所示)，能够把机器人的手调整到所期望的姿态的一系列角度。此时，首先将坐标系{B}和固定参考坐标系{A}重合，于是机器人手的姿态在 RPY(滚动角、俯仰角、偏航角)的旋转运动前与参考坐标系相同；然后将坐标系{B}绕固定参考坐标系{A}的三个轴进行转动。如果当前坐标系不

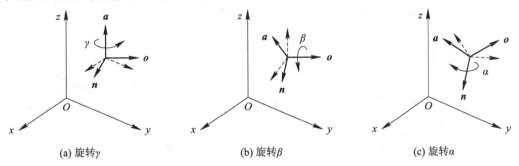

(a) 旋转γ　　　　　　　　　(b) 旋转β　　　　　　　　　(c) 旋转α

图 2-17　绕固定坐标系的 RPY 旋转

平行于固定参考坐标系,那么机器人手最终的姿态将会是先前的姿态与 RPY 右乘的结果。因为不希望运动坐标系原点的位置有任何改变(它已被放在一个期望的位置上,所以只需要将它旋转到所期望的姿态),所以 RPY 的旋转运动都是相对于固定参考坐标系的,这种姿态的表示方法也叫作 XYZ 固定角,这里"固定"的意思是指在固定参考坐标系中确定。

参考图 2-17 可以看出,RPY 旋转包括以下几种:

(1) 绕 a 轴(即 z 轴)旋转 γ,叫作滚动;

(2) 绕 o 轴(即 y 轴)旋转 β,叫作俯仰;

(3) 绕 n 轴(即 x 轴)旋转 α,叫作偏航。

三次旋转变换是相对固定坐标系 $\{A\}$ 而言的,将坐标系 $\{B\}$ 绕 x_A 轴旋转 γ,再绕 y_A 轴旋转 β,最后绕 z_A 轴旋转 α。按照"从右向左"的原则,表示 RPY 姿态变化的矩阵为

$$
\begin{aligned}
{}_{B}^{A}\boldsymbol{R}_{xyz}(\gamma, \beta, \alpha) &= \mathrm{Rot}(z_A, \alpha)\mathrm{Rot}(y_A, \beta)\mathrm{Rot}(x_A, \gamma) \\
&= \begin{bmatrix} c\alpha & -s\alpha & 0 \\ s\alpha & c\alpha & 0 \\ 0 & 0 & 1 \end{bmatrix} \begin{bmatrix} c\beta & 0 & s\beta \\ 0 & 1 & 0 \\ -s\beta & 0 & c\beta \end{bmatrix} \begin{bmatrix} 1 & 0 & 0 \\ 0 & c\gamma & -s\gamma \\ 0 & s\gamma & c\gamma \end{bmatrix} \\
&= \begin{bmatrix} c\alpha c\beta & c\alpha s\beta s\gamma - s\alpha c\gamma & c\alpha s\beta c\gamma + s\alpha s\gamma \\ s\alpha c\beta & s\alpha s\beta s\gamma + c\alpha c\gamma & s\alpha s\beta c\gamma - c\alpha s\gamma \\ -s\beta & c\beta s\gamma & c\beta c\gamma \end{bmatrix}
\end{aligned} \quad (2-36)
$$

如果对式(2-36)求逆,在旋转矩阵中,有 9 个方程,3 个未知量,而这 9 个方程中有 6 个方程是有关联的,因此实际求解的是 3 个方程和 3 个未知量。

2. 欧拉角

欧拉角的很多方面与 RPY 相似。我们仍需要使所有旋转都是绕当前的运动轴转动的,以防止机器人的位置有任何改变。这种描述法中的各次转动都是相对于运动坐标系 $\{B\}$ 的某个轴进行的,而不是相对于固定参考坐标系 $\{A\}$ 进行的。表示欧拉角的转动如下:

(1) 绕 a 轴(运动坐标系的轴 z)旋转 φ。

(2) 绕 o 轴(运动坐标系的 y 轴)旋转 θ。

(3) 绕 n 轴(运动坐标系的 x 轴)旋转 ψ。

这样三个一组的旋转角描述法称为欧拉角方法,又因转动是依次绕 z 轴、y 轴和 x 轴进行的,故称这种描述法为 ZYX 欧拉角方法。按照不同的旋转顺序,欧拉变换还有不同的形式,如 XYX、XZX、YXY、YZY、ZXZ、XYZ、XZY、YZX、YXZ、ZXY 以及 ZYX 等。

以 ZYZ 欧拉变换为例(如图 2-18 所示),根据"从左到右"的原则安排各次旋转变换对

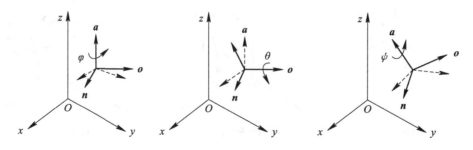

图 2-18 绕当前坐标轴欧拉旋转

应的矩阵,从而得到表示欧拉角的转动如下:

$$\begin{aligned}\text{Euler}(\varphi,\theta,\psi) &= \text{Rot}(\boldsymbol{a},\varphi)\text{Rot}(\boldsymbol{o},\theta),\text{Rot}(\boldsymbol{a},\psi) \\ &= \begin{bmatrix} c\varphi c\theta c\psi - s\varphi c\psi & -c\varphi c\theta s\psi - s\varphi c\psi & c\varphi s\theta & 0 \\ s\varphi c\theta c\psi + c\varphi s\psi & -s\varphi c\theta s\psi + c\varphi c\psi & s\varphi s\theta & 0 \\ -s\theta c\psi & s\theta s\psi & c\theta & 0 \\ 0 & 0 & 0 & 1 \end{bmatrix} \end{aligned} \quad (2-37)$$

2.4 机器人运动学方程建立

2.4

机器人运动学是研究机器人运动的科学,其只研究运动的位置、速度、加速度和位置变量对其他变量的高阶导数,不考虑产生运动的力和力矩。机器人运动学是研究机器人动力学、轨迹规划和位置控制的重要基础。机器人的运动学模型包括描述机器人各连杆、关节的位置以及建立在各关节上的坐标系,其任务之一就是确立机器人末端执行器的位姿。

2.4.1 连杆的描述

机器人本体一般是一台机械臂,也称操作臂或操作手,其可以在确定的环境中执行控制系统指定的操作。机器人臂部一般采用空间开链连杆机构,其中的运动副(转动副或移动副)常称为关节,它们可以按任意的顺序放置并处于任意的平面。根据关节配置和运动坐标形式的不同,机器人执行机构可分为直角坐标式、圆柱坐标式、极坐标式和关节坐标式等类型。

机器人的机械臂如图 2-19 所示。机械臂可以看成由一系列连杆通过关节依次连接而成的开式运动链。第一个固定连杆连接机械臂的基座,第一个可动连杆为连杆 1,第二个可

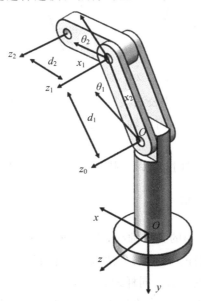

图 2-19 机器人机械臂示意图

动变杆为连杆 2，以此类推，最末端的连杆 n 连接着机械臂的末端执行器。通常在基座处建立一个固定参考坐标系，称为基座坐标系。在末端执行器建立的坐标系称为工具坐标系，一般用它来描述机械臂的位置。

从本质上看，关节通常可分为移动关节和转动（旋转）关节两类。移动关节可以沿着基准轴移动，而转动关节则围绕基准轴转动。不管是转动还是移动，都是沿着或者围绕着一个轴进行的，这被称为一个运动自由度。每一个转动关节提供一个转动自由度，每一个移动关节提供一个移动自由度。通常，关节个数为机器人的自由度数，各关节间是以固定连杆相连接的。

还有一种特殊的关节称为球关节，它有 3 个自由度。一个球关节可以用 3 个转动关节和一个零长度的连杆来描述。为了确定末端执行器在三维空间中的位姿，机械臂至少需要 6 个关节，刚好对应 6 个自由度。

连杆的运动学功能是使其两端的关节轴线保持固定的几何关系，连杆的特征也是由这两条关节轴线所决定的。无论多么复杂的连杆，都可以用两个参数来确定：一个参数是关节轴线 $i-1$ 和关节轴线 i 的公法线长度 a_{i-1}，另一个参数是两个关节轴线的夹角 α_{i-1}。a_{i-1} 称为连杆 $i-1$ 的长度，α_{i-1} 称为连杆 $i-1$ 的扭角，这两个参数称为连杆的尺寸参数，如图 2-20 所示。

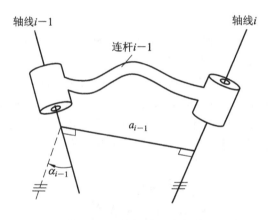

图 2-20　连杆的尺寸参数

规定扭角 α_{i-1} 为从轴线 $i-1$ 绕公法线转至轴线 i 的平行线时所转过的角度。当两关节 $i-1$ 和 i 的轴线平行时，$\alpha_{i-1}=0$；当两轴线相交时，$a_{i-1}=0$，这时扭角 α_{i-1} 的指向不定，可以任意规定。

通常用连杆长度 a_{i-1} 和连杆扭角 α_{i-1} 描述连杆 $i-1$ 的特征。

2.4.2　连杆参数和关节变量

相邻两连杆之间有一条共同的关节轴线，因此每一条关节轴线 i 有两条公法线与它垂直，每条公法线对应于一条连杆。这两条公法线（连杆）的距离称为连杆偏距，记为 d_i，它代表连杆 i 相对于连杆 $i-1$ 的偏置。同样地，对应于关节轴线 i 的两条公法线之间的夹角称为关节角，记为 θ_i。图 2-21 所示为连杆 i 和连杆 $i-1$ 之间连接关系参数。描述相邻连杆之间连接关系的参数也有两个：第一个参数是连杆偏距 d_i，用来描述连杆 i 相对于连杆

$i-1$ 的偏置；另一个参数为关节角 θ_i，用来描述连杆 i 相对于连杆 $i-1$ 绕关节轴线 i 的旋转角度。注意：参数都有正负号之分。

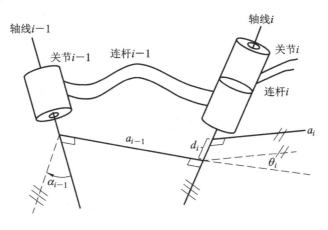

图 2-21 描述相邻连杆间连接关系的参数

由图 2-21 可知，对应于关节轴线 i 的两条公法线分别为 a_{i-1} 和 a_i，它们之间的距离为 d_i，即沿着关节轴线 i 的轴向，a_{i-1} 与轴线 i 的交点到 a_i 与该轴线交点之间的距离，参数 d_i 反映了两个连杆沿着关节轴线 i 的距离。关节角 θ_i 则表示关节轴线 i 将 a_{i-1} 的延长线转动到与 a_i 平行时所转过的角度，它反映了两个连杆在关节轴线处的夹角。通过连杆偏距和关节角可以将两个相邻连杆之间的相对位置描述清楚。

因此，对于一个连杆，需要 4 个参数对其进行描述，其中两个参数描述连杆本身的特性，另外两个参数描述相邻连杆之间的相对位置。连杆偏距 d_i 和关节角 θ_i 是由关节设计决定的，反映了关节的运动学特性。如果关节 i 是一个转动关节，那么连杆 $i-1$ 和连杆 i 之间沿着关节轴线 i 的距离 d_i 就是一个定值，对于任意给定的机器人，该值不会发生变化，而 θ_i 则会改变，因此 θ_i 称为关节变量。同样地，如果关节 i 是一个移动关节，那么连杆 $i-1$ 和连杆 i 之间的夹角 θ_i 就是一个定值，变化的是两个连杆沿着关节轴线 i 的距离 d_i，此时 d_i 称为关节变量。这种描述机构运动关系的方法称为 D-H(Denavit-Hartenberg)建模法。

2.4.3 机器人运动学建模

为了更好地解决机器人的建模问题，1955 年德纳威和哈登伯格提出了一种采用矩阵代数方法，用来描述机器人手臂连杆相对固定参考坐标系的空间几何关系。这种方法指使用 4×4 齐次变换矩阵描述两个相邻的机械刚性构件间的空间几何关系，把正向运动学问题简化为寻求等价的 4×4 齐次变换矩阵，这个矩阵把手部坐标系的空间位移与参考坐标系联系起来，可用于推导手臂运动的动力学方程。

取空间任意两相邻连杆 $i-1$ 和 i，取关节 $i-1$、i 和 $i+1$ 来研究连杆间的齐次变换矩阵，如图 2-22 所示。设固连坐标系前置（也可后置）。为了使所研究的问题规范化，规定任意连杆的固连坐标系的 z 轴必须通过与前一连杆构成的运动副的轴线（回转副为回转中心，移动副为移动方向）；固连坐标系的 x 轴沿相邻两固连坐标系的 z 轴的公法线方向，与同坐标系 z 轴的垂足点为本坐标系的坐标原点 O；固连坐标系的 y 轴按右手坐标系规则确定。

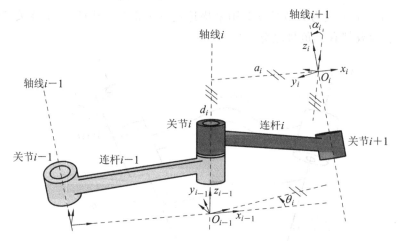

图 2-22 标准 D-H 模型下连杆坐标系

1. 标准 D-H 模型

(1) D-H 连杆坐标系建立规则如下：

① z_i 轴与第 $i+1$ 个关节轴线重合；

② x_i 轴垂直于 z_{i-1} 轴和 z_i 轴，并由关节 i 指向关节 $i+1$；

③ 以 z_{i-1} 轴和 z_i 轴的公法线与 z_i 轴的交点为原点；

④ y_i 轴则通过右手坐标系规则建立。

(2) D-H 参数在连杆坐标系中的表示：

① a_i：沿 x_{i-1} 轴，从 z_{i-1} 轴移动到 z_i 轴的偏置距离；

② α_i：绕 x_{i-1} 轴，从 z_{i-1} 轴旋转到 z_i 轴的角度；

③ d_i：沿 z_{i-1} 轴，从 x_{i-1} 轴移动到 x_i 轴的距离；

④ θ_i：绕 z_{i-1} 轴，从 x_{i-1} 轴旋转到 x_i 轴的角度。

(3) 建立连杆坐标系的步骤。

通过上述关于 4 个参数的定义，可总结出标准的 D-H 相邻连杆间的坐标系变换过程为：

① 绕 z_{i-1} 轴旋转 θ_i，使 x_{i-1} 轴和 x_i 轴平行；

② 沿 z_{i-1} 轴平移 d_i，使 x_{i-1} 轴和 x_i 轴共线；

③ 沿新位置的 x_{i-1} 轴平移 a_i，使坐标系$\{i-1\}$和坐标系$\{i\}$的原点重合；

④ 绕新位置的 x_{i-1} 轴旋转 α_i，使坐标系$\{i-1\}$和坐标系$\{i\}$重合。

若连杆 i 在标准 D-H 模型下的 4 个参数分别为 a_i、α_i、d_i、θ_i，则连杆 $i-1$ 与连杆 i 之间的变换矩阵 ${}^{i-1}_i\boldsymbol{T}$ 如下式所示：

$$
\begin{aligned}
{}^{i-1}_i\boldsymbol{T} &= \mathrm{Rot}(z_{i-1},\theta_i)\,\mathrm{Tran}(z_{i-1},d_i)\,\mathrm{Rot}(x_{i-1},\alpha_i)\,\mathrm{Tran}(x_{i-1},a_i) \\
&= \begin{bmatrix} c\theta_i & -c\alpha_i s\theta_i & s\alpha_i s\theta_i & a_i c\theta_i \\ s\theta_i & c\alpha_i c\theta_i & -s\alpha_i c\theta_i & a_i s\theta_i \\ 0 & s\alpha_i & c\alpha_i & d_i \\ 0 & 0 & 0 & 1 \end{bmatrix}
\end{aligned} \tag{2-38}
$$

式中，$\mathrm{Rot}(x_{i-1},\alpha_i)$ 表示坐标系$\{i-1\}$绕 x_{i-1} 轴的旋转矩阵，$\mathrm{Tran}(x_{i-1},a_i)$ 表示坐标系

$\{i-1\}$ 沿 x_{i-1} 轴的平移矩阵，$\mathrm{Rot}(z_{i-1}, \theta_i)$ 表示坐标系 $\{i-1\}$ 绕 z_{i-1} 轴的旋转矩阵，$\mathrm{Tran}(z_{i-1}, d_i)$ 表示坐标系 $\{i-1\}$ 沿 z_{i-1} 轴的平移矩阵。

值得注意的是，标准 D-H 模型下的坐标系建立在连杆末端，适用于串联结构的机器人。当机器人为树形结构（一个连杆末端连接多个关节）时会产生歧义。

[例题 2-4] 以 SCARA 机器人为例（其实物图如图 2-23(a) 所示），依据 D-H 建模法计算 SCARA 机器人的连杆变换矩阵。

SCARA 机器人属于串联结构的机器人，有 4 个自由度：3 个旋转副，1 个移动副。由于 SCARA 机器人是串联结构的机器人，因此标准 D-H 模型和改进 D-H 模型都适用，选用标准 D-H 模型计算 SCARA 机器人的连杆变换矩阵。依据标准 D-H 模型下坐标系建立规则分别建立 SCARA 机器人各连杆的坐标系，如图 2-23(b) 所示。进而得到 SCARA 机器人各连杆的 D-H 参数如表 2-1 所示。通过这个参数表以及前面讲解的标准 D-H 模型下计算机器人连杆变换矩阵的公式可得到 SCARA 机器人相邻两连杆间的变换矩阵为

$$_{1}^{0}\boldsymbol{T} = \begin{bmatrix} c\theta_1 & -s\theta_1 & 0 & l_1 c\theta_1 \\ s\theta_1 & c\theta_1 & 0 & l_1 s\theta_1 \\ 0 & 0 & 1 & 0 \\ 0 & 0 & 0 & 1 \end{bmatrix}, \quad _{2}^{1}\boldsymbol{T} = \begin{bmatrix} c\theta_2 & s\theta_2 & 0 & l_2 c\theta_2 \\ s\theta_2 & -c\theta_2 & 0 & l_2 s\theta_2 \\ 0 & 0 & -1 & 0 \\ 0 & 0 & 0 & 1 \end{bmatrix}$$

$$_{3}^{2}\boldsymbol{T} = \begin{bmatrix} 1 & 0 & 0 & 0 \\ 0 & 1 & 0 & 0 \\ 0 & 0 & 1 & d_3 \\ 0 & 0 & 0 & 1 \end{bmatrix}, \quad _{4}^{3}\boldsymbol{T} = \begin{bmatrix} c\theta_4 & -s\theta_4 & 0 & 0 \\ s\theta_4 & c\theta_4 & 0 & 0 \\ 0 & 0 & 1 & 0 \\ 0 & 0 & 0 & 1 \end{bmatrix}$$

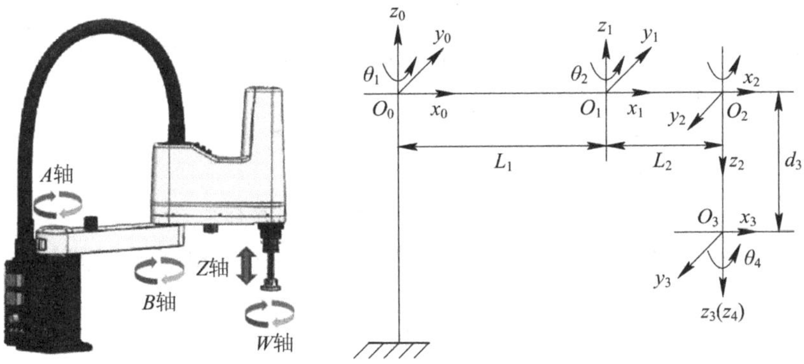

(a) 实物图　　(b) 连杆坐标系

图 2-23 SCARA 机器人

表 2-1 SCARA 机器人各连杆的 D-H 参数

连杆 i	a_i/mm	α_i/(°)	d_i/mm	θ_i/(°)	关节变量	其他
1	l_1	0	0	θ_1	θ_1	$l_1 = 475$ mm
2	l_2	90	0	θ_2	θ_2	$l_2 = 325$ mm
3	0	0	d_3	0	d_3	—
4	0	0	0	θ_4	θ_4	

2. 改进 D-H 模型

（1）D-H 连杆坐标系建立规则如下：

① z_i 轴与第 i 个关节轴线重合；

② x_i 轴垂直于 z_i 轴和 z_{i+1} 轴，并由关节 i 指向关节 $i+1$；

③ 以 z_i 轴和 z_{i+1} 轴的公法线与 z_i 轴的交点为原点；

④ y_i 轴则通过右手坐标系规则建立。

改进 D-H 模型下连杆坐标系如图 2-24 所示。根据改进 D-H 模型下连杆坐标系建立规则，可将改进 D-H 模型下描述机器人相邻连杆关系的 4 个参数总结如表 2-2 所示。

表 2-2 改进 D-H 模型下描述机器人相邻连杆关系的 4 个参数

连杆参数	定义
a_i	沿 x_i 轴，从 z_i 轴移动到 z_{i+1} 轴的偏置距离
α_i	绕 x_i 轴（按右手定则），由 z_i 轴转向 z_{i+1} 轴的偏角
d_i	沿 z_{i-1} 轴，从 x_{i-1} 轴移动到 x_i 轴的距离
θ_i	绕 z_{i-1} 轴（按右手坐标系规则），由 x_{i-1} 轴到 x_i 轴的关节角

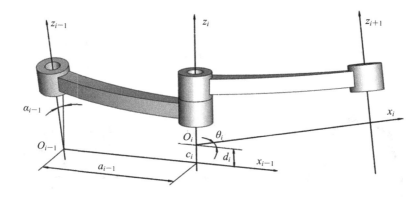

图 2-24 改进 D-H 模型下连杆坐标系

通过上述关于 4 个参数的定义，可总结出改进的 D-H 相邻连杆间的坐标系变换过程为：

① 绕 x_{i-1} 轴旋转 α_{i-1}，使 z_{i-1} 轴和 z_i 轴平行；

② 沿 x_{i-1} 轴平移 a_{i-1}，使 z_{i-1} 轴和 z_i 轴共线；

③ 绕新位置的 z_{i-1} 轴旋转 θ_i，使 x_{i-1} 轴和 x_i 轴平行；

④ 沿新位置的 z_{i-1} 轴平移 d_i，使坐标系 $\{i-1\}$ 和坐标系 $\{i\}$ 重合。

若连杆 i 在改进 D-H 模型下的 4 个参数分别为 a_{i-1}、α_{i-1}、d_i、θ_i，则连杆 $i-1$ 与连杆 i 之间的变换矩阵 $^{i-1}_{i}\boldsymbol{T}$ 如下式所示：

$$^{i-1}_{i}\boldsymbol{T} = \mathrm{Rot}(x_{i-1}, \alpha_{i-1})\mathrm{Trans}(x_{i-1}, a_{i-1})\mathrm{Trans}(z_i, d_i)\mathrm{Rot}(z_i, \theta_i)$$

$$= \begin{bmatrix} c\theta_i & -s\theta_i & 0 & a_{i-1} \\ c\alpha_{i-1}s\theta_i & c\alpha_{i-1}c\theta_i & -s\alpha_{i-1} & -d_i s\alpha_{i-1} \\ s\alpha_{i-1}s\theta_i & s\alpha_{i-1}c\theta_i & c\alpha_{i-1} & d_i c\alpha_{i-1} \\ 0 & 0 & 0 & 1 \end{bmatrix} \quad (2-39)$$

改进 D-H 模型不仅适用于串联结构的机器人，还适用于树形结构的机器人。

[**例题 2-5**] 结合工业机械臂进行讲解，FANUC 机器人（如图 2-25 所示）属于串联结构的机器人，有 6 个自由度，都为旋转副。根据改进 D-H 模型下连杆坐标系建立规则可分别建立机器人的各连杆坐标系，如图 2-25 所示。

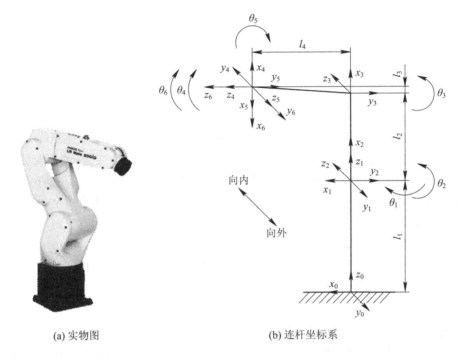

(a) 实物图　　　　　　　　(b) 连杆坐标系

图 2-25　FUNUC 机器人

由建立的机器人各连杆坐标系，可得到机器人各连杆的 D-H 参数如表 2-3 所示。根据 D-H 参数以及前面讲解的改进 D-H 模型下计算机器人连杆变换矩阵的公式可得 FANUC 机器人相邻两连杆间的齐次变换矩阵为

$$^0_1T = \begin{bmatrix} c\theta_1 & -s\theta_1 & 0 & 0 \\ s\theta_1 & c\theta_1 & 0 & 0 \\ 0 & 0 & 1 & l_1 \\ 0 & 0 & 0 & 1 \end{bmatrix}, \quad ^1_2T = \begin{bmatrix} c\theta_2 & -s\theta_2 & 0 & 0 \\ 0 & 0 & -1 & 0 \\ s\theta_2 & c\theta_2 & 0 & 0 \\ 0 & 0 & 0 & 1 \end{bmatrix}$$

$$^2_3T = \begin{bmatrix} c\theta_3 & -s\theta_3 & 0 & l_2 \\ s\theta_3 & c\theta_3 & 0 & 0 \\ 0 & 0 & 1 & l_1 \\ 0 & 0 & 0 & 1 \end{bmatrix}, \quad ^3_4T = \begin{bmatrix} c\theta_4 & -s\theta_4 & 0 & l_3 \\ 0 & 0 & -1 & -l_4 \\ s\theta_4 & c\theta_4 & 0 & 0 \\ 0 & 0 & 0 & 1 \end{bmatrix}$$

$$^4_5T = \begin{bmatrix} c\theta_5 & -s\theta_5 & 0 & 0 \\ 0 & 0 & -1 & 0 \\ s\theta_5 & c\theta_5 & 0 & 0 \\ 0 & 0 & 0 & 1 \end{bmatrix}, \quad ^5_6T = \begin{bmatrix} c\theta_6 & -s\theta_6 & 0 & 0 \\ 0 & 0 & -1 & 0 \\ s\theta_6 & c\theta_6 & 0 & 0 \\ 0 & 0 & 0 & 1 \end{bmatrix}$$

表 2-3 FANUC 机器人各连杆的 D-H 参数

连杆 i	a_{i-1}/mm	α_{i-1}/(°)	d_i/mm	α_i/(°)	关节变量	其他
1	0	0	l_1	0	θ_1	$l_1 = 330$ mm
2	0	90	0	90	θ_2	—
3	l_2	0	0	0	θ_3	$l_2 = 260$ mm
4	l_3	90	l_4	0	θ_4	$l_3 = 20$ mm
5	0	90	0	180	θ_5	$l_4 = 290$ mm
6	0	90	0	0	θ_6	—

综上所述，连杆坐标系$\{i\}$与$\{i-1\}$通过四个参数联系起来，齐次变换矩阵${}^{i-1}_iT$通常也是连杆的四个参数的函数。对机器人而言，这个变换矩阵只是一个变量（关节变量）的函数，其他三个参数由机器人的结构所确定。显然，从以上两种方法可以看出，连杆齐次变换矩阵可以分解为四个基本的子变换矩阵，其中每一个子变换矩阵都只是一个关节变量的函数，并且能够直接写出公式。

根据右乘法则表示相邻两连杆间的齐次变换矩阵${}^{i-1}_iT(i=1,2,3,\cdots,n)$时，末端连杆坐标系$\{N\}$相对于基座坐标系$\{0\}$的齐次变换矩阵可以由相邻两连杆间的齐次变换矩阵顺序相乘得到，即

$${}^0_nT = {}^0_1T\,{}^1_2T\cdots{}^{n-1}_nT \tag{2-40}$$

式中，${}^0_nT$ 称为机械臂的齐次变换矩阵。

对于不同类型的机器人，假设关节变量统一表示为 $q_i(i=1,2,3,\cdots,n)$，对于机器人的某个移动关节来说有 $q_i = d_i$，对于机器人的转动关节来说有 $q_i = \theta_i$，可以对式(4-40)进行变形得到

$${}^0_nT(q_1,q_2,\cdots,q_n) = {}^0_1T(q_1)\,{}^1_2T(q_2)\cdots{}^{n-1}_nT(q_n) \tag{2-41}$$

据式(2-41)可知，${}^0_nT$ 就是 n 个关节变量的函数，如果给定 n 个关节变量的值，那么就可以计算出末端连杆相对于基座坐标系的位姿，称为机械臂位姿的正解问题。按照手爪位姿的描述方法，用位置矢量 P 表示末端连杆的位置，用旋转矩阵 $R = [n,o,a]$ 代表末端连杆的位姿，当末端连杆的位姿给定，需解出各个关节变量$(q_1,q_2,\cdots,q_n)$时，则称之为机械臂位姿的反解问题。可以列出关节变量与位姿之间的关系等式：

$$\begin{bmatrix} {}^0n & {}^0o & {}^0a & {}^0P \\ 0 & 0 & 0 & 1 \end{bmatrix} = \begin{bmatrix} {}^0R & {}^0P \\ 0 & 1 \end{bmatrix} = {}^0_1T(q_1)\,{}^1_2T(q_2)\cdots{}^{n-1}_nT(q_n) \tag{2-42}$$

从而进行进一步的求解。

2.5 机器人运动学计算

根据公式(2-42)我们可以总结出，机器人运动学有两种求解问题，分别是正运动学问题和逆运动学问题。正运动学和逆运动学示例如图 2-26 所示。

图 2-26 正运动学与逆运动学示例

假设有一个构型已知的机器人,即它的所有连杆长度和关节角度都是已知的,那么计算机器人手的位姿就称为正运动学分析。换言之,如果已知机器人的所有关节变量,用正运动学方程就能计算出任意瞬间机器人手的位姿。然而,如果想要将机器人的手放在一个期望的位姿,就必须知道机器人的每一个连杆长度和关节角度,才能将手定位在所期望的位姿,这就叫作逆运动学分析。也就是说,这里不是把已知的机器人关节变量代入正向运动学方程中,而是设法找到这些方程的逆,从而求得所需的关节变量,使机器人手放置在期望的位姿。机器人逆运动学问题的求解比较复杂,而且往往有多个解。逆运动学问题实际上是一个非线性超越方程组的求解问题,其中包括解的存在性、唯一性及求解的方法等一系列复杂问题。

2.5.1 机器人正运动学计算

2.4 节 D-H 建模就是确定机器人总的齐次变换矩阵,也就是正运动学计算的主要内容。正运动学计算就是已知工业机器人各关节的变量,求末端执行器的位姿的计算,也称为顺运动学计算。在工业机器人中,若第一个连杆相对于固定坐标系的位姿可用齐次变换矩阵 $^{0}_{1}T$ 表示,第二个连杆相对于第一个连杆坐标系的位姿用 $^{1}_{2}T$ 表示,以此类推,最后一个连杆相对于固定坐标系的位姿可用 $^{i-1}_{i}T$ 连乘的形式表示。

多连杆串联机器人结构图如图 2-27 所示。首先根据 D-H 模型确定相邻连杆坐标系 $\{i\}$ 与 $\{i-1\}$ $(i=1,2,\cdots,6)$ 的齐次变换矩阵,然后根据正向运动学方程可以写出图 2-27 中多连杆机器人的齐次变换矩阵 $^{0}_{6}T$ 为

$$
\begin{aligned}
^{0}_{6}T &= {}^{0}_{1}T\,{}^{1}_{2}T\,{}^{2}_{3}T\,{}^{3}_{4}T\,{}^{4}_{5}T\,{}^{5}_{6}T \\
&= {}^{0}_{1}T(q_1)\,{}^{1}_{2}T(q_2)\,{}^{2}_{3}T(q_3)\,{}^{3}_{4}T(q_4)\,{}^{4}_{5}T(q_5)\,{}^{5}_{6}T(q_6) \\
&= \begin{bmatrix} {}^{0}_{6}R & {}^{0}_{6}P \\ 0\ \ 0\ \ 0 & 1 \end{bmatrix}
\end{aligned} \quad (2-43)
$$

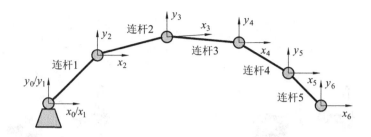

图 2-27 多连杆串联机器人结构图

[例题 2-6] 来看一个正运动学计算的简单例题。某机器人有 2 个关节,如图 2-28 所示,分别位于 O_A、O_B 点,机械臂中心为 O_C 点,O_A、O_B、O_C 三个点分别为三个坐标系的原点,调整机器人各关节使得末端执行器最终到达指定位置(未沿 z 轴发生平移),其中 $l_1=100$ mm,$l_2=50$ mm,$\theta_1=45°$,$\theta_2=-30°$,求机械臂末端执行器的位姿。

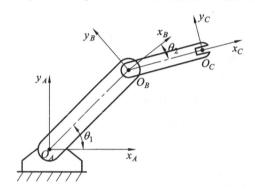

图 2-28 平面二关节机械臂正运动学计算

解 **方法一** 可以运用几何关系直接求解末端执行器的坐标。

由题可知,机器人为平面关节型机器人,2 个关节轴线相互平行。图 2-28 中末端执行器与 x 轴的夹角也是 x_C 与 x_A 的夹角,即 $\theta_1-\theta_2=45°-30°=15°$。

$$x_{O_C}=l_1\cos\theta_1+l_2\cos(\theta_1+\theta_2)=100\times\frac{\sqrt{2}}{2}+50\times\left(\frac{\sqrt{6}}{4}+\frac{\sqrt{2}}{4}\right)=25\frac{\sqrt{6}}{2}+125\frac{\sqrt{2}}{2}$$

$$y_{O_C}=l_1\sin\theta_1+l_2\sin(\theta_1+\theta_2)=100\times\frac{\sqrt{2}}{2}-50\times\left(\frac{\sqrt{6}}{4}-\frac{\sqrt{2}}{4}\right)=25\frac{\sqrt{6}}{2}+75\frac{\sqrt{2}}{2}$$

故机械臂末端执行器的位姿为 $\left(25\frac{\sqrt{6}}{2}+125\frac{\sqrt{2}}{2},\ 25\frac{\sqrt{6}}{2}+75\frac{\sqrt{2}}{2}\right)$。

方法二 利用 D-H 建模的方法建立坐标系,写出参数,矩阵相乘得到最终变换矩阵为

$$\boldsymbol{T}=\text{Rot}(z_A,\theta_1)\text{Trans}(l_1,0,0)\text{Rot}(z_B,\theta_2)\text{Trans}(l_2,0,0)$$

$$=\begin{bmatrix}c45° & -s45° & 0 & 0\\ s45° & c45° & 0 & 0\\ 0 & 0 & 1 & 0\\ 0 & 0 & 0 & 1\end{bmatrix}\begin{bmatrix}1 & 0 & 0 & 100\\ 0 & 1 & 0 & 0\\ 0 & 0 & 1 & 0\\ 0 & 0 & 0 & 1\end{bmatrix}\begin{bmatrix}c(-30°) & -s(-30°) & 0 & 0\\ s(-30°) & c(-30°) & 0 & 0\\ 0 & 0 & 1 & 0\\ 0 & 0 & 0 & 1\end{bmatrix}\begin{bmatrix}1 & 0 & 0 & 50\\ 0 & 1 & 0 & 0\\ 0 & 0 & 1 & 0\\ 0 & 0 & 0 & 1\end{bmatrix}$$

$$= \begin{bmatrix} \frac{\sqrt{6}}{4}+\frac{\sqrt{2}}{4} & \frac{\sqrt{2}}{4}-\frac{\sqrt{6}}{4} & 0 & 25\frac{\sqrt{6}}{2}+125\frac{\sqrt{2}}{2} \\ \frac{\sqrt{6}}{4}-\frac{\sqrt{2}}{4} & \frac{\sqrt{2}}{4}+\frac{\sqrt{6}}{4} & 0 & 25\frac{\sqrt{6}}{2}+75\frac{\sqrt{2}}{2} \\ 0 & 0 & 1 & 0 \\ 0 & 0 & 0 & 1 \end{bmatrix}$$

故机械臂末端执行器的位姿为 $\left(25\frac{\sqrt{6}}{2}+125\frac{\sqrt{2}}{2},\ 25\frac{\sqrt{6}}{2}+75\frac{\sqrt{2}}{2}\right)$。

[**例题 2-7**] 机械臂运动学方程实例，串联结构的机器人（PUMA560 机器人）是六自由度关节型机器人，其 6 个关节都是转动副，属 6R 型机械臂，其各连杆坐标系如图 2-29 所示。前 3 个关节（即关节 1、2 和 3）主要是用于确定手腕参考点的位置，后 3 个关节（即关节 4、5 和 6）用于确定手腕的方位。和大多数工业机器人一样，关节 4、5 和 6 的轴线交于一点，将该点选作手腕的参考点，也作为连杆坐标系{4}、{5}和{6}的原点。关节 1 的轴线沿竖直方向，关节 2 和 3 的轴线沿水平方向，并相互平行，距离为 a_2（连杆 2 的长度）。关节 4 和 5 的轴线垂直相交，关节 3 和 4 的轴线垂直交错，距离为 a_3（连杆 3 的长度）。

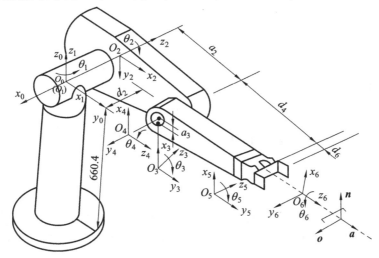

图 2-29　PUMA560 机器人各连杆坐标系

解　建立各连杆坐标系，列出相应的连杆参数，见表 2-4。结合公式（2-39）写出相邻两连杆间的齐次变换矩阵为

$${}_1^0\boldsymbol{T} = \begin{pmatrix} c\theta_1 & -s\theta_1 & 0 & 0 \\ s\theta_1 & c\theta_1 & 0 & 0 \\ 0 & 0 & 1 & 0 \\ 0 & 0 & 0 & 1 \end{pmatrix},\quad {}_2^1\boldsymbol{T} = \begin{pmatrix} c\theta_2 & -s\theta_2 & 0 & 0 \\ 0 & 0 & 1 & d_2 \\ -s\theta_2 & -c\theta_2 & 0 & 0 \\ 0 & 0 & 0 & 1 \end{pmatrix},\quad {}_3^2\boldsymbol{T} = \begin{pmatrix} c\theta_3 & -s\theta_3 & 0 & 0 \\ s\theta_3 & c\theta_3 & 0 & 0 \\ 0 & 0 & 1 & 0 \\ 0 & 0 & 0 & 1 \end{pmatrix}$$

$${}_4^3\boldsymbol{T} = \begin{pmatrix} c\theta_4 & -s\theta_4 & 0 & a_3 \\ 0 & 0 & 1 & d_4 \\ -s\theta_4 & -c\theta_4 & 0 & 0 \\ 0 & 0 & 0 & 1 \end{pmatrix},\quad {}_5^4\boldsymbol{T} = \begin{pmatrix} c\theta_5 & -s\theta_5 & 0 & 0 \\ 0 & 0 & -1 & 0 \\ s\theta_5 & c\theta_5 & 0 & 0 \\ 0 & 0 & 0 & 1 \end{pmatrix},\quad {}_6^5\boldsymbol{T} = \begin{pmatrix} c\theta_6 & -s\theta_6 & 0 & 0 \\ 0 & 0 & 1 & 0 \\ -s\theta_6 & -c\theta_6 & 0 & 0 \\ 0 & 0 & 0 & 1 \end{pmatrix}$$

将以上齐次变换矩阵依次相乘得到 PUMA560 机器人的机械臂齐次变换矩阵为

$${}^0_6\boldsymbol{T}(q) = {}^0_1\boldsymbol{T}(q_1)\,{}^1_2\boldsymbol{T}(q_2)\,{}^2_3\boldsymbol{T}(q_3)\,{}^3_4\boldsymbol{T}(q_4)\,{}^4_5\boldsymbol{T}(q_5)\,{}^5_6\boldsymbol{T}(q_6)$$

$${}^4_6\boldsymbol{T} = {}^4_5\boldsymbol{T}\,{}^5_6\boldsymbol{T} = \begin{bmatrix} c\theta_5 c\theta_6 & -c\theta_5 s\theta_6 & s\theta_5 & 0 \\ s\theta_6 & c\theta_6 & 0 & 0 \\ s\theta_5 c\theta_6 & -s\theta_5 c\theta_6 & c\theta_5 & 0 \\ 0 & 0 & 0 & 1 \end{bmatrix}$$

$${}^3_6\boldsymbol{T} = {}^3_4\boldsymbol{T}\,{}^4_6\boldsymbol{T} = \begin{bmatrix} c\theta_4 c\theta_5 c\theta_6 - s\theta_4 s\theta_6 & -c\theta_4 c\theta_5 s\theta_6 - s\theta_4 c\theta_6 & -c\theta_4 s\theta_5 & a_3 \\ s\theta_5 c\theta_6 & -s\theta_5 s\theta_6 & c\theta_5 & d_4 \\ -s\theta_4 c\theta_5 c\theta_6 - c\theta_4 s\theta_6 & s\theta_4 c\theta_5 s\theta_6 - c\theta_4 c\theta_6 & s\theta_4 s\theta_5 & 0 \\ 0 & 0 & 0 & 1 \end{bmatrix}$$

根据 PUMA560 机器人的结构特点，关节 2 和关节 3 相互平行。利用"和角公式" $\sin(\theta_2+\theta_3) = c\theta_2 s\theta_3 + s\theta_2 c\theta_3$，$c(\theta_2+\theta_3) = c\theta_2 c\theta_3 - s\theta_2 s\theta_3$ 可以得到齐次变换矩阵为

$${}^1_3\boldsymbol{T} = {}^1_2\boldsymbol{T}\,{}^2_3\boldsymbol{T} = \begin{bmatrix} c\theta_{23} & -s\theta_{23} & 0 & a_2 c\theta_2 \\ 0 & 0 & 1 & d_2 \\ -s\theta_{23} & -c\theta_{23} & 0 & -a_2 s\theta_2 \\ 0 & 0 & 0 & 1 \end{bmatrix}$$

式中

$$s\theta_{23} = s(\theta_2+\theta_3),\ c\theta_{23} = c(\theta_2+\theta_3)$$

将 ${}^1_3\boldsymbol{T}$ 与 ${}^3_6\boldsymbol{T}$ 相乘得

$${}^1_6\boldsymbol{T} = {}^1_3\boldsymbol{T}\,{}^3_6\boldsymbol{T} = \begin{bmatrix} n_x & o_x & a_x & p_x \\ n_y & o_y & a_y & p_y \\ n_z & o_z & z_z & p_z \\ 0 & 0 & 0 & 1 \end{bmatrix}$$

式中

$$n_x = c\theta_1 [c\theta_{23}(c\theta_4 c\theta_5 c\theta_6 - s\theta_4 s\theta_6) - s\theta_{23} s\theta_5 c\theta_6] + s\theta_1 (s\theta_4 c\theta_5 c\theta_6 + c\theta_4 s\theta_6)$$

$$n_y = s\theta_1 [c\theta_{23}(c\theta_4 c\theta_5 c\theta_6 - s\theta_4 s\theta_6) - s\theta_{23} s\theta_5 c\theta_6] - c\theta_1 (s\theta_4 c\theta_5 c\theta_6 + c\theta_4 s\theta_6)$$

$$n_z = -s\theta_{23}(c\theta_4 c\theta_5 c\theta_6 - s\theta_4 s\theta_6) - c\theta_{23} s\theta_5 c\theta_6$$

$$o_x = c\theta_1 [c\theta_{23}(-c\theta_4 c\theta_5 s\theta_6 - s\theta_4 c\theta_6) + s\theta_{23} s\theta_5 s\theta_6] + s\theta_1 (c\theta_4 c\theta_6 - s\theta_4 c\theta_5 s\theta_6)$$

$$o_y = s\theta_1 [c\theta_{23}(-c\theta_4 c\theta_5 s\theta_6 - s\theta_4 c\theta_6) + s\theta_{23} s\theta_5 s\theta_6] - c\theta_1 (c\theta_4 c\theta_6 - s\theta_4 c\theta_5 c\theta_6)$$

$$o_z = -s\theta_{23}(-c\theta_4 c\theta_5 s\theta_6 - s\theta_4 c\theta_6) + c\theta_{23} s\theta_5 s\theta_6$$

$$a_x = -c\theta_1 (c\theta_{23} c\theta_4 s\theta_5 + s\theta_{23} c\theta_5) - s\theta_1 s\theta_4 s\theta_5$$

$$a_y = -s\theta_1 (c\theta_{23} c\theta_4 s\theta_5 + s\theta_{23} c\theta_5) + c\theta_1 s\theta_4 s\theta_5$$

$$a_z = s\theta_{23} c\theta_4 s\theta_5 - c\theta_{23} c\theta_5$$

$$p_x = c\theta_1 (a_2 c\theta_2 + a_3 c\theta_{23} - d_4 s\theta_{23}) - d_2 s\theta_1$$

$$p_y = s\theta_1 (a_2 c\theta_2 + a_3 c\theta_{23} - d_4 s\theta_{23}) + d_2 c\theta_1$$

$$p_z = -a_3 s\theta_{23} - a_2 s\theta_2 - d_4 c\theta_{23}$$

表 2-4 PUMA560 机器人各连杆参数

连杆 i	a_i/mm	α_i/(°)	d_i/mm	θ_i/(°)	关节变量取值范围	连杆参数值/mm
1	0	0	0	90	$-160°\sim 160°$	$a_2=431.80$
2	0	-90	d_2	0	$-225°\sim 45°$	$a_3=20.32$
3	a_2	0	0	-90	$-45°\sim 225°$	$d_2=149.09$
4	a_3	-90	d_4	0	$-110°\sim 170°$	$d_4=433.07$
5	0	90	0	0	$-100°\sim 100°$	—
6	0	-90	0	0	$-266°\sim 266°$	—

2.5.2 机器人逆运动学计算

上节讨论了已知关节角，计算工具坐标系相对于固定坐标系的位姿问题，本节将研究逆运动学问题，即已知工具坐标系相对于固定坐标系的期望位姿，计算一系列满足期望要求的关节角。从工程应用的角度来看，逆运动学计算更为重要，它是机器人运动规划和轨迹控制的基础。

2.5.2

正运动学的解是唯一确定的，而逆运动学问题往往具有多重解，也可能不存在解。此外，对于逆运动学问题而言，仅仅用某种方法求得其解是不够的，对所用计算方法的计算效率、计算精度等均有较多的要求。最理想的情况是能得到封闭解（closed-form solutions），因为封闭解法计算速度快、效率高，便于实时控制。但是，非线性超越方程一般得不到封闭解，只能采用数值解法。运动学方程的封闭解可通过代数方法和几何方法获得。

1. 几何方法

如图 2-30 三关节连杆机械臂，其逆运动学问题可以描述为给定末端坐标系原点的位置坐标 (x,y) 和末端连杆的方位角 φ，计算满足条件的 3 个关节角 θ_1、θ_2、θ_3。

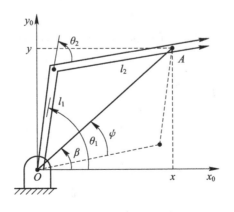

图 2-30 平面三关节连杆机械臂

图 2-30 中存在实线和虚线表示的两个解。针对实线表示的一组解，在 l_1、l_2 和 OA 组成的三角形内，应用余弦定理可以得到

$$x^2 + y^2 = l_1^2 + l_2^2 - 2l_1 l_2 c(180° - \theta_2) \tag{2-44}$$

解得

$$c\theta_2 = \frac{x^2 + y^2 - l_1^2 - l_2^2}{2l_1 l_2} \tag{2-45}$$

为了保证解存在，目标点(x, y)应满足条件：

$$\sqrt{x^2 + y^2} \leqslant l_1 + l_2 \tag{2-46}$$

在满足解的存在性条件的前提下，θ_2可能有两个解（另一个解用虚线表示）：

$$\theta_2' = -\theta_2 \quad \theta_2 \in [0, 180°] \tag{2-47}$$

为求出θ_1，需要求出β和$\psi(\psi \in [0, 180°])$，其中

$$\beta = \mathrm{atan2}(y, x) \tag{2-48}$$

$$c\psi = \frac{x^2 + y^2 + l_1^2 - l_2^2}{2l_1 \sqrt{x^2 + y^2}} \tag{2-49}$$

当$\theta_2 < 0$时，对应图中实线表示的解为$\theta_1 = \beta + \psi$；当$\theta_2 > 0$时，对应图中虚线表示的解为$\theta_1 = \beta - \psi$。

因为该连杆机构始终位于平面内，角度可以直接相加，所以三个连杆的转角之和即为末端连杆的姿态，即$\theta_1 + \theta_2 + \theta_3 = \varphi$，由该式求出$\theta_3$，则可以完成该机械臂的逆运动学计算。

2. 代数方法

已知末端坐标系原点的位置坐标(x, y)和末端连杆的方位角φ，则可以给定末端位姿矩阵为

$${}^0_3\boldsymbol{T} = \begin{bmatrix} c\varphi & -s\varphi & 0 & x \\ s\varphi & c\varphi & 0 & y \\ 0 & 0 & 1 & 0 \\ 0 & 0 & 0 & 1 \end{bmatrix} \tag{2-50}$$

式中

$$\theta_1 + \theta_2 + \theta_3 = \varphi$$

同时，可以计算得到该机械臂基座坐标系和乘腕坐标系的运动学方程为

$${}^B_W\boldsymbol{T} = {}^0_3\boldsymbol{T} = \begin{bmatrix} c\theta_{123} & -s\theta_{123} & 0 & l_1 c\theta_1 + l_2 c\theta_{12} \\ s\theta_{123} & c\theta_{123} & 0 & l_1 s\theta_1 + l_2 s\theta_{12} \\ 0 & 0 & 1 & 0 \\ 0 & 0 & 0 & 1 \end{bmatrix} \tag{2-51}$$

式中

$$c\theta_{123} = c(\theta_1 + \theta_2 + \theta_3)$$
$$s\theta_{123} = s(\theta_1 + \theta_2 + \theta_3)$$
$$c\theta_{12} = c(\theta_1 + \theta_2)$$
$$s\theta_{12} = s(\theta_1 + \theta_2)$$

对比式(2-50)和式(2-51)，可以得到4个非线性方程，进而求出θ_1、θ_2、θ_3：

$$x = l_1c\theta_1 + l_2c\theta_{12} \tag{2-52}$$

$$y = l_1s\theta_1 + l_2s\theta_{12} \tag{2-53}$$

$$c\varphi = c\theta_{123} \tag{2-54}$$

$$s\varphi = s\theta_{123} \tag{2-55}$$

结合式(2-52)和式(2-53)可得

$$x^2 + y^2 = l_1^2 + l_2^2 + 2l_1l_2c\theta_2 \tag{2-56}$$

求解可得

$$c\theta_2 = \frac{x^2 + y^2 - l_1^2 - l_2^2}{2l_1l_2} \tag{2-57}$$

式(2-57)有解的条件是 $|c\theta_2| \leqslant 1$,如果不满足此约束条件,则说明此时目标点太远。如果满足约束条件,则 $s\theta_2$ 的表达式为

$$s\theta_2 = \pm\sqrt{1 - c\theta_2^2} \tag{2-58}$$

应用双变量反正切公式可得 θ_2 为

$$\theta_2 = \operatorname{atan2}(s\theta_2, c\theta_2) \tag{2-59}$$

求出 θ_2 之后,可以将式(2-52)和式(2-53)改写为以下形式:

$$x = (l_1 + l_2c\theta_2)c\theta_1 - l_2s\theta_1s\theta_2 \tag{2-60}$$

$$y = (l_1 + l_2c\theta_2)s\theta_1 + l_2c\theta_1s\theta_2 \tag{2-61}$$

令 $l_1 + l_2c\theta_2 = k_1$,$l_2s\theta_2 = k_2$,代入式(2-54)与式(2-55)可求得

$$s\theta_1 = \frac{k_1y - k_2x}{2k_1^2} \tag{2-62}$$

$$c\theta_1 = \frac{k_1x + k_2y}{k_1^2 + k_2^2} \tag{2-63}$$

可得 $\theta_1 = \operatorname{atan}(s\theta_1, c\theta_1)$。根据 $\theta_1 + \theta_2 + \theta_3 = \varphi$ 求出 θ_3,则可以完成该机械臂的逆运动学计算。

对于 2.4 节学习过的 PUMA560 机器人的机械臂而言,其运动学方程为

$${}_6^0\boldsymbol{T} = {}_1^0\boldsymbol{T}\,{}_2^1\boldsymbol{T}\,{}_3^2\boldsymbol{T}\,{}_4^3\boldsymbol{T}\,{}_5^4\boldsymbol{T}\,{}_6^5\boldsymbol{T}$$

PUMA560 机器人的逆运动学问题可以描述为已知 ${}_6^0\boldsymbol{T}$ 的 16 个元素的值,求解其 6 个关节变量 $\theta_1 \sim \theta_6$。由于 ${}_6^0\boldsymbol{T}$ 中有 4 个元素是常量,因此可以得到 12 个方程。在这 12 个方程中,根据旋转矩阵得到的 9 个矩阵中只有 3 个相互独立,加上根据位置矢量得到的 3 个方程,该逆运动学问题共可以得到 6 个相互独立的非线性超越方程,很难求解。由此可得出一般求逆运动学问题的递推公式为

$$\begin{cases} [{}_1^0\boldsymbol{T}]^{-1}\,{}_6^0\boldsymbol{T} = {}_2^1\boldsymbol{T}\,{}_3^2\boldsymbol{T}\,{}_4^3\boldsymbol{T}\,{}_5^4\boldsymbol{T}\,{}_6^5\boldsymbol{T} \\ [{}_2^1\boldsymbol{T}]^{-1}\,[{}_1^0\boldsymbol{T}]^{-1}\,{}_6^0\boldsymbol{T} = {}_3^2\boldsymbol{T}\,{}_4^3\boldsymbol{T}\,{}_5^4\boldsymbol{T}\,{}_6^5\boldsymbol{T} \\ \qquad\qquad\vdots \\ [{}_5^4\boldsymbol{T}]^{-1}\,[{}_4^3\boldsymbol{T}]^{-1}\,[{}_3^2\boldsymbol{T}]^{-1}\,[{}_2^1\boldsymbol{T}]^{-1}\,[{}_1^0\boldsymbol{T}]^{-1}\,{}_6^0\boldsymbol{T} = {}_6^5\boldsymbol{T} \end{cases}$$

典型工业机器人(6DOF 工业机器人)一般有 6 个自由度,工具坐标系相对于机器人末杆坐标系之间的位姿变换只有常量,没有运动参数的变化。从数学的角度来看,这种 6DOF 工业机器人的逆运动学问题可能有 8 种解。实际上由于受机器人结构和运动范围的约束,

有些解不能求。但逆运动学问题的多值性是不可避免的。一般是根据最小位移原则，在可求出的多组解中选取一组与上一组解的距离最近、能量消耗最少的解。

6DOF工业机器人工作时有三种奇异位置，即腕部奇异位置、肩部奇异位置和肘部奇异位置。腕部奇异位置发生在第4轴和第6轴重合（平行）时，肩部奇异位置发生在腕部中心位于第1轴旋转中心线时，肘部奇异位置发生在腕部中心和第2轴、第3轴呈一条直线时。一旦机器人处于奇异位置，机器人在某些方向上速度受限，一般可把进入奇异位置附近的一定范围设定为求解逆运动学问题的约束条件，对逆解进行特殊处理。

2.6 本章小结

运动学问题是在不考虑引起运动的力和力矩的情况下，描述机械臂的运动。在本章中，我们已经讨论了机器人运动学方程的表示方法和机器人运动学建模。

本章的核心内容为 Denavit-Hartenberg（D-H）模型，其于1955年首次被提出，用于描述机器人连杆和节点之间的相互关系。后来人们逐步完善并推导出了 D-H 建模法，即采用矩阵来描述机器人各连杆的相对位姿，再进行坐标变换，得到末端执行器的总变换矩阵。直至今日，D-H 建模法仍然是当下主流的机器人建模方法。但是本章的机器人运动学只研究机械臂的运动特性，而不考虑使机械臂产生运动时施加的力，未研究速度、加速度以及位置变量的所有高阶导数。在下一章节中我们将继续讨论机器人动力学。

2.7 课后习题

1. 计算题：如图2-31所示的三连杆机械臂，其有3个转动关节。该机械臂的连杆 D-H 参数已列于表2-5中，计算出相邻两坐标系之间的变换矩阵 $_1^0T$、$_2^1T$、$_3^2T$，并由 $_3^0T=_1^0T\,_2^1T\,_3^2T$ 计算出该机械臂的运动学方程。

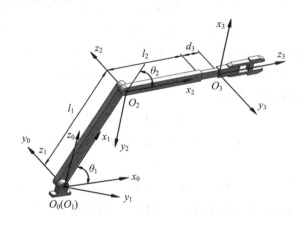

图2-31 三连杆机械臂

表 2-5 机械臂的连杆 D-H 参数

连杆 i	扭角 α_{i-1}	连杆长度 a_{i-1}	距离 d_i	关节角 θ_i
1	0	0	0	θ_1
2	0	l_1	0	θ_2
3	0	l_2	0	θ_3

(a) 实物图

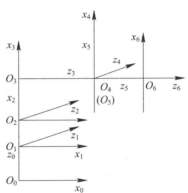

(b) 连杆坐标系

图 2-32 ABB IRB120 机器人

2. 计算题：ABB IRB120 机器人是六自由度串联机器人，其实物图如图 2-32(a)所示，属于 ABB 公司的第四代机器人产品。它具有出色的便携性与集成性，具备了 ABB 机器人产品的全部功能，重量只有 25 kg，小巧轻便，适用于所有场合，并且控制精度与路径精度高，在许多行业发挥着重要作用。ABB IRB120 机器人的连杆坐标系如图 2-32(b)所示，各连杆的 D-H 参数见表 2-6，计算 ABB IRB120 机器人的运动学方程。

表 2-6 ABB IRB120 机器人各连杆的 D-H 参数

关节	关节角 θ_i	距离 d_i	扭角 α_i	连杆长度 a_i
1	θ_1	d_1	90°	0
2	θ_2	0	0°	a_2
3	θ_3	0	90°	a_3
4	θ_4	d_4	−90°	0
5	θ_5	0	90°	0
6	θ_6	0	0°	0

3. 计算题：已知坐标系 $\{B\}$ 最初与坐标系 $\{A\}$ 相重合，坐标系 $\{B\}$ 绕 z_A 轴转 −90°，再绕 x_B 轴转 90°，最后沿 y_A 平移 −7 个单位。

(1) 求此时坐标系 $\{B\}$ 相对于坐标系 $\{A\}$ 的齐次变换矩阵；

(2) 在坐标系 $\{B\}$ 上固连一矢量 $^B\boldsymbol{P} = [1, 2, 3]^T$，求此时点 P 在坐标系 $\{A\}$ 下的位置。

4. 计算题：刚体可由固定该刚体的坐标系内的六个点来表示。已知在参考坐标系中某刚体的六个点的坐标分别为$(1,0,0,1)$、$(-1,0,0,1)$、$(-1,0,2,1)$、$(1,0,2,1)$、$(1,4,0,1)$、$(-1,4,0,1)$，如图 2-33 所示。如果首先让刚体绕 z 轴旋转 $90°$，接着绕 y 轴旋转 $90°$，再沿 x 轴方向平移 4 个单位，试用齐次变换矩阵来描述该变换过程，并绘图描述。

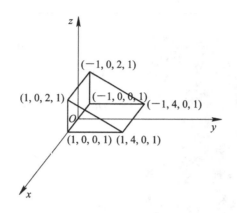

图 2-33　参考坐标系中的刚体

5. 计算题：求图 2-34 所示的典型 6DOF 工业机器人的运动学方程逆解。

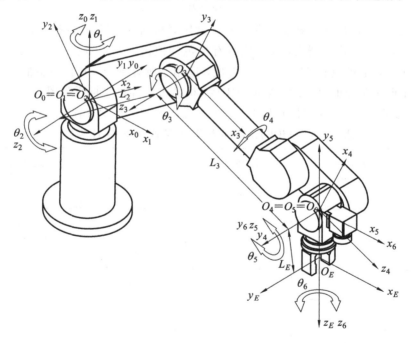

图 2-34　典型 6DOF 工业机器人

第3章 机器人动力学分析

从冰箱中取出一瓶牛奶,当我们以为牛奶瓶是满的,用了很大力气想去拿牛奶瓶,但实际上牛奶瓶却几乎是空的,判断失误。不仅仅这样,大多数人都有拿起比预想轻得多的物体的经历。人们对负载的错判可能引起异常的抓举动作,这种情况在机器人机械臂控制中也会发生。即在机器人机械臂控制系统中也要运用质量以及其他动力学知识,在构造机器人机械臂运动控制的算法时,也应当把动力学考虑进去。

对于第2章的机器人机械臂,其运动学指的是该机器人的末端执行器所处坐标系的位姿与基座参考坐标系之间的关系,这可能涉及各关节的位姿、速度(包括线速度和角速度)等,但未涉及引起机器人运动的力。本章将具体研究机器人的动力学方程,即由驱动器施加在机器人关节的力矩或者作用在机械臂上的外力使机器人运动的数学描述。

工业机器人机械臂是一个复杂的动力学系统,具有多输入输出、强耦合和非线性等特点。机器人的动力学主要研究期望关节力矩或力和已知的轨迹之间的关系,且由这种关系推导出的动力学公式与机器人控制方式紧密相关。工业机器人的动力学分析涉及两个层面的问题:

(1)动力学正问题:根据本体的关节力矩或力计算机器人的运动(关节位移、速度和加速度)。

(2)动力学逆问题:根据机器人运动轨迹对应的关节位移、速度和加速度计算出每一步运动的关节力矩或力。

例如,定义机器人关节角矢量为 q,对于一个串联型六关节机器人,其关节角矢量可以表示为 $q=[\theta_1,\theta_2,\theta_3,\theta_4,\theta_5,\theta_6]$,$\theta_n(n=(1,2,\cdots,6))$ 为广义关节变量,这就是动力学正问题。动力学逆问题就是给定机器人六关节驱动力矩 τ,$\tau=[\tau_1,\tau_2,\tau_3,\tau_4,\tau_5,\tau_6]^T$,计算机械臂的关节角矢量 q、关节速度 $\dot{q}$ 和加速度 $\ddot{q}$。

工业机器人动力学研究采用的方法有很多,例如拉格朗日法、牛顿-欧拉法、高斯法、凯恩法等,本章节重点介绍牛顿-欧拉法和拉格朗日法。牛顿-欧拉法是指从运动学出发求得加速度,并计算各内作用力。对于较复杂的系统,此种分析方法十分复杂与麻烦。而采用拉格朗日法时,只需要求出速度而不必求内作用力,是一种基于能量的系统分析方法。接下来将分别讨论这两种方法。

3.1 机器人雅可比矩阵

第2章讨论了机器人机械臂的位移关系,建立了描述关节变量和末端执行器位姿之间关系(也可以认为是关节空间与操作空间的位姿映射关系)的正运动学和逆运动学方程,即位姿正解与反解方程。由机器人的逆向运动学可知,机器人的末端位置到各关节位置的映射十分复杂,尤其是对自由度多的机器人,有时甚至没有解析解。而且,机械臂并不总是在工作空间内自由运动,根据工作场景不同,如焊接机器人,有时也要接触工件或工作面,向工件或工作面施加一个静力。在这种情况下,我们要解决的问题就产生了:怎样设定关节力矩使产生符合要求的接触力和力矩?机械臂的雅可比矩阵可以被用来解决这个问题。

雅可比矩阵(Jacobian matrix)描述的是机器人末端执行器速度和关节速度之间的映射。使用雅可比矩阵可以实现机器人末端静力与关节力矩之间的映射,同时也可以对冗余自由度机器人进行轨迹优化。

3.1.1 雅可比矩阵的定义

利用雅可比矩阵可以建立工业机器人关节速度与末端执行器速度(线速度和角速度)之间的关系,以及末端执行器与外界接触力及对应关节力间的关系,即将末端执行器的线速度和角速度表示为关节速度的函数。

工业机器人的雅可比矩阵也可以视为从关节空间向操作空间运动速度的传动比。根据工业机器人运动学方程知,若 $\boldsymbol{r} = [r_1, r_2, \cdots, r_m]^T \in \mathbf{R}^{m \times 1}$ 为末端执行器位置矢量,$\boldsymbol{\theta} = [\theta_1, \theta_2, \cdots, \theta_n]^T \in \mathbf{R}^{n \times 1}$ 为广义关节变量,则末端执行器位置矢量和关节变量之间的关系表示为

$$\boldsymbol{r} = f(\boldsymbol{\theta}) \tag{3-1}$$

公式(3-1)代表操作空间与关节空间之间的位移关系。将公式(3-1)两边同时对时间 t 求微分得

$$\frac{\mathrm{d}\boldsymbol{r}}{\mathrm{d}t} = f'(\boldsymbol{\theta})$$

即

$$\dot{\boldsymbol{r}} = \boldsymbol{J}(\boldsymbol{\theta})\dot{\boldsymbol{\theta}} \tag{3-2}$$

式中,$\dot{\boldsymbol{r}}$ 称为机器人末端执行器在操作空间的广义速度,简称为末端执行器速度速度;$\dot{\boldsymbol{\theta}}$ 为关节速度;$\boldsymbol{J}(\boldsymbol{\theta})$ 是 $m \times n$ 的偏导数矩阵,称为工业机器人雅可比矩阵,且

$$\boldsymbol{J}(\boldsymbol{\theta}) = \frac{\partial f(\boldsymbol{\theta})}{\partial \boldsymbol{\theta}^T} = \begin{bmatrix} \dfrac{\partial f_1}{\partial \theta_1} & \dfrac{\partial f_1}{\partial \theta_2} & \cdots & \dfrac{\partial f_1}{\partial \theta_n} \\ \dfrac{\partial f_2}{\partial \theta_1} & \dfrac{\partial f_2}{\partial \theta_2} & \cdots & \dfrac{\partial f_2}{\partial \theta_n} \\ \vdots & \vdots & & \vdots \\ \dfrac{\partial f_m}{\partial \theta_1} & \dfrac{\partial f_m}{\partial \theta_2} & \cdots & \dfrac{\partial f_m}{\partial \theta_n} \end{bmatrix} \tag{3-3}$$

[**例题 3-1**] 以二连杆机器人为例，具体说明雅可比矩阵的推导。

对于一个二连杆机器人来说，如图 3-1 所示，$r=[x,y]$ 为连杆 l_2 末端位置点 P 的位置矢量，$f(\theta_1,\theta_2)$ 为广义关节变量 $q=[\theta_1,\theta_2]$ 的函数（其中 θ_1、θ_2 为机器人的两个关节角），由公式(3-1)可以列出下式：

$$f(\theta_1,\theta_2) = \begin{bmatrix} f_x(\theta_1,\theta_2) \\ f_y(\theta_1,\theta_2) \end{bmatrix} \tag{3-4}$$

根据几何关系可列出以下关系：

$$\begin{bmatrix} x \\ y \end{bmatrix} = \begin{bmatrix} f_x(\theta_1,\theta_2) \\ f_y(\theta_1,\theta_2) \end{bmatrix} = \begin{bmatrix} l_1\cos\theta_1 + l_2\cos(\theta_1+\theta_2) \\ l_1\sin\theta_1 + l_2\sin(\theta_1+\theta_2) \end{bmatrix} \tag{3-5}$$

根据雅可比矩阵的定义，依次对式(3-5)计算各关节角的偏导数可得

$$\frac{\partial f_x}{\partial \theta_1} = -l_1\sin(\theta_1) - l_2\sin(\theta_1+\theta_2), \quad \frac{\partial f_x}{\partial \theta_2} = -l_2\sin(\theta_1+\theta_2)$$

$$\frac{\partial f_y}{\partial \theta_1} = l_1\cos(\theta_1) + l_2\cos(\theta_1+\theta_2), \quad \frac{\partial f_y}{\partial \theta_2} = l_2\cos(\theta_1+\theta_2)$$

由以上四个公式可组成雅可比矩阵为

$$J(\theta_1,\theta_2) = \begin{bmatrix} -l_1\sin(\theta_1) - l_2\sin(\theta_1+\theta_2) & -l_2\sin(\theta_1+\theta_2) \\ l_1\cos(\theta_1) + l_2\cos(\theta_1+\theta_2) & l_2\cos(\theta_1+\theta_2) \end{bmatrix} \tag{3-6}$$

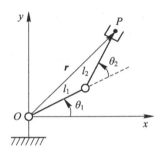

图 3-1 二连杆机器人

3.1.2 速度雅可比矩阵的计算

求运动学速度的目的是寻找关节速度与末端执行器速度之间的关系，即将末端执行器的线速度和角速度表示为关节速度的函数。本节在位移分析的基础上，通过旋转速度和平移速度的变换，研究描述关节速度与末端执行器的线速度和角速度之间映射关系的运动学方程；分析机械臂的速度，描述速度与关节速度之间的映射关系；定义机械臂的速度雅可比矩阵，并用雅可比矩阵描述末端执行器速度与关节速度之间的映射关系；阐述机器人正向运动学与逆向运动学速度的求解方法。

线速度是指当坐标系 $\{B\}$ 相对于坐标系 $\{A\}$ 的姿态不变时，坐标系 $\{B\}$ 上固连刚体的任意点的速度。线速度描述的是点的一种属性，角速度描述的是刚体的一种属性。由于坐标系总是固连在刚体上，因此可以用角速度来描述坐标系的旋转。速度具有可加性，当某一坐标系绕着各个坐标轴均有旋转速度时，角速度为绕各个轴旋转速度的矢量和。由于机械臂是一个链式结构，因此每一个连杆都可以看作一个刚体，那么连杆 $i+1$ 的速度就是连杆

i 的速度"加上"由连杆 $i+1$ 引起的新的速度分量。

在机器人学中,机械臂的速度雅可比矩阵 $J(q)$ 是从关节速度矢量 $\dot{q}$ 向末端执行器速度矢量 V 的线性映射,故

$$V = \begin{bmatrix} v \\ \omega \end{bmatrix} = J(q)\dot{q} \qquad (3-7)$$

式中,v 是末端执行器的线速度矢量,ω 是末端执行器的角速度矢量,q 是关节位移。

对于通常的六关节机器人,雅可比矩阵是 6×6 维的,$\dot{q}$ 是 6×1 维的,V 也是 6×1 维的。V 是 6×1 速度矢量,包括一个 3×1 线速度矢量 v 和一个 3×1 角速度矢量 ω;q 是机械臂关节变量所组成的矢量形式。对于任意已知的机械臂位姿,关节速度和末端执行器速度的关系是线性的,然而这种线性关系仅是瞬时的,因为在下一刻,雅可比矩阵就会有微小的变化。式(3-7)也是机器人的微分学方程,其中雅可比矩阵也可以表示为

$$J(q) = \begin{bmatrix} J_v(q) \\ J_\omega(q) \end{bmatrix} \qquad (3-8)$$

结合式(3-7)和式(3-8)可知,$v = J_v(q)\dot{q}$,$\omega = J_\omega(q)\dot{q}$。$J_v(q)$ 是机器人末端执行器的线速度 v 和关节速度 $\dot{q}$ 之间的雅可比矩阵,$J_\omega(q)$ 是末端执行器的角速度 ω 与关节速度 $\dot{q}$ 之间的对应关系。由于速度可以看成单位时间内的微分运动,因此,雅可比矩阵 $J(q)$ 依赖于机器人的形位,是一个线性变换矩阵。雅可比矩阵 $J(q)$ 不一定是方阵,它可能是长矩阵,也可能是高矩阵。雅可比矩阵的行数等于机械臂在笛卡儿空间中的自由度数,雅可比矩阵的列数等于机械臂的关节数。例如,平面机械臂的雅可比矩阵有 3 行,空间机械臂的雅可比矩阵有 6 行。设 n 为机器人的自由度,则可以将雅可比矩阵 $J(q)$ 分块,写成以下形式:

$$\begin{bmatrix} v \\ \omega \end{bmatrix} = \begin{bmatrix} v_x \\ v_y \\ v_z \\ \omega_x \\ \omega_y \\ \omega_z \end{bmatrix} = \begin{bmatrix} J_{11} & J_{12} & \cdots & J_{1n} \\ J_{61} & J_{62} & \cdots & J_{6n} \end{bmatrix} \begin{bmatrix} \dot{q}_1 \\ \dot{q}_2 \\ \vdots \\ \dot{q}_n \end{bmatrix} \qquad (3-9)$$

于是,末端执行器的线速度 v 和角速度 ω 可表示为各关节速度 $\dot{q}$ 的线性函数

$$v = J_{11}\dot{q}_1 + J_{12}\dot{q}_2 + \cdots J_{1n}\dot{q}_n$$
$$\omega = J_{61}\dot{q}_1 + J_{62}\dot{q}_2 + \cdots J_{6n}\dot{q}_n \qquad (3-10)$$

[例题 3-2] 为求解 RP 机械臂的速度雅可比矩阵,将运动学方程(3-5)两端分别对时间 t 求导,可得操作速度和关节速度之间的关系为

$$\begin{bmatrix} \dot{x} \\ \dot{y} \end{bmatrix} = \begin{bmatrix} -l_1\sin\theta_1 - l_2\sin(\theta_1+\theta_2) & -l_2\sin(\theta_1+\theta_2) \\ l_1\cos\theta_1 + l_2\cos(\theta_1+\theta_2) & l_2\cos(\theta_1+\theta_2) \end{bmatrix} \begin{bmatrix} \dot{\theta}_1 \\ \dot{\theta}_2 \end{bmatrix} \qquad (3-11)$$

式(3-11)右端的第一个矩阵即为雅可比矩阵,即

$$J(q) = \begin{bmatrix} -l_1\sin\theta_1 - l_2\sin(\theta_1+\theta_2) & -l_2\sin(\theta_1+\theta_2) \\ l_1\cos\theta_1 + l_2\cos(\theta_1+\theta_2) & l_2\cos(\theta_1+\theta_2) \end{bmatrix}$$

相应的逆雅可比矩阵为

$$J(q)^{-1} = \frac{1}{l_1 l_2 \sin\theta_2}\begin{bmatrix} l_2\cos(\theta_1+\theta_2) & l_2\sin(\theta_1+\theta_2) \\ l_1\cos\theta_1 + l_2\cos(\theta_1+\theta_2) & -l_1\sin\theta_1 - l_2\sin(\theta_1+\theta_2) \end{bmatrix}$$

为了判别机器人的奇异状态，需要计算雅可比矩阵行列式，即

$$|J(q)| = \begin{vmatrix} -l_1\sin\theta_1 - l_2\sin(\theta_1+\theta_2) & -l_2\sin(\theta_1+\theta_2) \\ l_1\cos\theta_1 + l_2\cos(\theta_1+\theta_2) & l_2\cos(\theta_1+\theta_2) \end{vmatrix} = l_1 l_2 \sin\theta_2 \quad (3-12)$$

由式(3-12)可知，当 $\theta_2 = 0$ 或 $\theta_2 = 180°$ 时，机器人处于奇异状态。也就是说，当机器人完全伸直或完全缩回时，相应的位形称为奇异位形。当 $l_1 > l_2$ 时，可达工作空间的边界是两个同心圆，半径分别为 $l_1 + l_2$ 和 $l_1 - l_2$。在边界上，机器人处于奇异位形，因此有

$$\begin{bmatrix} x \\ y \end{bmatrix} = \begin{bmatrix} -(l_1+l_2)\sin\theta_1 \\ (l_1+l_2)\cos\theta_1 \end{bmatrix}\theta_1 + \begin{bmatrix} -l_1\sin\theta_1 \\ l_2\cos\theta_1 \end{bmatrix}\theta_2 = \begin{bmatrix} -\sin\theta_1 \\ \cos\theta_1 \end{bmatrix}[(l_1+l_2),\ \theta_1 + l_2\theta_2]$$

雅可比矩阵的两个列矢量相互平行，线性相关。机器人的末端只能沿一个方向(即圆的切线方向)运动，不能沿着其他方向运动。由此可以看出，机器人处于奇异位形时，它在操作空间的自由度会减少。例如，当二自由度平面机器人处于奇异位形时，它将退化为单自由度系统。

例题(3-1)和例题(3-2)说明，对机器人运动学方程进行求导可以得到雅可比矩阵以及其逆矩阵。

3.1.3 力雅可比矩阵与静力计算

各关节的驱动力(或力矩)与末端执行器施加的力(广义力，包括力和力矩)之间的关系是机器人机械臂力控制的基础。机器人作业时与外界环境的接触会在机器人与环境之间引起相互的作用力和力矩。机器人各关节的驱动装置提供关节力(或力矩)，通过连杆传递到末端执行器，克服外界作用力和力矩。本节讨论机械臂在静止状态下力的平衡关系。

假设各关节"锁定"，机械臂成为一个结构。这种"锁定"的关节力矩与手部所承受的载荷或受到外界环境作用的力获得静力平衡。求解这种"锁定"的关节力矩，或求解在已知驱动力矩作用下末端执行器的输出力就是对机械臂的静力计算。

假设已知外界环境作用在机械臂末端执行器的力 f 和力矩 n，那么可以由最后一个连杆向零连杆(基座)依次递推，从而计算出每个连杆上的受力情况。为了便于表示力和力矩(简称末端操作力 F)，可将 $f_{n,n+1}$ 和 $n_{n,n+1}$ 合写成一个6维矢量形式，即

$$F = \begin{bmatrix} f_{n,n+1} \\ n_{n,n+1} \end{bmatrix} \quad (3-13)$$

式中，$f_{n,n+1}$ 和 $n_{n,n+1}$ 分别表示连杆 n 通过关节 n 作用在 $n+1$ 杆上的作用力和力矩。各关节驱动器的驱动力或力矩可写出一个 n 维矢量的形式，即

$$\tau = \begin{bmatrix} \tau_1 \\ \tau_2 \\ \vdots \\ \tau_n \end{bmatrix} \quad (3-14)$$

式中，n 为机械臂关节个数；τ 为关节力(或关节力矩)矢量，简称为关节力矩，对于转动关

节，τ 表示关节驱动力矩；对于移动关节，τ 表示关节驱动力。如果将关节力矩矢量看作机械臂驱动装置的输入，将末端执行器产生的力作为机械臂的输出，则两者之间的关系可用力雅可比矩阵表示。

假设关节无摩擦，并忽略各连杆的重力，则关节力矩 τ 与末端操作力 F 的关系可用下式描述：

$$\tau = J^T F \tag{3-15}$$

式中，J^T 是一个 $n \times 6$ 矩阵，也称为力雅可比矩阵。式(3-15)也称作静力学方程。可以用虚功原理证明公式(3-15)。

证明：令各个关节的虚位移为 δq_i（虚位移指的是满足机械系统的几何约束条件的无限小位移），末端执行器的虚位移为 δr，如图 3-2 所示，图中 $-f_{n,n+1}$ 和 $-n_{n,n+1}$ 分别表示外界环境作用在末端执行器上的力和力矩，则有

$$\delta r = \begin{bmatrix} d \\ \delta \end{bmatrix} \tag{3-16a}$$

$$\delta q = [\delta q_1, \quad \delta q_2, \quad \cdots, \quad \delta q_n]^T \tag{3-16b}$$

式中，d 为末端执行器的线虚位移，$d = [d_x, d_y, d_z]^T$；δ 为角虚位移，$\delta = [\delta \varphi_x, \delta \varphi_y, \delta \varphi_z]^T$；$\delta q$ 为由各关节虚位移 δq_i 组成的机械臂关节虚位移矢量。

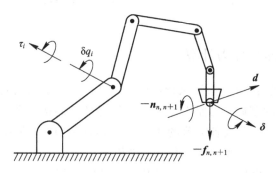

图 3-2 末端执行器与各关节的虚位移

假设发生以上虚位移时，各关节的力矩为 τ_i，外界环境作用在机械臂末端执行器上的力和力矩分别为 $-f_{n,n+1}$ 和 $-n_{n,n+1}$，则由上述力和力矩所做的虚功可以由下式求出：

$$\delta W = \tau_1 \delta q_1 + \tau_2 \delta q_2 + \cdots + \tau_n \delta q_n - f_{n,n+1} d - n_{n,n+1} \delta$$
$$= \tau^T \delta q + (-F)^T \delta r \tag{3-17}$$

根据虚功原理，机械臂处于平衡状态的充分必要条件是对任意的符合几何约束的虚位移，有 $\delta W = 0$，即满足

$$\delta W = \tau^T \delta q - F^T \delta r = 0 \tag{3-18}$$

由于虚位移 δq 和 δr 并不是独立的，它们符合连杆的几何约束条件。两者之间的几何约束由机械臂的速度雅可比矩阵所规定，即 $\delta r = J \delta q$，将其代入式(3-17)可得

$$\delta W = \tau^T \delta q - F^T J \delta q = (\tau - J^T F)^T \delta q \tag{3-19}$$

对任意的 δq，要使 $\delta W = 0$ 成立，则必有

$$\tau = J^T F \tag{3-20}$$

若不考虑关节之间的摩擦力，在末端操作力 F 的作用下，机械臂保持平衡是关节力矩

应满足的条件。式(3-20)中的 J^T 与末端操作力 F 和关节力矩 τ 之间的力传递有关，故称之为机械臂力雅可比矩阵。力雅可比矩阵把作用在末端执行器上的末端操作力线性映射为相应的关节力矩。很明显，力雅可比矩阵 J^T 正好是机械臂速度雅可比矩阵 J 的转置，表示在静力平衡状态下，末端操作力 F 向关节力矩 τ 映射的线性关系。

速度雅可比矩阵 J 与力雅可比矩阵 J^T 之间具有对偶关系。一方面，关节力矩与末端操作力之间的关系可用力雅可比矩阵 J^T 表示；另一方面，速度雅可比矩阵 J 又可表示关节速度矢量与末端执行器速度矢量之间的传递关系。因此，机械臂的静力传递关系和速度传递关系紧密相关，下面利用线性映射来讨论速度雅可比矩阵和力雅可双矩阵的对偶性。

已知

$$\tau = J^T F$$
$$V = J(q)\dot{q}$$

对于给定的关节位移 q，映射矩阵 $J(q)$ 是 $m \times n$ 矩阵，其中，n 表示关节数，m 代表操作空间维数。J 的值域空间 $R(J)$ 表示关节运动能够产生的全部末端执行器速度的集合，显然值域空间 $R(J)$ 不能等于整个操作空间(存在末端执行器不能运动的方向)。当 $J(q)$ 退化时，机械臂处于奇异位形。$J(q)$ 的零空间 $N(J)$ 表示不产生末端执行器速度的关节速度的集合，如果 $N(J)$ 不只含有 0，则对于给定的末端执行器速度，关节速度的反解可能有无限多。

与瞬时运动映射不同，静力映射是从 m 维操作空间向 n 维关节空间的映射。因此，关节力矩总是由末端操作力 F 唯一确定。然而，对于给定的关节力矩 τ，与之平衡的末端操作力 F 并非一定存在。与瞬时运动分析相似，我们用零空间 $N(J)$ 和值域空间 $R(J^T)$ 描述静力映射。零空间 $N(J^T)$ 代表零关节力矩能承受的末端操作力的集合。这时，末端操作力完全由机械臂机构本身承受。值域空间 $R(J^T)$ 代表末端操作力能平衡的所有关节力矩的集合。

J 与力雅可比矩阵 J^T 的值域空间和零空间有密切的关系。根据线性代数的有关知识可知，零空间 $N(J)$ 是值域空间 $R(J^T)$ 在 m 维操作空间内的正交补空间。这意味着，在不产生末端执行器速度的这些关节速度方向上，关节力矩不能被末端操作力所平衡。为了使机械臂保持静止不动，在零空间 $N(J)$ 内的关节力矩必须为零。

3.2 基于牛顿-欧拉法的动力学方程

将机器人的连杆看作刚体，首先要确定机器人每个连杆的质量分布，包括质心位置和惯性张量。使连杆运动起来的前提是可以对连杆进行减速和加速，即连杆运动所需的驱动力是关于连杆的期望加速度和质量分布的函数。一个刚体的运动可分解为固定在刚体上的任意一点的移动以及该刚体绕这一点的转动两部分，因此我们也可以用牛顿定律和欧拉定律两部分组合起来形成欧拉牛顿-欧拉(Newton-Euler)方法。

牛顿-欧拉(Newton-Euler)方法建立在机械臂连杆之间所有力平衡关系的基础上，将连杆之间的相互约束力及相对运动作为矢量进行处理，根据力与力矩的平衡关系推导运动方程式。对于由此得出的方程组，其结构使得解具有递推形式，前向递推(forward recursion)用于连杆速度和加速度传递，后向递推(backward recursion)则用于力传递。

根据牛顿第二定律(力平衡方程),即物体加速度的大小和作用力成正比,与物体的质量 m 成反比,可以得到机器人的连杆质心 c 上的作用力 $\boldsymbol{f}$ 与相应的刚体加速度 $\dot{\boldsymbol{v}}_c$ 的关系式为

$$\boldsymbol{f} = m\dot{\boldsymbol{v}}_c \tag{3-21}$$

式中,m 是刚体的质量。

欧拉方程即力矩平衡方程,其具体内容读者可参考相关理论力学教材。在刚体矢量力学中,存在矢量 $\boldsymbol{a}$ 的绝对导数 $\dfrac{\mathrm{d}\boldsymbol{a}}{\mathrm{d}t}$(静坐标系)和相对导数 $\dfrac{\tilde{\mathrm{d}}\boldsymbol{a}}{\mathrm{d}t}$(动坐标系),其满足 $\dfrac{\mathrm{d}\boldsymbol{a}}{\mathrm{d}t} = \dfrac{\tilde{\mathrm{d}}\boldsymbol{a}}{\mathrm{d}t} + \boldsymbol{\omega}\times\boldsymbol{a}$,其中 $\boldsymbol{\omega}$ 为动坐标相对于静坐标的角速度。欧拉方程就是利用矢量的绝对导数和相对导数定理把动量矩定理表示在动坐标系中的。

欧拉公式是相对连杆质心 c 的坐标系建立的,欧拉公式只能在定点或者质心处才能成立,在动点或者非质心处不能使用,即不能在连杆处直接使用。而为了分离惯性参数,用惯性矩阵 $\boldsymbol{I}$ 表示相对于连杆坐标系原点处的惯性矩阵。当机器人的每个连杆绕质心的轴线旋转时,其角速度 $\boldsymbol{\omega}$、角加速度 $\dot{\boldsymbol{\omega}}$、惯性张量 $^C\boldsymbol{I}$ 与作用力矩 $\boldsymbol{n}$ 之间的欧拉方程为

$$\boldsymbol{n} = {}^C\boldsymbol{I}\dot{\boldsymbol{\omega}} + \boldsymbol{\omega}\times({}^C\boldsymbol{I}\boldsymbol{\omega}) \tag{3-22}$$

式中,惯性张量 $^C\boldsymbol{I}$ 指的是刚体在坐标系 $\{C\}$ 中的惯性张量,且惯性张量 $^C\boldsymbol{I} = \begin{bmatrix} I_{xx} & -I_{xy} & -I_{xz} \\ -I_{xy} & I_{yy} & -I_{yz} \\ -I_{xz} & -I_{yz} & I_{zz} \end{bmatrix}$,为 3×3 的对称矩阵,矩阵中的对角线是刚体绕三个坐标轴的质量惯性矩,且

$$\begin{cases} I_{xx} = \iiint_v (y^2+z^2)\rho\mathrm{d}v & I_{xy} = \iiint_v xy\rho\mathrm{d}v \\ I_{yy} = \iiint_v (x^2+y^2)\rho\mathrm{d}v & I_{yz} = \iiint_v yz\rho\mathrm{d}v \\ I_{zz} = \iiint_v (x^2+y^2)\rho\mathrm{d}v & I_{zx} = \iiint_v zx\rho\mathrm{d}v \end{cases}$$

其中,ρ 为密度;$\mathrm{d}v$ 为微分体元,其位置由矢量 $^C\boldsymbol{p} = (x,y,z)$ 确定。

根据式(3-21)、式(3-22)可以进一步得到基于机械臂给定运动轨迹求解驱动力或力矩的方法。只要关节位置、速度和加速度已知,就可计算出连杆的速度和加速度,牛顿-欧拉方程可从施加在末端执行器上的力和力矩开始,用递推形式得到作用在每个连杆上的力和力矩。另一方面,连杆和转子的速度与加速度可从连接基座的连杆的速度和加速度开始递推计算。总的来说,递推算法(recursive algorithm)构造的特点是前向递推和连杆速度与加速度的传递有关,后向递推是沿着构型进行力和力矩的传递。

机器人连杆 $i(i=0,1,\cdots,n)$ 的牛顿-欧拉连杆运动学模型如图3-3所示,图中,m_i 为连杆质量,$\boldsymbol{g}_0$ 为重力加速度,$\boldsymbol{r}_{i-1,c_i}$ 是坐标系 $\{i-1\}$ 的原点到质心 c_i 的位置矢量,$\boldsymbol{r}_{i,c_i}$ 是坐标系 $\{i\}$ 的原点到质心 c_i 的位置矢量;$\boldsymbol{r}_{i-1,i}$ 是坐标系 $\{i-1\}$ 的原点到坐标系 $\{i\}$ 的原点的位置矢量。

连杆的速度与加速度参数有:$\dot{\boldsymbol{p}}_i$ 为坐标系 $\{i\}$ 原点的线速度,$\ddot{\boldsymbol{p}}_i$ 为坐标系 $\{i\}$ 原点的线加速度;$\dot{\boldsymbol{p}}_{c_i}$ 为质心 c_i 的线速度,$\ddot{\boldsymbol{p}}_{c_i}$ 为质心 c_i 的线加速度;$\boldsymbol{\omega}_i$ 为连杆的角速度;$\boldsymbol{\omega}_{m_{i+1}}$ 为

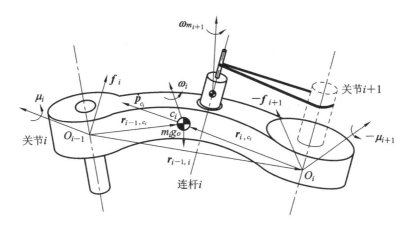

图 3-3 牛顿-欧拉公式连杆运动学模型

转子的角速度,$\dot{\boldsymbol{\omega}}_i$ 为连杆的角加速度,$\dot{\boldsymbol{\omega}}_{m_{i+1}}$ 为转子的角加速度。

我们可以从图 3-3 中得到力和力矩的平衡公式。连杆 i 处于平衡状态时,所受合力为零,力平衡方程为

$$^{i-1}\boldsymbol{f}_i - {}^i\boldsymbol{f}_{i+1} + {}^i m_i \boldsymbol{g}_0 = 0 \tag{3-23}$$

力矩平衡公式为

$$^{i-1}\boldsymbol{n}_i - {}^i\boldsymbol{n}_{i+1} + (\boldsymbol{r}_{i-1,c_i} + \boldsymbol{r}_{i,c_i}) \times {}^{i-1}\boldsymbol{f}_i + \boldsymbol{r}_{i,c_i} \times (-{}^i\boldsymbol{f}_{i+1}) = 0 \tag{3-24}$$

连杆 i 在运动的情况下,由于作用在连杆 i 的合力为零,因此得到作用在质心(即连杆)的力平衡公式(不考虑重力)为

$$^i\boldsymbol{f}_{c_i} = {}^i\boldsymbol{f}_i - {}^{i+1}_i\boldsymbol{R}\,{}^{i+1}\boldsymbol{f}_{i+1} \tag{3-25a}$$

由于作用在质心上的外力矩矢量合为零,因此得力矩平衡公式为

$$^i\boldsymbol{n}_{c_i} = {}^i\boldsymbol{n}_i - {}^{i}_{i+1}\boldsymbol{R}\,{}^{i+1}\boldsymbol{n}_{i+1} - {}^{i}_{i+1}\boldsymbol{P} \times {}^{i}_{i+1}\boldsymbol{R}\,{}^{i+1}\boldsymbol{f}_{i+1} - \boldsymbol{r}_{i,c_i} \times {}^i\boldsymbol{f}_{c_i} \tag{3-25b}$$

式中,$^{i}_{i+1}\boldsymbol{P}$ 表示坐标系$\{i+1\}$的原点在坐标系$\{i\}$中的位置矢量,$^{i}_{i+1}\boldsymbol{R}$ 表示坐标系$\{i+1\}$相对于坐标系$\{i\}$的旋转矩阵。连杆 i 需要的关节力矩为相邻杆件作用于它的力矩的 Z 分量,即对于转动关节,关节驱动力为 $\tau_i = {}^i\boldsymbol{n}_i^{\mathrm{T}}\hat{\boldsymbol{Z}}_i$;对于移动关节,关节驱动力为 $\tau_i = {}^i\boldsymbol{f}_i^{\mathrm{T}}\hat{\boldsymbol{Z}}v_i$。

对公式(3-25a)和公式(3-25b)进行调整可得

$$^i\boldsymbol{f}_i = {}^i\boldsymbol{f}_{c_i} + {}^{i}_{i+1}\boldsymbol{R}\,{}^{i+1}\boldsymbol{f}_{i+1} \tag{3-26a}$$

$$^i\boldsymbol{n}_i = {}^i\boldsymbol{n}_{c_i} + {}^{i}_{i+1}\boldsymbol{R}\,{}^{i+1}\boldsymbol{n}_{i+1} + {}^{i}_{i+1}\boldsymbol{P} \times {}^{i}_{i+1}\boldsymbol{R}\,{}^{i+1}\boldsymbol{f}_{i+1} + \boldsymbol{r}_{i,c_i} \times {}^i\boldsymbol{f}_{c_i} \tag{3-26b}$$

我们可以利用公式(3-26)从末端连杆 n 开始,顺次向内递推直到机器人操作臂的基座。

通过牛顿-欧拉定律,用前向递推计算基座连杆到末端执行器的速度和加速度之后,再用后向递推得出力。具体来说,这种计算方法可以分为以下两步。

第一步:首先,在已知连杆位置的情况下,从连杆 1 到连杆 n 用前向递推计算连杆的速度 $\dot{\boldsymbol{q}}$、加速度 $\ddot{\boldsymbol{q}}$;然后,对机器人的所有连杆使用牛顿-欧拉方程,得到作用在连杆质心上的力 $\boldsymbol{f}$ 和力矩 $\boldsymbol{n}$。

计算机器人关节运动递推求解的具体过程如下($i=0,1,2,\cdots,n$),令转动关节变量为 $\boldsymbol{\theta}$,移动变量为 $\boldsymbol{d}$,则连杆的角速度为

$$^{i+1}\boldsymbol{\omega}_{i+1} = \begin{cases} ^{i+1}_{i}\boldsymbol{R}\,^{i}\boldsymbol{\omega}_i + \dot{\boldsymbol{\theta}}_{i+1}\,^{i+1}\hat{\boldsymbol{Z}}_{i+1}, & \text{当关节为转动关节} \\ ^{i+1}_{i}\boldsymbol{R}\,^{i}\boldsymbol{\omega}_i, & \text{当关节为移动关节} \end{cases} \quad (3-27)$$

连杆的角加速度为

$$^{i+1}\dot{\boldsymbol{\omega}}_{i+1} = \begin{cases} ^{i+1}_{i}\boldsymbol{R}\,^{i}\dot{\boldsymbol{\omega}}_i + ^{i+1}_{i}\boldsymbol{R}\,^{i}\boldsymbol{\omega}_i\dot{\boldsymbol{\theta}}_{i+1}\,^{i+1}\hat{\boldsymbol{Z}}_{i+1} + \ddot{\boldsymbol{\theta}}_{i+1}\,^{i+1}\hat{\boldsymbol{Z}}_{i+1}, & \text{当关节为转动关节} \\ ^{i+1}_{i}\boldsymbol{R}\,^{i}\dot{\boldsymbol{\omega}}_i, & \text{当关节为移动关节} \end{cases} \quad (3-28)$$

连杆坐标系(原点)的线加速度为

$$^{i+1}\dot{\boldsymbol{v}}_{i+1} = \begin{cases} ^{i+1}_{i}\boldsymbol{R}\,[^{i}\dot{\boldsymbol{\omega}}_i \times\,^{i}_{i+1}\boldsymbol{P} + ^{i}\boldsymbol{\omega}_i \times (^{i}\boldsymbol{\omega}_i \times\,^{i}_{i+1}\boldsymbol{P}) + ^{i}\dot{\boldsymbol{v}}_i], & \text{当关节为转动关节} \\ ^{i+1}_{i}\boldsymbol{R}\,[^{i}\dot{\boldsymbol{\omega}}_i \times\,^{i}_{i+1}\boldsymbol{P} + ^{i}\boldsymbol{\omega}_i \times (^{i}\boldsymbol{\omega}_i \times\,^{i}_{i+1}\boldsymbol{P}) + ^{i}\dot{\boldsymbol{v}}_i] + 2\,^{i+1}\boldsymbol{\omega}_{i+1} \times \dot{d}_{i+1}\,^{i+1}\hat{\boldsymbol{Z}}_{i+1} + \ddot{d}_{i+1}\,^{i+1}\hat{\boldsymbol{Z}}_{i+1}, & \text{当关节为移动关节} \end{cases}$$
$$(3-29)$$

连杆质心的加速度为

$$^{i+1}\dot{\boldsymbol{v}}_{c_{i+1}} = ^{i+1}_{i}\boldsymbol{R}\,[^{i+1}\dot{\boldsymbol{\omega}}_{i+1} \times \boldsymbol{P}_{c_{i+1}} + ^{i+1}\boldsymbol{\omega}_{i+1} \times (^{i+1}\boldsymbol{\omega}_{i+1} \times\,^{i}_{i+1}\boldsymbol{P}) + ^{i+1}\dot{\boldsymbol{v}}_{i+1}] \quad (3-30)$$

对于第一个连杆来说，$^{0}\boldsymbol{\omega}_0 = ^{0}\dot{\boldsymbol{\omega}}_0 = 0$。

通过式(3-27)~式(3-30)可以求出每个连杆质心的线加速度和角加速度，再根据牛顿-欧拉方程就可以求出每个连杆质心的惯性力和力矩。连杆质心受力为

$$^{i+1}\boldsymbol{f}_{c_{i+1}} = m_{i+1}\,^{i+1}\dot{\boldsymbol{v}}_{c_{i+1}} \quad (3-31\text{a})$$

连杆质心力矩为

$$^{i+1}\boldsymbol{n}_{c_{i+1}} = ^{c_{i+1}}\boldsymbol{I}_{i+1}\,^{i+1}\dot{\boldsymbol{\omega}}_{i+1} + ^{i+1}\boldsymbol{\omega}_{i+1} \times (^{c_{i+1}}\boldsymbol{I}_{i+1}\,^{i+1}\boldsymbol{\omega}_{i+1}) \quad (3-31\text{b})$$

对于6个关节都是转动关节的机器人，通过上面的式子可以求解出作用在每个连杆上的力和力矩。

第二步：计算关节力矩。利用后向递推求解连杆的惯性力 $\boldsymbol{f}_{c_i}$、连杆受力 $\boldsymbol{f}$、连杆力矩 $\boldsymbol{n}$、关节力矩(扭矩)$\boldsymbol{\tau}$。实际上这些关节力矩是施加在连杆上的力和力矩，即动力学要得出的驱动器施加在机器人上的力矩或作用在机器人上使其运动的外力，具体过程如下：

作用在连杆上的力为

$$^{i}\boldsymbol{f}_i = ^{i+1}_{i}\boldsymbol{R}\,^{i+1}\boldsymbol{f}_{i+1} + ^{i}\boldsymbol{f}_{c_i} \quad (3-32)$$

作用在连杆上的力矩为

$$^{i}\boldsymbol{n}_i = ^{i}\boldsymbol{n}_{c_i} + ^{i+1}_{i}\boldsymbol{R}\,^{i+1}\boldsymbol{n}_{i+1} + ^{i}\boldsymbol{P}_{c_i} \times\,^{i}\boldsymbol{f}_{c_i} + ^{i}_{i+1}\boldsymbol{P} \times\,^{i+1}_{i}\boldsymbol{R}\,^{i+1}\boldsymbol{f}_{i+1} \quad (3-33)$$

通过一个连杆施加于相邻连杆的力矩在 z 轴方向的分量来求得关节力矩为

$$\tau_i = \begin{cases} ^{i}\boldsymbol{n}_i^{\text{T}}\,^{i}\hat{\boldsymbol{Z}}_i, & \text{当关节为转动关节} \\ ^{i}\boldsymbol{f}_i^{\text{T}}\,^{i}\hat{\boldsymbol{Z}}_i, & \text{当关节为移动关节} \end{cases} \quad (3-34)$$

式(3-34)即为利用牛顿-欧拉递推法推导出的机器人动力学方程。

在上述过程中，我们并没有引入重力，其实分析机器人动力学的过程中，重力因素不能忽视。需要将各连杆的重力加入动力学方程中，由于在递推推导过程中，计算力的时候使用到连杆的质量和加速度，所以可以假设 $^{0}\dot{\boldsymbol{v}}_0 = \boldsymbol{g}$，即机器人正以 $1\,\boldsymbol{g}$ 的加速度向上做加速运动，这和连杆上的重力作用是等效的。所以可以让线加速度的初始值与重力加速度大小相等，方向相反。这样将不需要进行其他附加的运算就可以把重力的影响加入动力学方程中。

3.3 基于拉格朗日法的动力学方程

牛顿-欧拉法基于力平衡的原理,既要考虑外力,又需要计算内力,对于多自由度机器人来说,推导过程非常复杂。本节将介绍的拉格朗日法(Lagrange formulation)基于能量平衡的概念,只需考虑外力和在外力作用下的运动,不用计算内力,计算过程简洁。

对于任何机械系统,拉格朗日函数 L 定义为系统的动能 E_k 与势能 E_p 之差,即

$$L = E_k - E_p \tag{3-35}$$

一个由 n 个关节(移动关节或者旋转关节)连接起来的机器人,设其各个关节的变量 $\boldsymbol{q} = [q_1, q_2, \cdots, q_n]^T$,$\dot{\boldsymbol{q}} = [\dot{q}_1, \dot{q}_2, \cdots, \dot{q}_n]^T$ 表示各关节的角速度,$E(\boldsymbol{q}, \dot{\boldsymbol{q}})$ 表示机器人各部分的动能之和,$P(\boldsymbol{q})$ 表示机器人的势能之和。该机器人的拉格朗日函数 L 可定义为

$$L(\boldsymbol{q}, \dot{\boldsymbol{q}}) = E(\boldsymbol{q}, \dot{\boldsymbol{q}}) - P(\boldsymbol{q}) \tag{3-36}$$

机器人的连杆 1 是定轴转动,其动能为

$$^1E = \frac{1}{2} J_{z_1} \dot{q}_1^2 = \frac{1}{2}(J_{c_1} + m_1 l_{c_1}^2)\dot{q}_1^2 = \frac{1}{2} J_{c_1} \dot{q}_1^2 + \frac{1}{2} m_1 l_{c_1}^2 \dot{q}_1^2$$
$$= \frac{1}{2} m_1 v_{c_1}^2 + \frac{1}{2} J_{c_1} \dot{q}_1^2 \tag{3-37}$$

式中,J_{z_1} 为连杆 1 绕关节 1 回转轴 z_1 的转动惯量,J_{c_1} 是绕连杆 1 质心的转动惯量,v_{c_1} 是绕连杆 1 质心相对于基座坐标系的速度,l_{c_1} 是质心离原点的距离,m_1 为连杆 1 的质量。

机器人的其他连杆做的是平面运动,其动能为

$$^iE = \frac{1}{2} m_i v_{c_i}^2 + \frac{1}{2} J_{c_i} \dot{q}_i^2 \tag{3-38}$$

比较式(3-37)和式(3-38)可知,连杆 i 的动能具有统一的表达方式,扩展成矩阵形式为

$$^i\boldsymbol{E} = \frac{1}{2} m_i \boldsymbol{v}_{c_i}^T \boldsymbol{v}_{c_i} + \frac{1}{2} \boldsymbol{\omega}_i^T {}^{C_i}\boldsymbol{I}_i \boldsymbol{\omega}_i \tag{3-39}$$

式中,$^{C_i}\boldsymbol{I}_i$ 为在坐标系 $\{C_i\}$ 中表示的连杆 i 质心的惯性张量,m_i 为连杆的质量,$\boldsymbol{\omega}_i$ 为基坐标系上连杆 i 的转动速度向量,$\boldsymbol{v}_{c_i}$ 为基坐标系上质心的平移速度,$\boldsymbol{v}_{c_i} = \boldsymbol{J}_{Ai} \dot{\boldsymbol{q}}$,其中 $\boldsymbol{J}_{Ai}$ 是与第 i 个连杆转动速度相关的雅可比矩阵。

机器人的总动能和总势能分别为

$$E_k = \sum_{i=1}^{n} {}^iE \tag{3-40a}$$

$$E_p = \sum_{i=1}^{n} {}^iP \tag{3-40b}$$

在刚体动力学情形下,势能总是来源于重力。假设物体质量集中在质心,对于任意连杆来说,$\boldsymbol{g}$ 为重力加速度,$\boldsymbol{r}_{O,c_i}$ 为基坐标原点到连杆 i 的质心的位置矢量,机器人总势能为

$$E_p = \sum_{i=1}^{n} m_i \boldsymbol{g} \boldsymbol{r}_{O,c_i} \tag{3-41}$$

拉格朗日方程是基于能量(动能、势能)对系统变量及时间微分而建立的。系统的动能和势能可用任意的坐标系来表示,不限于笛卡尔坐标。例如,若广义坐标 q_i 系统的动力学

方程(第二类拉格朗日方程)为 $L=E_k-E_p$,那么其动力学方程为

$$\tau_i = \frac{\mathrm{d}}{\mathrm{d}t}\frac{\partial L}{\partial \dot{q}_i} - \frac{\partial L}{\partial q_i} \tag{3-42}$$

式中,q_i 表示动能和势能的广义坐标;$\dot{q}_i$ 为相应广义坐标速度;τ_i 为两个广义坐标上的力和力矩,如果 q_i 表示为移动关节,则相应的 τ_i 是力;反之,如果 q_i 表示为转动关节,则相应的 τ_i 是力矩。由于势能 E_p 不包含 $\dot{q}_i$,因此动力学方程可写为

$$\tau_i = \frac{\mathrm{d}}{\mathrm{d}t}\frac{\partial E_k}{\partial \dot{q}_i} - \frac{\partial E_k}{\partial q_i} + \frac{\partial E_p}{\partial q_i} \tag{3-43}$$

基于拉格朗日法的动力学方程推导过程可以分五步进行:

(1) 计算各连杆在基座坐标系中的速度;

(2) 计算机器人各部分的动能之和,需要特别注意,每个连杆的动能包括连杆的平面运动的动能和绕连杆质心转动的动能两部分;

(3) 计算机器人各部分的势能之和;

(4) 建立机器人系统的拉格朗日函数;

(5) 对拉格朗日函数求导以得到动力学方程。

对[例题 3-2]使用拉格朗日方法建立 RP 机械臂的动力学方程。该机械臂由两个关节组成,如图 3-4 所示,连杆 1 和连杆 2 的质量分别为 m_1 和 m_2,质心距离为 l_{c_1} 和 l_{c_2},关节变量为 θ_1 和 θ_2(不考虑摩擦力的影响)。

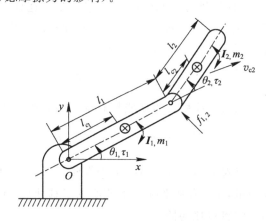

图 3-4 RP 机械臂

每个连杆相对于连杆质心坐标系的转动惯量和质心距离分别为

$$J_{c_1} = \frac{1}{12}m_1 l_1^2, \quad J_{c_2} = \frac{1}{12}m_2 l_2^2, \quad l_{c_1} = \frac{1}{2}l_1, \quad l_{c_2} = \frac{1}{2}l_2$$

连杆 1 的动能计算公式为

$$^1E = \frac{1}{2}m_1 v_{c_1}^2 + \frac{1}{2}J_{c_1}\dot{q}_1^2 = \frac{1}{2}m_1(\dot{x}_{c_1}^2 + \dot{y}_{c_1}^2) + \frac{1}{2}J_{c_1}\dot{\theta}_1^2 \tag{3-44}$$

式中

$$x_{c_1} = l_{c_1}\cos\theta_1, \quad y_{c_1} = l_{c_1}\sin\theta_1, \quad \dot{x}_{c_1} = -l_{c_1}(\sin\theta_1)\dot{\theta}_1, \quad \dot{y}_{c1} = l_{c_1}(\cos\theta_1)\dot{\theta}_1$$

$$v_{c_1}^2 = \dot{x}_{c_1}^2 + \dot{y}_{c_1}^2$$

特别强调:连杆 2 的质心位置必须用该质心相对于基座坐标系的坐标表示。同理可以

得到连杆 2 的动能为

$$^2E = \frac{1}{2}m_2 v_{c_2}^2 + \frac{1}{2}J_{c_2}\dot{q}_2^2 = \frac{1}{2}m_2(\dot{x}_{c_2}^2 + \dot{y}_{c_2}^2) + \frac{1}{2}J_{c_2}\dot{\theta}_2^2 \tag{3-45}$$

因此机械臂的总动能为

$$E(\boldsymbol{\theta},\dot{\boldsymbol{\theta}}) = {}^1E + {}^2E = \frac{1}{2}m_1(\dot{x}_{c_1}^2 + \dot{y}_{c_1}^2) + \frac{1}{2}J_{c_1}\dot{\theta}_1^2 + \frac{1}{2}m_2(\dot{x}_{c_2}^2 + \dot{y}_{c_2}^2) + \frac{1}{2}J_{c_2}\dot{\theta}_2^2$$

$$= \frac{1}{2}\begin{bmatrix}\dot{\theta}_1\\\dot{\theta}_2\end{bmatrix}^{\mathrm{T}}\begin{bmatrix}\alpha + 2\beta c_2 & \delta + \beta c_2\\ \delta + \beta c_2 & \delta\end{bmatrix}\begin{bmatrix}\dot{\theta}_1\\\dot{\theta}_2\end{bmatrix} \tag{3-46}$$

式中

$$\alpha = J_{c_1} + {}^{c_2}I_2 + m_1 r_1^2 + m_2(l_1^2 + l_2^2),\ \beta = m_2 l_1 l_2,\ \delta = {}^{c_2}I_2 + m_2 r_2^2$$

若以单关节工业机器人运动的操作平面为基准，同时忽略单关节的弹性摩擦以及各种惯性质量因素，则该单关节机器人的势能为 0。根据拉格朗日方程的逆解过程（令 $V = E_k$），对拉格朗日公式中的 θ_1 和 θ_2 分别求导，可得出关节变量 θ_1 和 θ_2 的动力学方程。首先需要计算 $\dfrac{\mathrm{d}}{\mathrm{d}t}\left(\dfrac{\partial V}{\partial\dot{\theta}}\right)$，则

$$\frac{\mathrm{d}}{\mathrm{d}t}\left(\frac{\partial V}{\partial\dot{\theta}_1}\right) = ({}^{c_1}I_1 + {}^{c_2}I_2 + m_1 r_1^2 + m_2 l_1^2 + 2m_2 r_2 l_1 c_2)\ddot{\theta}_1 +$$

$$({}^{c_2}I_2 + m_2 r_2 l_1 c_2)\ddot{\theta}_2 - m_2 r_2 l_1\dot{\theta}_2(2\dot{\theta}_1 + \dot{\theta}_2)s_2 \tag{3-47a}$$

$$\frac{\mathrm{d}}{\mathrm{d}t}\left(\frac{\partial V}{\partial\dot{\theta}_2}\right) = ({}^{c_2}I_2 + m_2 r_2^2 + m_2 r_2 l_1 c_2)\ddot{\theta}_1 + ({}^{c_2}I_2 + m_2 r_2^2)\ddot{\theta}_2 -$$

$$m_2 r_2 l_1\dot{\theta}_1\dot{\theta}_2 s_2 \tag{3-47b}$$

对 V 求 θ_1 的偏导可得 $\dfrac{\partial V}{\partial\theta_1} = 0$，对 V 求 θ_2 的偏导得

$$\frac{\partial V}{\partial\theta_2} = -m_2 r_2 l_1\dot{\theta}_1(\dot{\theta}_1 + \dot{\theta}_2)s_2 \tag{3-48}$$

因为两连杆的势能 $P_1 = m_1 g r_1 s_1$，$P_2 = m_2 g(l_1 s_1 + r_2 s_2)$，所以

$$\frac{\partial P}{\partial\theta_1} = m_1 g r_1 c_1,\ \frac{\partial P}{\partial\theta_2} = m_2 g r_2 c_2 \tag{3-49}$$

$$\tau_1 = ({}^{c_1}I_1 + {}^{c_2}I_2 + m_1 r_1^2 + m_2 l_1^2 + 2m_2 r_2 l_1 c_2)\ddot{\theta}_1 + ({}^{c_2}I_2 + m_2 r_2 l_1 c_2)\ddot{\theta}_2$$

$$- m_2 r_2 l_1\dot{\theta}_2(2\dot{\theta}_1 + \dot{\theta}_2)s_2 + m_1 g r_1 c_1 \tag{3-50}$$

$$\tau_2 = ({}^{c_2}I_2 + m_2 r_2^2 + m_2 r_2 l_1 c_2)\ddot{\theta}_1 + ({}^{c_2}I_2 + m_2 r_2^2)\ddot{\theta}_2$$

$$+ m_2 r_2 l_1\dot{\theta}_1^2 s_2 + m_2 g r_2 c_2 \tag{3-51}$$

因此得动力学方程的矩阵形式为

$$\boldsymbol{J}(\boldsymbol{q})\ddot{\boldsymbol{q}} + \boldsymbol{f}(\boldsymbol{q},\dot{\boldsymbol{q}})\dot{\boldsymbol{q}} + \boldsymbol{g}(\boldsymbol{q}) = \boldsymbol{\tau} \tag{3-52}$$

式中

$$\boldsymbol{q} = \begin{bmatrix}\theta_1\\\theta_2\end{bmatrix},\quad \boldsymbol{\tau} = \begin{bmatrix}\tau_1\\\tau_2\end{bmatrix}$$

$$J(q) = \begin{bmatrix} {}^{c1}I_1 + {}^{c2}I_2 + m_1 r_1^2 + m_2 l_1^2 + 2m_2 r_2 l_1 c_1 & {}^{c2}I_2 + m_2 r_2 l_1 c_2 \\ {}^{c2}I_2 + m_2 r_2^2 + m_2 r_2 l_1 c_2 & {}^{c2}I_2 + m_2 r_2^2 \end{bmatrix}$$

$$f(q, \dot{q}) = \begin{bmatrix} -m_2 r_2 I_1 \dot{\theta}_2 s_1 & -m_2 r_2 I_1 \dot{\theta}_2 s_1 \\ -m_2 r_2 I_1 \dot{\theta}_2 s_1 & 0 \end{bmatrix}$$

$$g(q) = \begin{bmatrix} m_1 g r_1 c_1 \\ m_2 g r_2 c_2 \end{bmatrix}$$

总的来说，Jq 是 $m \times n$ 的正定对称矩阵，是 q 的函数，称为机械臂的惯性矩阵。$f(p, \dot{q})$ 是 $n \times 1$ 的离心力和哥氏力矢量。$g(q)$ 是 $n \times 1$ 的重力矢量，与机械臂的形位 q 有关。$J(q)\ddot{q}$ 表示惯性力（力矩）。$J(q)$ 中的主对角元素表示各连杆的有效惯性，代表给定关节上的力矩与产生的角加速度之间的关系；而非主对角元素代表连杆之间的耦合惯性，即为某连杆的加速运动对另一关节产生耦合作用力矩的度量，与机械臂的形位有关。$f(p, \dot{q})\dot{q}$ 包括三部分：与关节速度平方成正比的部分表示由离心力产生的力矩，与关节速度和关节位移之积成正比的部分表示由哥氏力产生的哥氏力矩，而与关节速度成正比的部分代表由黏性摩擦产生的阻力矩。

3.4 机器人的轨迹规划

研究机器人动力学首先是为了实现实时控制，利用机械臂的动力学模型才有可能进行最优控制，以达到最优指标或更好的动态性能。平稳控制机械臂从一点运动到另外一点，通常的方法是使每个关节按照指定的时间连续函数运动。一般情况下，机械臂各关节同时开始运动并同时停止，这样机械臂的运动才显得协调。轨迹生成就是如何准确计算出这些运动函数。通常，一条路径的描述不仅需要确定期望目标点，而且还需要确定一些中间点或路径点，机械臂必须通过这些路径点到达目标点。有时用术语样条函数表示通过一系列路径点的连续函数。

然而，实时的动力学计算十分复杂，各种方案都要做简化假设。拟定最优控制方案仍然是当前控制理论的重要研究课题。此外，利用动力学方程中重力项的计算结果，可进行前馈补偿，以达到更好的动态性能。机械臂的动力学模型还可用于调节伺服系统的增益，改善系统的性能。当前，机器人动力学模型的重要应用是设计机器人，设计人员可以根据连杆质量、负载大小、传动机构的特征进行动态仿真，仿真结果可用于选择适当尺寸的传动机构。

动力学方程可以用来精确地算出实现给定运动所需要的力（力矩），因此仿真结果也可用来说明是否需要重新设计传动机构。此外，为了估计机器人在高速运动时的路径偏差情况，需要进行路径控制仿真，在仿真时就要考虑机器人的动态模型。

当指定机器人执行某项操作时，往往会附带一些约束条件，如要求机器人从空间位置 A 沿指定路径平稳地到达位置 B，如图 3-5 所示。这类问题称为对机器人轨迹进行规划和协调的问题，前面完成了对机器人的运动学建模和动力学建模，在此基础上，需要对机器人的轨迹规划进行研究，主要包括关节空间和直角坐标空间（笛卡尔空间）机器人的轨迹规划。

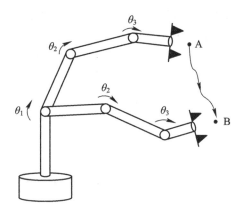

图 3-5　机器人从空间位置 A 沿指定路径平稳地到达位置 B

机器人在作业空间（即操作空间）要完成给定的任务，其末端执行器的运动必须按一定的轨迹进行。机器人的轨迹是指机械臂在空间中的期望运动，本书中机器人的轨迹指的是机器人的每个关节的位置、速度和加速度在一段时间内的变化。轨迹规划的理想情况是允许用户只用相对简单的描述就可以控制机器人的运动轨迹，然后由系统确定到达目标位置的最优路径、所用时间、速度和加速度等，而不是让用户自身必须写出复杂的时间和空间的函数才能指定机器人的期望运动。轨迹规划要解决的问题是将机械臂从初始位置运动到一个期望终点位置，运动过程包括机器人的各关节所在坐标系相对于基座坐标系的位姿变化，即位置和姿态变化。机械臂的变化过程不只包括两个位置（即初始位置和期望终点位置），而应该在整个路径中设置一系列中间点，这些中间点位于初始位置和期望终点位置之间，这些中间点组成一个针对具体运动的期望路径。实际上，这些中间点都是期望运动过程中各关节所在坐标系相对于基座坐标系的位姿，而非通常意义中的"点"。

为避免大家混淆运动规划、路径规划和轨迹规划的概念，下面将分别进行解释。

运动规划由路径规划（空间）和轨迹规划（时间）组成，连接初始位置和期望终点位置的序列点或曲线称为路径，构成路径的策略称为路径规划。

路径规划是运动规划的主要研究内容之一。路径是机器人位姿的序列，而不考虑机器人位姿参数随时间变化的因素；路径点是空间中的位置或关节角度。路径规划（一般指位置规划）是指找到一系列要经过的路径点，而轨迹规划是指在路径规划的基础上加入时间序列信息，对机器人执行任务时的速度与加速度进行规划，以满足光滑性和速度可控性等要求。

运动规划又称为运动插补，是在给定的路径端点之间插入用于控制的中间点序列，从而实现沿给定路线的平稳运动。运动控制则主要解决如何控制目标系统准确跟踪指令轨迹的问题，即对于给定的指令轨迹，选择合适的控制算法和参数，产生输出，控制目标实时、准确地跟踪给定的指令轨迹。

路径规划的目标是使路径与障碍物的距离尽量远，同时路径的长度尽量短。而轨迹规划的主要目的是在机器人关节空间移动时使机器人的运行时间尽可能短，或者所消耗的能量尽可能小。

轨迹规划的一般性问题通常可以总结为将机械臂的运动看作工具坐标系{T}相对于工件坐标系{S}的一系列运动。这种描述方法既适用于各种机械臂,也适用于同一机械臂上装夹的各种工具。在轨迹规划中,为叙述方便,也常用点表示机器人的状态或工具坐标系的位姿。例如,起始点、终止点就分别表示工具坐标系的起始位姿及终止位姿。

对于点位作业,需要描述机械臂的起始状态和目标状态,这类运动称为点到点运动。而对于曲面加工类作业,不仅要规定机械臂的起始点和终止点,而且要指明两点之间的若干中间点(即路径点)必须沿特定的路径运动(路径约束),这类运动称为连续路径运动或轮廓运动。

3.5 本章小结

在进行机器人控制的过程中,对于复杂的场景,比如力控、牵引示教、高速高精度等场景,仅仅基于运动学还是无法满足的,机械臂的控制功能也完全被驱动器的自适应控制功能所代替,这也是本章机械臂动力学建模的意义之所在。

本章介绍的机械臂动力学建模主要是为了获取机械臂运动过程中的关节力矩,有四个目的:

(1) 将运动过程中的关节力矩通过前馈的方式补偿到驱动器三环控制中的最内环电流环,从而提高驱动器的响应速度和机械臂的高速、高精控制。

(2) 碰撞检测,机械臂在运动过程中,没有外力时的关节电流是可以通过实时计算关节力矩近似获得的,一旦驱动器电流环的电流瞬间变大,且远超出近似计算获得的电流值,此时可以判断机械臂发生了碰撞,控制器内部程序可以中断当前规划轨迹的运行。

(3) 机械臂力控制,通过设定机械臂的末端输出力矩,使机械臂以某一力矩作用在被作用对象上。

(4) 牵引示教,这是协作型机械臂的必备功能,通过给机械臂施加某一外力,使机械臂沿着外力方向运动。

机械臂的动力学建模目前比较普遍的方法有两种:一种是通过拉格朗日方程进行系统性建模,另一种是通过牛顿-欧拉公式进行递推建模。两种方法最终的计算结果一致,但就计算的复杂度而言,关节越多,牛顿-欧拉方法越具有优势。同时牛顿-欧拉递推法在编程实现上也比拉格朗日法更为简单。

3.6 课后习题

1. 计算题:在如图 3-6 所示的平面二自由度机械臂中,第一关节处 $\theta_1 = 30°$,第二关节处 $\theta_2 = 30°$,$l_1 = 10$ m,$l_2 = 8$ m。

(1) 求雅可比矩阵 $\boldsymbol{J}$;

(2) 若末端执行器的位移速度为 $v_x = -0.1$ m/s,$v_y = -0.1$ m/s,求关节处的角速度。

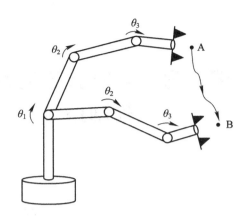

图 3-6 平面二自由度机械臂

2. 计算题：假设手坐标系的位姿如下：

$$\boldsymbol{B}=\begin{bmatrix} 0 & 0 & 1 & 1 \\ 1 & 0 & 0 & 3 \\ 0 & 1 & 0 & 2 \\ 0 & 0 & 0 & 1 \end{bmatrix}$$

若绕 z 轴做 0.15 弧度的微分旋转，再做 [0.1, 0.1, 0.3] 的微分平移，试求出手坐标系的新位姿。

3. 计算题：已知一个 RP 机械臂，

（1）用速度递推法求其雅可比矩阵；

（2）用力（矩）递推法求其力雅可比矩阵。

（3）用牛顿-欧拉法求其动力学方程。

第 4 章 机器人控制系统与控制方式

控制系统是机器人重要的组成部分。本章将介绍机器人控制系统的功能、特点、组成和体系结构，同时还将介绍机器人的控制方式以及常见的几种机器人控制系统。

4.1 机器人控制系统概述

4.1.1 机器人控制系统的基本原理及分类

机器人控制系统的基本原理是接收传感器采集的检测信号，通过控制计算机计算驱动参数，伺服驱动机器人的各个关节运动来完成任务要求，如图 4-1 所示。当机器人控制系统开始工作时，一般会完成下列动作。

(1) 示教：控制系统通过控制计算机给机器人发布任务指令，一般通过和控制计算机连接的示教器来发布指令。

(2) 计算：控制计算机是控制系统的核心部分，它通过获得的示教信息形成一个使机器人运动的控制策略，然后再根据这个策略计算生成各个关节的运动控制参数。同时控制计算机还要担负起对整个机器人系统的管理，采集并处理各种信息。

(3) 伺服驱动：将使机器人运动的控制策略通过控制算法获得驱动信号，驱动伺服电机，使机器人运动可以满足高速、高精度的要求，从而完成指定的任务指令。

(4) 反馈：控制系统通过传感器获取机器人任务过程中的位姿、运动状态等信息，然后把这些信息反馈给控制计算机，使控制计算机实时掌握机器人的运动状态，及时调整控制策略。

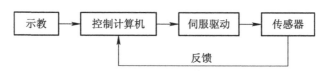

图 4-1 机器人控制系统的基本原理图

机器人控制系统可以按照控制运动的方式、控制系统信号类型、控制机器人的数目等进行分类。

1. 按控制运动方式分类

按控制运动方式的不同，机器人控制系统可分为程序控制系统、自适应控制系统和组合控制系统。

（1）程序控制系统。程序控制系统是通过事先编写的固定程序实现自动控制的系统，其广泛应用于搬运、装配、点焊等作业，以及弧焊、喷涂机器人的轮廓控制作业。

（2）自适应控制系统。自适应控制系统通过传感器感知外界条件的变化，根据检测到的信息不断地给出后续运动轨迹的控制。这种系统的参数能随着外界条件自动改变。

（3）组合控制系统。组合控制系统是程序控制系统和自适应控制系统的结合，它利用已知的环境信息实现程序控制，并且在执行过程中还可根据外界条件的变化而改变控制过程，以达到作业任务的速度和精度要求。

2. 按控制系统信号类型分类

按控制系统信号类型的不同，机器人控制系统可分为连续控制系统和离散控制系统。连续控制系统的输入/输出信号是时间的连续函数。例如，弧焊作业中对焊接电流的控制就是连续控制。相对应的离散控制系统的输入/输出信号是离散的。通常，工业机器人的工作场景中既有连续的信息，又有离散的信息，可根据任务要求设定阈值来进行两类信号的转换，以实现这两种控制。

3. 按控制机器人的数目分类

根据控制机器人数目的不同，机器人控制系统可分为单机系统和群控系统。

单机系统是指控制系统仅对本机进行控制的系统。群控系统是指同时控制多个机器人的控制系统。群控系统中每一个机器人也可有自己单独的控制系统，但这些独立的控制系统之间可以通信，或者接收总的控制系统的命令，使得所有机器人协调工作。

群控系统实质上是一个多级系统，每一级系统要接收上一级系统下达的指令，使本级系统执行来自上级系统的任务命令，而且还需向上一级系统反馈执行的结果信息。

4.1.2 机器人控制系统的功能

如同人类由大脑控制并调用肌肉完成某一个动作一样，机器人控制系统就是机器人的大脑，它的主要作用是对机器人发出指令，使机器人根据指令完成操作和控制动作，进而完成各项作业任务。根据实际使用场景，机器人控制系统具有如下基本功能：

（1）示教-再现功能。机器人控制系统可实现离线编程、在线示教及间接示教等功能，在线示教又包括通过示教器进行示教和导引示教两种情况。在示教过程中，控制系统可存储作业顺序、运动方式、运动路径和速度，以及与生产工艺有关的信息。在再现过程中，机器人控制系统能控制机器人按照示教的加工信息自动执行特定的作业。

（2）坐标设置功能。一般地，机器人控制器中设置有关节坐标系、绝对坐标系、工具坐标系及用户坐标系 4 种坐标系，用户可根据作业要求选用不同的坐标系并进行各坐标系之间的转换。

（3）与外围设备的联系功能。机器人控制器中设置有输入/输出接口、通信接口、网络接口和同步接口，并具有示教器、操作面板及显示屏等人机接口，此外还具有视觉、触觉、接近觉、听觉、力觉（力矩）等多种传感器接口。

(4)位置伺服功能。机器人控制系统可实现多轴联动、运动控制、速度和加速度控制、力控制及动态补偿等功能。在运动过程中,机器人控制系统还可以实现状态监测、故障诊断下的安全保护和故障自诊断等功能。

4.1.3 机器人控制系统的特点

工业机器人一般具有3~6个自由度,其各个关节的运动又相对独立,为了达到机器人末端执行器的位置精度,需要多关节协调运动。因此,与普通的控制系统相比,机器人控制系统更复杂。机器人控制系统具有以下特点:

(1)多关节联动控制。简单的机器人有3~5个自由度,比较复杂的机器人有十几个自由度,甚至几十个自由度。每个自由度一般包含一个伺服系统,多个独立的伺服系统必须有机地协调运动。例如,机器人的手部运动是所有关节的合成运动。要使手部按照一定的轨迹运动,就必须控制机器人的基座、肘、腕等各关节协调运动,包括运动轨迹、动作时序等多方面。

(2)运动描述复杂。机器人的控制与机构运动学及动力学密切相关。描述机器人状态和运动的数学模型是一个非线性模型,随着状态的变化,其参数也在变化,各变量之间还存在耦合。在各种坐标系下都可以对机器人机械臂的状态进行描述,应根据具体的需要对参考坐标系进行选择,并做适当的坐标变换。机器人控制经常要求正向运动学和逆向运动学的解,除此之外还需要考虑惯性力、外力(包括重力)和向心力的影响。

(3)具有较高的重复定位精度,系统刚性好。机器人的重复定位精度较高,一般为±0.1 mm。此外,由于机器人运行时要求平稳并且不受外力干扰,因此系统应具有较好的刚性。

(4)信息运算量大。机器人的动作规划通常需要最优的解决方法。例如,机械臂末端执行器要到达空间某个位置,可以有多种解决方法,此时就需要规划出一个最优解决方法。较高级的机器人可以采用人工智能的方法,即用计算机建立起庞大的信息库,借助信息库进行控制、决策、管理和操作。即使是一般的机器人,也需要根据传感器和模式识别方法获得对象及环境的工况,按照给定的指标要求自动选择最佳的控制方法。

(5)需要采用加(减)速控制。过大的加(减)速度会影响机器人运动的平稳性,甚至使机器人发生抖动,因此在机器人启动或停止时采取加(减)速控制策略,通常采用匀加(减)速运动指令来实现。此外,机器人不允许有位置超调,否则可能与工件发生碰撞。一般要求控制系统的位置无超调,动态响应尽量快。

总之,机器人控制系统是一个与运动学和动力学密切相关的、紧耦合的、非线性的多变量控制系统。

4.1.4 机器人控制系统的组成

机器人控制系统是影响机器人性能的重要组件,其组成如图4-2所示。下面介绍该系统的主要组成部分。

(1)控制计算机:控制系统的核心部分,一般为计算机和可编程逻辑控制器(PLC)。

(2)示教盒(示教器):又叫作示教编程器,其以串行通信方式与控制计算机实现信息

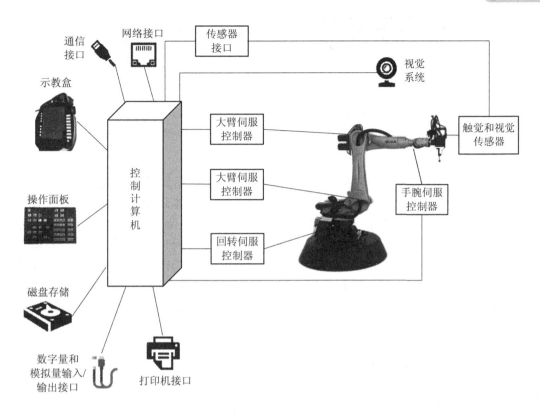

图 4-2 机器人控制系统的组成图

交互,是机器人与人的交互接口。它具有对机器人手动操纵控制、程序编写、参数设定以及工作状态监控等功能。

(3) 操作面板:由各种操作按键和状态指示灯构成,能够完成基本功能操作。

(4) 磁盘存储:存储工作程序中的各种信息数据。

(5) 数字量和模拟量输入/输出接口:提供各种状态和控制命令的输入或输出。

(6) 打印机接口:可连接打印机,其作用是记录机器人的各种输出信息。

(7) 传感器接口:用于采集环境信息,实现机器人的运动控制等,并连接触觉和视觉传感器。

(8) 伺服控制器:用于完成机器人各关节位置、速度和加速度的控制,例如图 4-2 中的大臂伺服控制器、回转伺服控制器、手腕伺服控制器。

(9) 通信接口:用于实现机器人和其他设备的信息交换,一般有串行接口、并行接口等。

(10) 网络接口:通常包括以太网(ethernet)接口和现场总线(fieldbus)接口。机器人可通过网络接口实现数台或单台机器人与 PC 的通信。

4.1.5 机器人控制系统的结构及控制方式

从机器人控制系统的功能来看,其结构主要包括外围设备、控制器、驱动器、电机、执行器和传感器,如图 4-3 所示。

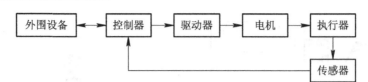

图 4-3 机器人控制系统的结构图

机器人控制系统主要有三种控制方式：集中控制、主从控制和分布式控制。

1. 集中控制

集中控制是指全部控制功能都由一台计算机实现，其框图如图 4-4 所示。早期的机器人常采用这种控制方式。集中式控制方式的优点为：硬件成本较低，便于信息的采集和分析，易于实现系统的最优控制，整体性与协调性较好；其缺点为：缺乏灵活性，一旦控制计算机出现故障，则整个机器人系统就无法工作；不适用于实时性要求高的任务，机器人的实时性要求较高，单一的控制计算机进行大量数据计算时，会降低系统的实时性，并且系统对多任务的响应能力也会与系统的实时性相冲突；系统连线复杂，所有设备都与唯一的控制计算机相连接，线路比较复杂，这也降低了系统的可靠性。

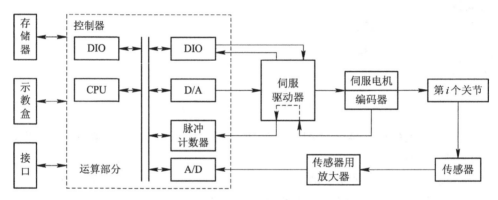

图 4-4 集中控制

2. 主从控制

主从控制是指采用主、从两级处理器（主 CPU 和从 CPU）实现系统的全部控制功能。主 CPU 实现管理、坐标变换、轨迹生成和系统自诊断等计算量大且性能要求高的任务，从 CPU 只用来实现机器人所有关节的动作控制。这种控制方式能够具有较好的实时性，适于高精度、高速度控制的作业场景，但这种控制方式的系统的扩展性仍较差，维修困难。主从控制的架构如图 4-5 所示。

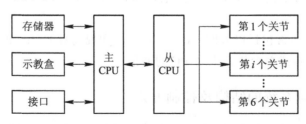

图 4-5 主从控制

3. 分布控制

分布控制是指将系统分成几个模块，每一个模块有其自己的控制任务和控制策略，各模块之间可以是主从关系，也可以是平等关系。这种控制方式的实时性好，易于实现高速、高精度控制，易于扩展，可实现智能控制，是目前流行的控制方式。分布控制的思想是"分散控制，集中管理"，即系统可以对总体目标和任务进行综合协调和分配，并通过子系统的协调工作来完成控制任务。在采用分布控制方式的系统中，子系统由控制器、不同被控对象或设备构成，各个子系统之间通过网络等相互通信。分布控制通常采用两级控制，其架构如图 4-6 所示。

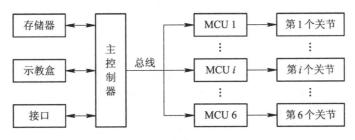

图 4-6 分布控制

采用两级控制的系统通常由主控制器、各个 MCU 和通信总线组成。主控制器可以完成不同的轨迹规划和算法控制等性能要求高的任务，MCU 用于完成插补细分、控制优化等性能要求低的任务。主控制器和各个 MCU 之间通过通信总线相互协调工作。

4.1.6 机器人操作系统

由于机器人作业任务的实时性要求高，因此机器人操作系统一般采用嵌入式实时操作系统（RTOS）来保证实时性。实时操作系统可以使某些具有时效性、实时性的任务优先获得系统资源运行起来。基于优先级的实时操作系统如图 4-7 所示。实时操作系统通过中断来保证优先级更高的任务先运行，中断可以打断当前运行的任务而处理紧急任务，这样可以满足某些任务的时效性要求。

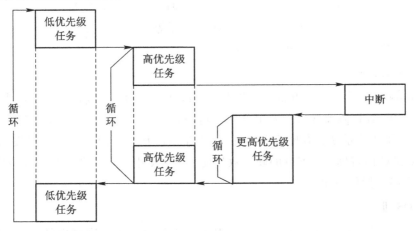

图 4-7 基于优先级的实时操作系统

实时操作系统可以通过分时原理进行多任务的并行处理，从而提升 CPU 的利用率和任务运行的效率。如果一个任务缺少了某些可以继续运行所需的资源，那么 RTOS 可以将其挂起，将 CPU 资源释放，使得其他任务可以运行。

机器人工作的主要任务包括机器人控制任务、过程控制任务、网络通信任务和系统监控任务。机器人操作系统动态管理这 4 种任务，以保证所有工作的完成，其运行流程如图 4-8 所示。

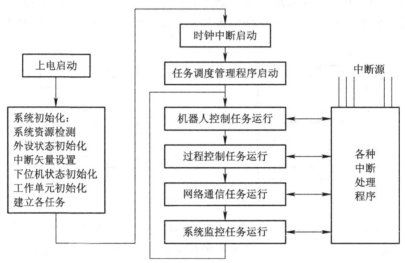

图 4-8 机器人操作系统的运行流程图

下面介绍几种常见的 RTOS。

1. VxWorks

VxWorks 操作系统是一种嵌入式实时操作系统，是 Tornado 嵌入式开发环境的关键组成部分。机器人是对实时性要求极高的工业装备，ABB、KUKA 等公司均选用 VxWorks 作为主控制器操作系统。

2. Windows CE

Windows CE 是美国微软公司推出的嵌入式实时操作系统，与 Windows 系列有较好的兼容性。Windows CE 丰富的开发资源对于在示教器等上进行开发具有较好的优势。例如，ABB 等公司采用 Windows CE 开发示教器系统。

3. 嵌入式 Linux

由于 Linux 的源代码是公开的，因此人们可以任意修改，以满足自己的需求。Linux 系统大部分都遵从 GPL 协议(CNU 通用公共许可协议)，是开放源代码和免费的，用户可以定制属于用户自己的系统；有庞大的开发人员群体，无需专门的人才，开发人员只要懂 Unix/Linux 和 C 语言即可；支持的硬件数量庞大。众多中小型机器人公司和科研院所选择 Linux 作为机器人操作系统。

4. μC/OS-Ⅱ

μC/OS-Ⅱ是著名的源代码公开的实时内核，是专为嵌入式应用设计的，可用于 8 位、16 位和 32 位单片机或数字信号处理器(DSP)。它的主要特点是公开源代码，可固化，占先式内核、可移植性、可裁剪性、可确定性好等。该系统在教学机器人、服务机器人、工业机器人科研等领域得到较多的应用。

4.2 机器人的控制方式

机器人为了能够代替人类工作,完成各种任务,必然需要良好的控制功能。例如,当机器人完成搬运重物、焊接、采摘水果等任务时,需要控制好机器人末端执行器的位置和力度。本节主要对机器人的伺服控制、位置控制、速度控制和力控制等进行探讨。

4.2.1 机器人的伺服控制

1. 伺服控制系统

伺服控制是机器人控制的基础,它是位置控制和速度控制的载体。机器人一般采用交流伺服系统作为执行单元来完成机器人特定的轨迹运动。伺服控制系统一般包括伺服驱动器和伺服电机,当伺服驱动器接受上位控制器指令并将其处理后发送至伺服电机,伺服驱动器驱动伺服电机运转,电机自带的编码器发送反馈信号至伺服驱动器,形成伺服控制系统。机器人伺服控制系统实物如图4-9所示。

图 4-9 机器人伺服控制系统实物图

机器人伺服驱动器是控制机器人伺服电机的专用控制器,可通过位置、速度和转矩控制三种方式对机器人伺服电机进行闭环控制。近年来,机器人行业得到了蓬勃发展,伺服驱动器也随之快速发展,但是国外的伺服驱动器仍处于领先地位,国产的伺服驱动器在性能和可靠性上仍存在一定差距,需要进一步提高,从而提升我国机器人的水平。

2. 伺服控制的基本流程

机器人的控制方式有不同的分类,按被控对象不同可分为位置控制、速度控制、加速控制、力控制、力矩控制等,而实现位置控制是机器人的基本控制任务。我们一般关注的是机器人末端执行器的运动轨迹和位置,由于机器人由多个关节组成,每个关节的运动都会影响末端执行器的位置,因此,控制机器人末端执行器完成作业要求的轨迹时必须考虑各个关节的运动。关节控制器(下位机)是执行计算机,负责伺服电机的闭环控制及实现所有关节的动作协调。它在接收主控制器(上位机)送来的各关节下一步期望达到的位姿后,先做一次均匀细分,使运动轨迹更为平滑,然后将各关节下一细分步期望值逐渐点送给伺服电机,同时检测光电码盘信号,直至其准确到位。

3. 独立单关节伺服控制

已知机器人动力学方程为

$$\boldsymbol{J}(\boldsymbol{q})\ddot{\boldsymbol{q}} + \boldsymbol{f}(\boldsymbol{q},\dot{\boldsymbol{q}})\dot{\boldsymbol{q}} + \boldsymbol{g}(\boldsymbol{q}) = \boldsymbol{\tau} \tag{4-1}$$

式中,$\boldsymbol{q}$ 为关节位移;$\dot{\boldsymbol{q}}$ 为关节速度;$\ddot{\boldsymbol{q}}$ 为关节加速度;$\boldsymbol{J}(\boldsymbol{q}) \in \boldsymbol{R}^{m \times n}$ 为惯性矩阵,$\boldsymbol{J}(\boldsymbol{q})$ 的主对角元素表示各连杆的有效惯性,表示给定关节上的力矩与角加速之间的关系;$\boldsymbol{J}(\boldsymbol{q})\ddot{\boldsymbol{q}}$ 表示惯性力(力矩);$\boldsymbol{f}(\boldsymbol{q},\dot{\boldsymbol{q}})\dot{\boldsymbol{q}}$ 代表三种力矩:$\dot{\boldsymbol{q}}^2$ 项表示关节速度产生的离心力矩,$\dot{\boldsymbol{q}}\dot{\boldsymbol{q}}$ 项表示哥氏力矩,$\dot{\boldsymbol{q}}$ 项表示由黏性摩擦产生的阻力矩;$\boldsymbol{g}(\boldsymbol{q})$ 为重力矢量,$\boldsymbol{g}(\boldsymbol{q}) \in \boldsymbol{R}^n$;$\boldsymbol{\tau}$ 为关节驱动力矢量,$\boldsymbol{\tau} = [\tau_1, \tau_2, \cdots, \tau_n] \in \boldsymbol{R}^n$。

如果关节的控制矢量是 $\boldsymbol{q}_d = [q_{d1}, \cdots, q_{dn}]^T$,且 $\boldsymbol{q}_d \in \boldsymbol{R}^n$,那么就可组成如图4-10所示的单关节伺服控制系统,各关节可以独立进行伺服控制,下标 i 表示第 i 个关节或轴。

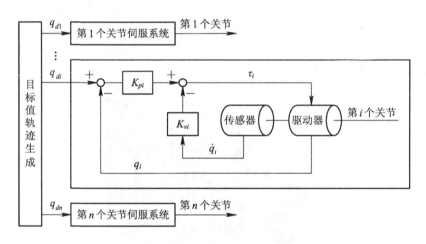

图 4-10 单关节伺服控制系统

为简便起见,假设驱动器的动态特性忽略不计,各个关节的驱动力 τ_i 可直接给出,这是最简单的一种伺服系统,即

$$\tau_i = K_{pi}(q_{di} - q_i) - K_{vi}\dot{q}_i \tag{4-2}$$

式中,K_{pi} 是比例增益,K_{vi} 是速度反馈增益。对于所有的关节,可使用矩阵表示成

$$\boldsymbol{\tau} = \boldsymbol{K}_p(\boldsymbol{q}_d - \boldsymbol{q}) - \boldsymbol{K}_v\dot{\boldsymbol{q}} \tag{4-3}$$

式中,$\boldsymbol{K}_p$ 是比例增益矩阵,$\boldsymbol{K}_v$ 是速度反馈增益矩阵。

这种关节伺服系统是把每一个关节作为一个单输入单输出系统进行处理的,其结构十分简单,所以大多数机器人都采用这种单关节伺服系统进行控制。但现实中,因为机器人的关节并不是严格的单输入单输出系统,所以需要考虑关节伺服系统中的惯性系数和速度项的动态耦合造成的影响。一般来说,采用式(4-3)时会把耦合当作外部干扰进行处理,但这种处理方式无法消除重力的影响,在静止状态下,机器人受重力影响的定常偏差矢量 $\boldsymbol{e} = \boldsymbol{q}_d - \boldsymbol{q} = \boldsymbol{K}_p^{-1}\boldsymbol{G}(\boldsymbol{q})$。若要使定常偏差为零,则需要在式(4-3)中加入积分项,即

$$\tau = K_p(q_d - q) - K_v \dot{q} + K_i \int (q_d - q) \mathrm{d}t \tag{4-4}$$

式中，K_i 为积分环节增益矩阵。式(4-4)为典型的 PID 控制。

过去，机器人采用模拟电路构成伺服控制系统。近年来，随着计算机技术的发展，伺服控制系统更多使用数字电路，采用数字电路的伺服控制系统也称为软件伺服。软件伺服可以进行更精细的控制，调节各关节的增益 K_{pi} 和 K_{vi}，可获得机器人在不同姿态所期望的相应特性。在式(4-3)中增加重力项，可以直接进行重力项补偿，即

$$\tau = K_p(q_d - q) - K_v \dot{q} + G(q) \tag{4-5}$$

4. 作业坐标伺服控制

关节伺服控制方式简单，是机器人常用的控制方式。但在很多场合中，需要把机器人从某点沿直线运动至另一点，这种情况下需要直接给定机器人的末端位姿，这时我们把机器人末端执行器位置矢量 r 作为机器人运动的目标值。机器人的关节位移 q 和 r 的关系可表示为

$$r = f(q) \tag{4-6}$$

把机器人末端执行器位置矢量 r 作为机器人运动的目标值，记作 r_d。一般来说，机器人可以直接把 r_d 本身作为目标值来构成伺服控制系统。由于在很多情况下，末端执行器位置矢量 r 是用固定于控件内的某一个作业坐标系来描述的，因此把以 r_d 为目标值的伺服控制系统称为作业坐标伺服控制系统，如图 4-11 所示。

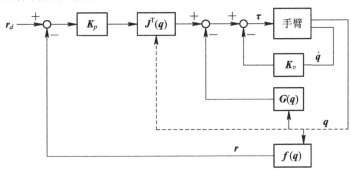

图 4-11 作业坐标伺服控制

将式(4-6)的两边对时间微分，可得末端执行器速度为

$$\dot{r} = \frac{\partial f}{\partial q} \dot{q} = J(q) \dot{q} \tag{4-7}$$

式中，$J(q)$ 是 q 的函数，为雅可比矩阵。一般地，r 和 $\dot{q}$ 是非线性关系，$\dot{r}$ 和 $\dot{q}$ 是线性关系。再根据虚功原理可得加在机器人末端执行器的力和关节力矩之间的关系为

$$\tau = J^T(q) f \tag{4-8}$$

式中，f 是以作业坐标系所描述的三维平移力矢量及与欧拉角描述的 r 的姿态相对应的三维旋转力矢量，$f = [f_x, f_y, f_z, m_\alpha, m_\beta, m_\gamma]^T \in \mathbf{R}^6$。若取欧拉角($\alpha$、$\beta$、$\gamma$)作为 r 的姿态分量，则 m_α、m_β、m_γ 变成绕欧拉角各自旋转轴的力矩，这在直观上难以理解，因此，我们使用速度关系定义雅可比矩阵：

$$s = [v^T, \omega^T]^T = J_s(q) \dot{q} \tag{4-9}$$

式中，末端速度矢量 s 的姿态分量用角速度矢量 ω 表示，v 是末端的平移速度，雅可比矩阵 $J_s(q)$ 表示末端速度矢量 s 和关节速度 $\dot{q}$ 之间的关系。

若采用式(4-9),则 f 的旋转力分量就变成从直觉上容易理解的绕三维空间内的轴旋转的力矩矢量。这样,作业坐标伺服控制器可表示为

$$\boldsymbol{\tau} = \boldsymbol{J}^{\mathrm{T}}(\boldsymbol{q})\left[\boldsymbol{K}_p(\boldsymbol{r}_d - \boldsymbol{r}) + \boldsymbol{K}_i\int(\boldsymbol{r}_d - \boldsymbol{r})\mathrm{d}t\right] - \boldsymbol{K}_v\dot{\boldsymbol{q}} \quad (4-10)$$

式(4-10)中机器人末端现在的位置姿态 $\boldsymbol{r}$ 的值可根据现在的关节位移 $\boldsymbol{q}$ 的值由正运动学方程求得。若考虑重力项补偿项,参考之前的控制器可得

$$\boldsymbol{\tau} = \boldsymbol{J}^{\mathrm{T}}(\boldsymbol{q})[\boldsymbol{K}_p(\boldsymbol{r}_d - \boldsymbol{r})] - \boldsymbol{K}_v\dot{\boldsymbol{q}} + \boldsymbol{G}(\boldsymbol{q}) \quad (4-11)$$

4.2.2 机器人的位置控制

机器人位置控制的目的是使机器人各关节实现预先所规划的运动,最终保证机器人末端执行器沿预定的轨迹运行。机器人的位置控制分为点位控制和连续轨迹控制两类,如图4-12所示。

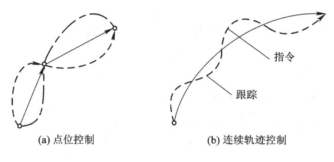

(a) 点位控制　　(b) 连续轨迹控制

图 4-12　位置控制

1. 点位控制

点位控制用于实现点的位置控制,使机器人由一个给定点运动到下一个给定点。点位控制不关心点与点之间的轨迹。因此,该控制方式的特点是只控制机器人末端执行器在作业空间中某些规定的离散点上的位姿。控制时只要求机器人快速、准确地实现相邻各点之间的运动,而对达到目标点的运动轨迹则不作规定。例如,自动贴片机在贴片电路板上完成安插元器件和点焊作业就是典型的点位控制。这种控制方式的主要技术指标是定位精度和运动所需的时间,控制方式比较简单,但不适用于定位精度要求高的应用场景。

2. 连续轨迹控制

连续轨迹控制用于指定点与点之间的运动轨迹所要求的曲线,如直线或圆弧。这种控制方式的特点是连续地控制机器人末端执行器在作业空间中的位姿,使其严格按照预先设定的轨迹和速度在一定的精度要求内运动,速度可控、轨迹光滑、运动平稳,从而完成作业任务。在用机器人进行弧焊、喷漆、切割等作业时,应选用连续轨迹控制方式。这种控制方式的主要技术指标是机器人末端执行器的轨迹跟踪精度及平稳性。当使用示教盒进行连续轨迹控制时,一般只需记录运动轨迹上的特征点和曲线类型,示教再现时则在这些特征点之间使用圆弧或直线插补算法进行数据的密化,再将密化后的数据输出给伺服控制系统进行运动控制,这种方式需要记录的轨迹特征点较少,运动轨迹的修正也更简单灵活。插补算法如图4-13所示。

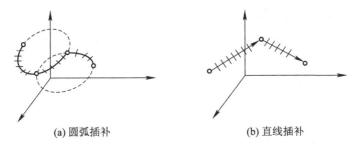

(a) 圆弧插补　　　　　　　　(b) 直线插补

图 4-13　插补算法

4.2.3　机器人的速度控制

在某些作业中并不指定机器人末端的位姿，而命令机器人从当前位置向某个方向移动，又或者当机器人采用位置控制时，如何平稳、准确地到达指定坐标，这就需要对机器人进行速度控制，使机器人按预定的指令控制运动部件的速度，以满足运动平稳、定位准确的要求。由于机器人是一种工作情况多变、惯性负载大的运动机械，要处理好快速与平稳的矛盾，必须控制启动时的加速和停止前的减速这两个过渡运动区段。而在整个运动过程中，速度控制通常情况下也是必需的。通常，机器人的行程会遵循一定的速度变化曲线，如图 4-14 所示。

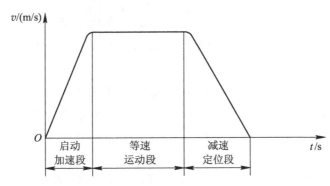

图 4-14　机器人行程的速度变化曲线

1. 加减速曲线特性分析

为了使机器人更快、更精确、更稳定地从起始点到达目的点，启动和停止时的运动必须是平缓的，不能有运动上的突变行为，因此对运动曲线也必须进行精确控制。机器人的最大速度是机器人运动特性的一个重要指标，在质量一定的情况下，由物理知识可知，速度越大，机器人的动量也就越大，因此在满足要求的情况下应该尽量减小最大速度。加速度曲线直接关系到关节的力矩输出，所以加速度曲线也应该做到突变较小或者连续，最大加速度越大，效率就越高，但也会加大机械系统的负担，引发一些事故，在满足要求情况下也应尽量减小加速度。

2. 加减速控制分析

加减速控制曲线可以分为梯形加减速曲线、多项式插补曲线、三角函数加减速曲线，其中梯形加减速曲线是机器人最常用且最基本的轨迹曲线，用于实现平滑的加速和减速过程，以达到稳定运动的目的。

梯形加减速曲线的特点：其加速度曲线是连续的，由加速段、等速段和减速段曲线构成，但是它使用的是匀加减速，在加减速的起点和终点处存在加速度突变，使得加速、等速、减速等阶段无法平滑过渡，会导致机器人系统遭受严重的冲击而造成抖动，影响精度。因此，梯形加减速曲线通常用于低速、低精度的运动控制过程。

多项式插补曲线的特点：能够生成速度与加速度曲线都连续的平滑曲线，可以避免运动时的突变或抖动。但当多项式次数较低时速度曲线或加速度曲线的平滑度不够，与预想轨迹差距较大。用高阶多项式处理时，CPU 计算的复杂度也随之增加，最大速度和最大加速度也会加大，给电机控制带来难度。

三角函数加速度曲线的特点：其加减速过程的速度变化量与时间的余弦成正比，加速度的变化是光滑、连续的，使得机器人加减速动作比较柔和，但是在起始与终止位置不能够无误差连接，存在加速度突变，会造成机器人启动和停止时的大幅度抖动，降低系统性能，同时带来安全上的隐患。

若关节的控制欠量是 $\dot{\boldsymbol{q}}_d = [\dot{q}_{d1}, \cdots, \dot{q}_{dn}]^T \in \mathbf{R}^n$，参考单关节伺服控制系统，可得到如图 4-15 所示的速度伺服控制系统。

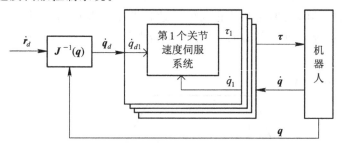

图 4-15 机器人速度控制伺服系统

末端执行器速度 $\dot{\boldsymbol{r}}$ 和关节速度 $\dot{\boldsymbol{q}}$ 之间具有式(4-7)所示的线性关系，设 $\dot{\boldsymbol{r}}_d$ 为末端执行器速度的目标值，令机器人没有冗余性，也无奇异状态，则

$$\dot{\boldsymbol{q}}_d = \boldsymbol{J}^{-1}(\boldsymbol{q})\dot{\boldsymbol{r}}_d \tag{4-12}$$

式(4-12)可看成把末端执行器的运动分解成必要的关节活动，称作分解速度控制。它把末端空间的目标值变换为关节空间的目标值。这种控制系统也适用于把某一个关节位移 q_{di} 作为目标值的情况。设末端执行器速度的目标值以时间函数 $\dot{\boldsymbol{r}}_d(t)$ 给出，代入(4-12)可得

$$\dot{\boldsymbol{q}}_d(t) = \boldsymbol{J}^{-1}[\boldsymbol{q}(t)]\dot{\boldsymbol{r}}_d(t) \tag{4-13}$$

若关节目标值的初始值为 $\boldsymbol{q}_d(t_0)$，则可求出时刻 t 的目标值 $\boldsymbol{q}_d(t)$ 为

$$\boldsymbol{q}_d(t) = \boldsymbol{q}_d(t_0) + \int_{t_0}^{t} \dot{\boldsymbol{q}}_d(v) dv \tag{4-14}$$

4.2.4 机器人的力控制

当机器人在进行装配、加工、抛光等作业时，要求机器人末端执行器与工件接触时保持一定大小的力。这时，如果只对机器人实施位置控制，则有可能由于机器人的位姿误差或工件放置的偏差，造成机器人与工件之间没有接触或损坏工件。对于这种作业，一种比较好的控制方案是除了在一些自由度方向进行位置控制，还需要在另一些自由度方向控制机器人末端执行器与工件之间的接触力，从而保证二者之间能够安全接触。所以机器人的

力控制让机器人对接触到的环境具有顺从的能力,即柔顺性,机器人的力控制也被称为柔顺控制。

如果机器人能够利用力反馈信息,主动采用一定的策略去控制作用力,那么称这种控制为主动柔顺控制,如图4-16(a)所示。例如,当操作机将一个柱销装进某个零件的圆孔时,由于柱销轴和孔轴没有对准,无论机器人怎样用力也无法将柱销装入孔内。若采用力反馈或组合反馈控制系统,带动柱销转动至某个角度,使柱销轴和孔轴对准,则称这种技术为主动柔顺技术。

如果机器人凭借辅助的柔顺机构在与环境接触时能够对外部作用力自然地顺从,那么称这种控制为被动柔顺控制,如图4-16(b)所示。对于与图4-16(a)相同的任务,若不采用反馈控制,则可通过操作机终端机械结构的变形来适应操作过程中遇到的阻力。在图4-16(b)中,柱销与操作机之间设有类似弹簧之类的机械结构。当柱销插入孔内遇到阻力时,弹簧系统就会产生变形,使阻力减小,以使柱销轴与孔轴重合,保证柱销顺利地插入孔内。由于被动柔顺控制存在各种不足,因此主动柔顺控制(力控制)逐渐成为主流。

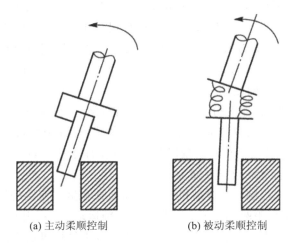

(a) 主动柔顺控制　　　　(b) 被动柔顺控制

图4-16　主动柔顺控制与被动柔顺控制

力控制与位置控制的原理基本相同,但力控制的输入量和输出量不是位置信号,而是力(力矩)信号,因此系统中必须有力(力矩)传感器。

当把力反馈信号转换为位置修正量时,这种力控制称为刚度控制;当把力反馈信号转换为速度修正量时,这种力控制称为阻尼控制;当把力反馈信号同时转换为位置修正量和速度修正量时,这种力控制称为阻抗控制。

现代机器人必备的能力之一就是具有力控制能力,具备这一能力的机器人可以完成精密装配、易损件装配、磨光、插孔、拧螺丝等需要对力进行控制的工作。

4.3　典型机器人控制系统

机器人领域的"四大家族"品牌分别是ABB、FANUC、安川和库卡,这4个品牌占据了国内一半机器人的市场份额。国内也有相当优秀的机器人品牌,下面简单介绍一下这些品牌的控制系统。

4.3.1　ABB

1988 年，ABB 公司由瑞典的阿西亚公司（ASEA）和瑞士的布朗勃法瑞公司（BBC Brown Boveri）合并而成，如今其总部位于瑞士，ABB 的核心技术之一是业界一流的机器人控制系统。ABB 公司生产的机器人容易跟周边设施和现有的生产线集成在一起，ABB 机器人大部分用于焊接、喷涂及搬运。

ABB IRC5 控制系统由主电源、计算机供电单元、计算机控制模块、输入/输出板、用户连接端口、FlexPendant 接口（示教盒接线端）、轴计算机板、驱动单元（机器人本体、外部轴）等组成。

4.3.2　FANUC

1956 年，日本发那科（FANUC）公司由数控系统起家，1971 年成为世界最大的数控系统制造商，市场份额高达 70%。随后，FANUC 公司于 1974 年开始进行机器人的研发。现如今，FANUC 形成了工业自动化、机床和机器人三大业务协同发展的业务模式。FANUC 机器人控制系统在控制原理上与其他品牌的机器人控制系统差别不大，但其组成结构有自己的特点，比较符合亚洲人的使用习惯。

FANUC 机器人控制系统主要分为硬件和软件两部分。硬件部分主要有控制单元、电源装置、用户接口电路、存储电路、关节伺服驱动单元和传感单元；软件部分主要包括机器人轨迹规划算法和关节位置控制算法的程序实现以及整个系统的管理、运行和监控等功能。

FANUC 机器人控制系统的特点如下：

（1）采用 32 位 CPU 控制，以提高机器人运动插补和坐标变换的运算速度；

（2）采用 64 位数字伺服驱动单元，同步控制 6 轴运动，以提升运动精度；

（3）支持离线编程技术，技术人员可通过设置参数来优化机器人的运动程序；

（4）控制器内部结构相对集成化，结构简单，价格便宜，易于维护保养。

4.3.3　安川

安川电机创立于 1915 年，由伺服电机起家。安川公司有自己的伺服控制系统和运动控制器产品，并且其技术水平也是一流水准，其机器人的总体技术方案与发那科的非常相似，机械设计、伺服控制系统和控制器都由自家公司完成。MOTOMAN UP6 是安川公司 MOTOMAN 系列机器人的一种，其运动控制系统采用专用的计算机控制系统。这个计算机控制系统能实现系统伺服控制、操作台和示教编程器控制、显示服务、自诊断、I/O 通信控制、坐标变换、插补计算、自动加速和减速计算、位置控制、轨迹修正、平滑控制原点和减速点开关位置检测、反馈信号同步等功能。而且该计算机控制系统采用示教和再现的工作方式，在示教和再现过程中，该系统均处于边计算边工作的状态，且具有实时中断控制和多任务处理功能。

4.3.4 库卡(KUKA)

KUKA 公司于 1898 年在德国成立,是世界领先的工业机器人制造商之一。得益于德国汽车工业的发展,库卡由焊接设备起家,如今它的业务主要集中在机器人本体、系统集成、焊接设备和物流自动化等方面。KUKA 是四大家族中最"软"的机器人厂商,其最新的控制系统 KRC4 使用了基于 x86 的硬件平台,运行"VxWorks + Windows"系统,把能软件化的功能全部用软件来实现,包括伺服控制(servo control)、安全管理、软 PLC(soft PLC)等,如图 4-17 所示。

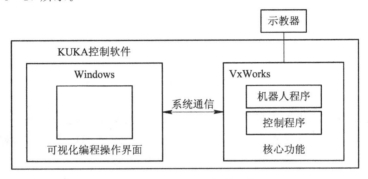

图 4-17 KUKA 控制系统

4.3.5 国产机器人的控制系统

目前国产控制系统(控制器)已经拥有了自己的技术特点和市场基础。

1. 新松 SRC C5 等系列控制系统

新松机器人自动化股份有限公司是中国机器人产业前 10 名的核心牵头企业,新松 SRC C5 是其新一代机器人智能控制系统,有如下特点:

(1) 支持虚拟仿真、机器视觉(2D/3D)、力觉传感等多种智能技术的应用;
(2) 采用全新的控制柜设计,性能提升,体积缩减,重量降低,安全性提高;
(3) 采用触摸屏横版示教盒,具有高灵敏度的触屏体验,适用于新型系统的所有机型。

2. 广州数控 GSK-RC 等系列控制系统

在丰富的机床数控技术积累基础上,广州数控设备有限公司掌握了机器人控制器、伺服驱动、伺服电机的完全知识产权。其中 GSK-RC 是广州数控设备有限公司自主研发生产的、具有独立知识产权的机器人控制系统。

3. 华中数控 CCR 等系列控制系统

从 1999 年开始,华中数控股份有限公司就开发出了华中 I 型机器人的控制系统和教育机器人。经过二十多年的发展,目前华中数控股份有限公司已掌握了多项机器人控制和伺服电机的关键核心技术,在控制器、伺服驱动器和电机这三大核心部件领域均具备了很大的技术优势。而 CCR 系列控制系统是华中数控股份有限公司自主研发的重要机器人控制系统。

4. 固高科技 GUC 等系列控制系统

目前,固高科技股份有限公司的 GUC 系列控制系统涵盖了从三轴到八轴各类型号的机器人，其中技术难度最大的八轴机器人已经可以实现批量生产。与此同时，从 2010 年开始，固高科技股份有限公司逐渐提出了驱控一体化的产品体系架构，并推出了六轴驱控一体机。

拓展学习

4.1　　　　　　4.2　　　　　　4.3

4.4　本章小结

机器人的控制系统是机器人的大脑，是决定机器人基本功能和技术性能的主要因素。机器人控制技术的主要任务是控制机器人在工作空间中的运动位置、姿态和轨迹、操作顺序及动作的时间等。多数机器人的结构是一个空间开链结构，各个关节的运动是相互独立的。为了实现机器人末端执行器的正确运动，需要多关节协调运动。因此，机器人控制系统与普通的控制系统相比较要复杂一些。

机器人控制系统通过控制操作机来完成特定的工作任务，主要有示教-再现、坐标设置、与外围设备联系和位置伺服等功能。

机器人控制方式的选择是由机器人所执行的任务决定的。机器人控制方式主要有伺服控制、位置控制、速度控制、力控制(包括位置/力混合控制)。

4.5　课后习题

1. 填空题：机器人控制系统按其控制运动方式的不同可分为_____、_____和_____。

2. 填空题：机器人的伺服控制系统包括伺服驱动器和_____。

3. 填空题：VxWorks 是_____操作系统，_____公司选择其作为机器人主控制器的操作系统。

4. 填空题：当机器人在进行装配、加工抛光等作业时，需要对机器人实施_____和_____。

5. 填空题：机器人的伺服驱动器是指控制机器人伺服电机的专用控制器，可通过_____、速度和_____三种方式对机器人伺服电机进行闭环控制。

6. 简答题：简述机器人驱控一体化的好处。

7. 简答题：简述机器人主动柔顺控制和被动柔顺控制的区别。

8. 简答题：通过网络查找国内 2~3 家现今的机器人品牌，并对其控制系统做简单介绍。

第 5 章 机器人传感系统

感觉是人脑对直接作用于感觉器官的客观事物的个别属性的反映。来自体内外的环境刺激通过耳、鼻、口、舌、皮肤等感觉器官产生神经冲动,神经冲动通过神经系统传递到大脑皮质感觉中枢,从而产生感觉。在机械自动化设备中,系统的自动化程度越高,对传感器的依赖性就越强。

5.1 机器人传感系统概述

5.1

机器人传感系统是机器人与外界进行信息交换的主要窗口,机器人根据布置在机器人身上的不同传感元件对周围环境状态进行瞬间测量,将结果通过接口送入处理器进行分析处理,控制系统则通过分析结果按预先编写的程序对执行元件下达相应的动作命令。

机器人传感系统把机器人的各种内部状态信息和环境信息从信号转变为机器人自身或者机器人之间能够理解和应用的数据和信息,除了依靠传统的传感器系统感知与自身工作状态相关的机械量,如位移、速度和力,视觉感知技术也是工业机器人感知的一个重要方面。视觉伺服系统将视觉信息作为反馈信号,用于控制和调整机器人的位置和姿态。机器人视觉伺服系统还在质量检测、识别工件、食品分拣、包装等方面得到了广泛应用。传感系统的核心是内部传感器模块和外部传感器模块。近年来,智能传感器的使用提高了机器人的机动性、适应性和智能化水平。

5.1.1 传感器的定义

传感器(transducer/sensor)是一种检测装置,能感受到被测量的信息,并能将感受到的信息按一定规律变换为电信号或其他所需形式的信息输出,以满足信息的传输、处理、存储、显示、记录和控制等要求。传感器主要由敏感元件、转换元件、转换电路及辅助电源四部分组成,如图 5-1 所示。

敏感元件直接感受被测量,并对被测量进行转换输出;转换元件将敏感元件的输出转换成便于传输和测量的电参量(电阻)或电信号;转换电路则对转换元件输出的信号进行放大、滤波、运算、调制等,以便于实现远距离传输、显示、记录和控制;辅助电源为转换电路和转换元件提供稳定的工作电源。

图 5-1 传感器的组成

5.1.2 传感器的分类

机器人传感器可按多种方法进行分类,具体如下。

根据是否接触被测量,传感器可分为接触式传感器和非接触式传感器。非接触式传感器以某种电磁射线(如可见光、X 射线、红外线、雷达波、声波、超声波和电磁射线等)形式测量目标响应。接触式传感器以某种实际接触(如力、力矩、压力、位置、温度、电量和磁量等)形式测量目标响应。

根据能量关系(被测量与输出电信号的关系)的不同,传感器可以分为能量转换型传感器和能量控制型传感器。其中,能量转换型传统感器直接将被测量转换为电信号(电压等),例如热电偶传感器、压电式传感器;能量控制型传感器先将被测量转换为电参量(电阻等),然后在外部辅助电源作用下输出电信号,例如应变式传感器、电容式传感器。

根据输出信号的不同,传感器可以分为模拟型传感器和数字型传感器。其中,模拟型传感器输出连续变化的模拟信号。例如,当感应同步器的滑尺相对定尺移动时,定尺上产生的感应电势为周期性模拟信号;数字型传感器输出"1"或"0"两种信号电平。例如,用光电开关检测不透明的物体,当物体位于光源和光电开关之间时,光路阻断,光电开关截止,输出高电平"1";当物体离开后,光电开关导通,输出低电平"0"。

机器人工作时,需要检测其自身状态和作业对象以及作业环境的状态,因此根据工作室检测对象的不同,机器人传感器一般可分为内部传感器和外部传感器两大类。传感系统在工业机器人中的主要工作流程如图 5-2 所示。机器人内部传感器用于确定机器人在其自身坐标系内的姿态、位置,并在控制系统作用下,利用驱动系统和执行机构调整自身的姿态、位置;机器人外部传感器采集信息,在控制系统作用下,利用驱动系统和执行机构完成对工作对象的作业。

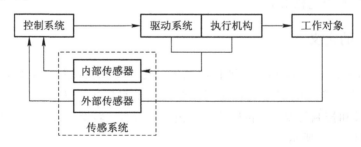

图 5-2 传感系统在工业机器人中的主要工作流程

内部传感器安装在操作机上,是检测机器人自身状态参数的功能元件,在伺服控制系统中作为反馈环节,能够及时调整和控制机器人的行动,具体的检测对象有关节的位移、角度、速度、角速度、电机扭矩等物理量。常用的内部传感器有位置/位移传感器、速度/加速度传感器、角速度传感器、力/扭矩传感器等。

外部传感器用于检测机器人所处环境、外部物体状态或机器人与外部物体（即工作对象）之间的关系，并可检测距离、接近程度和接触程度等变量，及时获取机器人周围环境、目标物的状态特征等信息，使机器人对环境有自校正和自适应能力。常用的外部传感器有力觉传感器、触觉传感器、接近觉传感器、视觉传感器等。

传统的机器人仅采用内部传感器，用于精确控制机器人的运动、位置和姿态。现今，外部传感器被广泛安装和应用，使得机器人对外部环境的适应能力逐步提升，从而体现了一定的智能性。表5-1中列出了常用的机器人内、外部传感器比较。给机器人安装什么样的传感器以及传感器的性能要求，是现今设计机器人传感系统的首要问题。在设计机器人传感系统时，应当考虑机器人的具体工作需要和应用特点，根据检测对象、使用环境选择合适的传感器，以最大程度地减小环境造成的影响，确保机器人精准地完成作业任务。

表 5-1 常用的机器人内、外部传感器比较

比较项目	内部传感器	外部传感器
作用	精确控制机器人的运动、位置、姿态	检测工况环境、识别并灵活操作目标、保障作业安全
检测的信息	位置、角速度、速度、加速度、方向等	目标工件与环境：形状、位置、姿态、质量、运动状态等；机器与环境：位置、运动状态、姿态等；末端执行器与工件：接触状态、位置、加持力、摩擦力、姿态等
传感器类型	光电开关、差动变压器、编码器、电位计、旋转变压器、测速发电机、加速度计、陀螺仪、倾角传感器、力/扭矩传感器	电容传感器、限位开关、压敏电阻、光学测距类传感器、声波测距类传感器、视觉传感器等

5.1.3 传感器的性能指标

为了方便评价和选择传感器，需要确定每种传感器的性能指标，了解各项性能对机器人的影响。传感器的特性主要指输出量与输入量之间的关系。当输入量为常量或变化极为缓慢时，称为静态特性；当输入量随时间变化时，称为动态特性。下面介绍传感器的性能指标。

1. 灵敏度

灵敏度是指当传感器的输出量达到稳定时，输出量变化与输入量变化的比值。假如传感器的输出量和输入量呈线性关系，则其灵敏度可表示为

$$s = \frac{\Delta y}{\Delta x} \tag{5-1}$$

式中，s 为传感器的灵敏度，Δy 为传感器输出量的增量，Δx 为传感器输入量的增量。

假设传感器的输出量与输入量呈非线性关系，则其灵敏度就是传感器输出量与输入量

关系曲线的导数。传感器输出量的量纲和输入量的量纲不一定相同。若输出量和输入量具有相同的量纲，则传感器的灵敏度也称为放大倍数。一般来说，传感器的灵敏度越大越好，这样可以使传感器的输出量的精确度更高、线性程度更好。但是过高的灵敏度有时会导致传感器的输出稳定性下降，所以应该根据机器人的要求选择大小适中的传感器灵敏度。

2. 线性度

线性度反映传感器输出量与输入量之间的线性程度。输出量与输入量之间的实际关系曲线偏离拟合直线的程度又称为非线性误差，可用下式表示：

$$\gamma_L = \pm \frac{\Delta L_{max}}{y_{FS}} \times 100\% \tag{5-2}$$

式中，ΔL_{max} 为实际曲线与拟合直线之间的最大偏差，y_{FS} 为输出满量程值。

假设传感器的输出量为 y，输入量为 x，则 y 与 x 的关系可表示为

$$y = bx \tag{5-3}$$

若 b 为常数，或者近似为常数，则传感器的线性度较高；若 b 是一个变化较大的量，则传感器的线性度较低。机器人控制系统应该选用线性度较高的传感器。实际上，只有在少数情况下，传感器的输出量和输入量才呈线性关系。在大多数情况下，b 都是 x 的函数，即

$$b = f(x) = a_0 + a_1 x_1 + a_2 x_2 + \cdots + a_n x_n \tag{5-4}$$

如果传感器的输入量变化不太大，且 $a_1, a_2, \cdots, a_n$ 都远小于 a_0，那么可以取 $b = a_0$，近似地把传感器的输出量和输入量看成线性关系。常用的线性化方法有端点直线法、平均法、最小二乘法等。

3. 精度

精度是指传感器的测量输出值与实际测量值之间的误差。精度通常指的是机器人传感器的精确程度，精密度说明测量传感器输出值的分散性，精密度高意味着随机误差小。准确度说明传感器输出值与真值的偏离程度，它是系统误差大小的标志。精确度是精密度与准确度两者的总和，精度高表示精密度和准确度都比较高，这是在测量中希望得到的结果。准确度、精密度、精度三者之间的关系如图 5-3 所示。在机器人系统设计中，应该根据系统的工作精度要求选择合适的传感器精度，并注意传感器精度的使用条件和测量方法。传

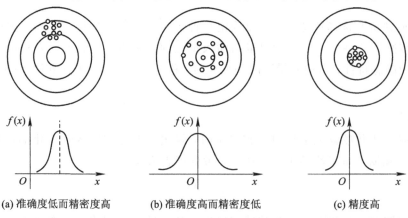

(a) 准确度低而精密度高　　(b) 准确度高而精密度低　　(c) 精度高

图 5-3　准确度、精密度、精度三者之间的关系

感器精度的使用条件包括机器人所有可能的工作条件,如不同的温度、湿度、运动速度、加速度,以及在可能范围内的各种负载作用等。用于检测传感器精度的测量仪器必须具有比传感器高一级的精度,进行传感器精度测试时,也需要考虑最差的工作条件。

4. 重复性

重复性是指传感器在对输入信号按同一方式进行全量程连续多次测量时,相应测试结果的变化程度,其表示式为

$$\gamma_R = \pm \frac{\Delta R_{max}}{y_{FS}} \times 100\% \tag{5-5}$$

式中,R_{max} 为同方向测量数据的最大偏差,y_{FS} 为输出满量程值。

测试结果的变化越小,传感器的测量误差越小,重复性就越好。对于多数传感器来说,重复性指标优于精度指标。有些传感器的精度不一定很高,但只要温度、湿度、受力条件和其他参数不变,传感器的测量结果也不会有较大变化。同样,对于传感器的重复性,也应考虑使用条件和测试方法。对于示教-再现型机器人,传感器的重复性至关重要,它直接关系到机器人能否准确地再现示教轨迹。

5. 分辨率

分辨率指传感器在整个测量范围内所能辨别的被测量的最小变化量,或者所能辨别的不同被测量的个数。传感器辨别的被测量的最小变化量越小,或被测量的个数越多,它的分辨率越高;反之,分辨率越低。无论是示教-再现型机器人,还是可编程型机器人,都对传感器的分辨率有一定的要求。传感器的分辨率直接影响机器人的可控程度和控制质量,一般需要根据机器人的工作任务规定传感器分辨率的最低限度要求。

6. 响应时间

响应时间是传感器的动态特性指标,是指传感器的输入信号变化后,其输出信号随之变化并达到一个稳定值所需要的时间。在某些传感器中,输出信号在达到某一稳定值前会发生短时间的振荡。传感器输出信号的振荡对机器人控制系统来说非常不利,会影响机器人的控制精度和工作精度,所以传感器的响应时间越短越好。响应时间的计算应当以输入信号开始变化的时刻为起点,以输出信号达到稳定值的时刻为终点。实际上,还需要规定一个稳定值范围,只要输出信号的变化不再超出此范围,即可认为它已经达到了稳定值。对于具体的机器人传感器,还应规定响应时间容许上限。

7. 漂移

漂移是指在一定时间间隔内,传感器的输出量存在着与输入量无关的、不需要的变化。漂移常包括零点漂移和灵敏度漂移。零点漂移是指在某环境量(时间、温度等)的变化间隔内,零点输出的变化。灵敏度漂移是指在某环境量(时间、温度等)的变化间隔内,灵敏度输出的变化。

5.1.4 机器人传感器的选择与要求

在设计机器人传感系统时,传感器的选择是首先要考虑的问题,除了参考 5.1.3 节传感器的静态和动态特性,在实际生产中我们仍需结合以下几个方面选择适合机器人的传感器。

1. 性价比

传感器成本是首要的考虑因素。随着机器人传感系统的逐渐复杂，同一台机器人上需要配置多个传感器，在满足正常稳定工作的前提下，我们仅考虑传感器的成本、使用寿命、后期维修与更换等与产品性价比有关的问题即可。

2. 重量和尺寸

由于机器人是运动装置，在设计时应尽量减轻自身负载，因此传感器应轻量化。传感器过重会增加机械臂的惯量，同时还会减少总的有效载荷。根据传感器的不同应用场合，尺寸大小有时也非常重要。例如，关节位移传感器必须与关节进行融合设计并能随关节移动。传感器的尺寸过大，其会占用关节的运动空间。另外，体积庞大的传感器还会限制关节的运动范围。因此，传感器需要小型化，尽可能地方便安装，以确保机器人有充足的移动工作空间。

3. 接口与输出类型

首先，传感器必须能与其他设备（如处理器和控制器）相连接。如果传感器与其他设备的端口不匹配或两者之间需要其他额外电路，那么需要解决传感器与设备间的接口问题。其次，根据不同的应用，传感器的输出量可以是数字量，也可以是模拟量，它们可以直接使用，也可以进行转化后才能使用。例如，电位器的输出量是模拟量，而编码器的输出量则是脉冲量。如果编码器连同微处理器一起使用，则其输出量可直接传送至处理器的输入端口，而电位器的输出量则必须经过模数转换器转变成数字信号后传送至处理器的输入端口。具体哪种输出类型比较合适，必须结合其他要求进行折中考虑。

4. 抗干扰能力

机器人的工作环境是多种多样的，在有些情况下可能相当恶劣，因此必须考虑机器人传感器的抗干扰能力。传感器输出信号的稳定是控制系统稳定工作的前提，为防止机器人的意外动作或发生故障，设计传感器系统时必须采用可靠的设计技术。通常，抗干扰能力是通过单位时间内发生故障的概率来定义的，因此它是一个统计指标。

5. 安全保护

在选择机器人传感器时，除了需要根据实际工况、检测精度、控制精度等具体的要求确定所用传感器的各项性能指标，还需要考虑机器人和操作人员的安全问题。因此，应从机器人的各个结构的负载极限、运动极限、工作人员监测、环境监测等方面设置安全防护系统，配置额外的传感器。

5.2 机器人内部传感器

5.2.1 位置/位移传感器

机器人的位置/位移传感器可分为以下两类。

（1）限位开关类传感器。这类传感器用于检测指定位置，常用 ON/OFF

5.2.1

两个状态值。这类传感器用于检测机器人的起始原点、终点位置或某个确定的位置。检测指定位置时常用的检测元件有电容式传感器、微动开关、光电开关等。当限位开关接近或远离指定位置时，开关的电气触点断开（常闭）或接通（常开），并向控制回路发出动作信号。

（2）位置测量类传感器。这类传感器用于测量可变位置和角度，即测量机器人关节的直线位移和角位移，是机器人位置反馈控制中必不可少的元件。常用的位置测量类传感器有电位器式位移传感器、编码器、旋转变压器等。其中编码器既可以检测直线位移，又可以检测角位移。

下面介绍几种常见的位置测量类传感器。

1. 电位器式位移传感器

电位器式位移传感器主要依赖于电位器，电位器是具有三个引出端口且阻值可按某种变化规律调节的电阻元件。电位器通常由电阻体和可移动的电刷组成。当电刷沿电阻体移动时，在输出端可获得与位移量成一定关系的电阻值或电压值。电位器式位移传感器就是将机械位移通过电位器转换为与之成一定函数关系的电阻或电压并输出的传感器。按照传感器结构的不同，电位器式位移传感器可分为两大类，即直线型电位器式位移传感器和旋转型电位器式位移传感器。

1）直线型电位器式位移传感器

直线型电位器式位移传感器的原理图及实物图如图 5-4 所示。直线型电位器式位移传感器在载有物体的工作台或机器人的一个关节下有相同的电阻滑动触点，当工作台或关节左/右移动时，滑动触点随之左/右移动，从而改变滑动触点与电阻接触的位置。根据这种输出电压值的变化可以检测出机器人各关节的位置和位移量，触点滑动距离可由电压值求出。直线型电位器式位移传感器主要用于直线位移检测，其电阻器采用直线型螺线管或直线型碳膜电阻，滑动触点只能沿电阻的轴线方向做直线运动。

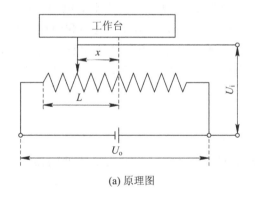
(a) 原理图

(b) 实物图

图 5-4 直线型电位器式位移传感器的原理图及实物图

直线型电位器式位移传感器的电压和位移的关系为

$$x = \frac{L(2U_i - U_o)}{U_o} \tag{5-6}$$

式中，U_o 为输入电压，L 为滑动触点的最大移动距离，x 为滑动触点向左端移动的距离，U_i 为电阻右侧的输出电压。

2）旋转型电位器式位移传感器

当把直线型电位器式位移传感器的电阻元件弯成圆弧形，滑动触点的一端固定在圆的中心，使其像时针那样旋转时，由于电阻值随相应的转角变化，因此就构成了一个可以测量角度的旋转型电位器式位移传感器。旋转型电位器式位移传感器的原理图及实物图如图 5-5 所示。旋转型电位器式位移传感器由环状电阻器和一个可旋转的电刷共同组成。当电流流过电阻器时，形成电压分布。当电压分布与角度成比例，滑动触点在电阻元件上做圆周运动；当滑动触点旋转 θ 角时，输出电压值随之发生改变，计算公式为

$$\theta = 360° \times \frac{U_{out}}{U_{in}} \qquad (5-7)$$

式中，θ 为滑动触点转过的角度；U_{out} 为 θ 角内圆弧阻值分布的电压，即输出电压；U_{in} 为输入电压。

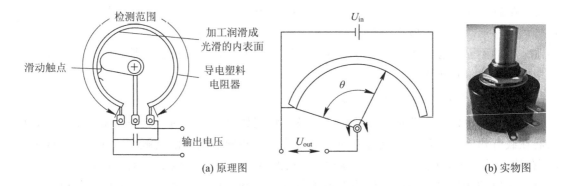

图 5-5 旋转型电位器式位移传感器的原理图及实物图

电位器式位移传感器有很多优点，除了价格低廉、结构简单、性能稳定、使用方便，它的位移量与输出电压量之间是线性关系。由于电位器滑动触点的位置不受电源影响，故其即使断电，也不会丢失原有的位置信息。但是电位器的分辨率不高，电刷和电阻之间接触时容易磨损，可靠性和使用寿命受到一定程度的影响。因此，电位器式位移传感器在机器人上的应用受到了一定的局限。近年来随着光电编码器价格的降低，电位器式位移传感器逐渐被取代。

2. 编码器

根据检测原理的不同，编码器可分为光电编码器、磁场式编码器、感应式编码器和电容式编码器。根据刻度方法及信号输出形式的不同，编码器可分为增量式编码器、绝对式编码器以及混合式编码器 3 种。光电编码器（如图 5-6 所示）在机器人中应用最广泛，其分辨率能够满足机器人工作时的技术要求。光电编码器是一种通过光电转换将输出轴上的直线位移或位移转换成脉冲或数字量的传感器，属于非接触式传感器。光电编码器主要由码盘、检测光栅、转轴、光电接收器、光电检测装置（有光源、光敏元件、信号转换电路）等组成，如图 5-7 所示。码盘上有规划的透光区域和不透光区域，其两侧装有光源和光敏元件。当机器人关节的转动带动转轴转动时，光线透过码盘形成的明暗交替变化的信号被检测和处理后，向数控系统输出脉冲信号，获得机器人关节转动的位移量。

第 5 章 机器人传感系统

图 5-6 光电编码器

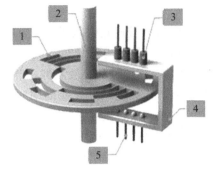

1—码盘；
2—转轴；
3—光电接收器；
4—检测光栅；
5—光源。

图 5-7 光电编码器结构图

光电编码器分为绝对式光电编码器和相对式(增量式)光电编码器两种类型。相对式光电编码器具有结构简单、体积小、价格低、精度高、响应速度快、性能稳定等优点，应用更为广泛。特别是在高分辨率和大量程角速率/位移测量系统中，相对式光电编码器更具优越性。

1) 绝对式光电编码器

绝对式光电编码器的圆形码盘上沿径向的若干同心圆称为码道，一个光敏元件对应一个码道。若码盘上的透光区对应二进制数"1"，不透光区对应二进制数"0"，则沿码盘径向，由外向内，可依次读出码道上的二进制数。

这种编码器不是用于计数，而是当与转轴相连的码盘旋转时，在转轴的任意位置都可读出一个与位置相对应的数字码，从而检测出旋转轴转过的角度，即机器人关节旋转角度的绝对位置。此外，由于这种编码器没有累积误差，因此断电后位置信息也不会丢失。绝对式光电编码器一般采用二进制码或格雷码编码，由于格雷码相邻数码之间仅改变一位二进制数，因此误差不超过1，被大多数光电编码器所使用。

如果码盘的码道数为 n，则码盘被分成了 2^n 个扇形。当光线照射在圆盘上时，编码器的分辨率为 $\frac{360°}{2^n}$。绝对式光电编码器的工作原理如图 5-8 所示。该编码器的码盘有 4 条码道，故该编码器的分辨率为 $\frac{360°}{2^4}$，等于 22.5°。因此，提高绝对式光电编码器分辨率的方法是增加编码器码盘的码道数。

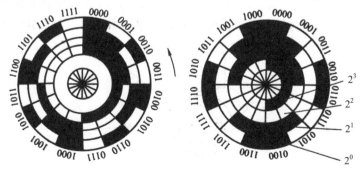

图 5-8 绝对式光电编码器的工作原理

2) 相对式光电编码器

相对式光电编码器又称为增量式光电编码器，常被用于测量旋转运动，其圆形码盘上的透光区域与不透光区域相互间隔，均匀分布在码盘边缘。相对式光电编码器的工作原理如图 5-9 所示。在码盘两侧装有光源和光敏元件，当码盘随转轴同步转动时，每转过一个透光区域与一个不透光区域，就产生一次光线的明暗变化，对应输出一个脉冲信号，用计数器记录脉冲信号就能知道码盘转过的角度。通过计算每秒光电编码器输出脉冲信号的个数，就能间接地反映当前电机的转速。此外，为辨别旋转方向，相对式光电编码器还可提供相位相差 90°的两路方波脉冲信号 A、B，所以利用该种编码器可以直接计算位移和方向。

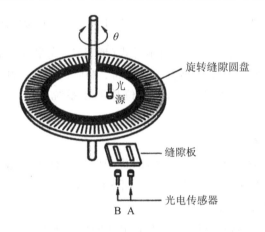

图 5-9 相对式光电编码器的工作原理

相对式光电编码器的测量分辨率与从码盘圆周的狭小缝隙输出的条纹数 n 有关，能分辨的角度为 $360°/n$。相对式光电编码器的优点是原理和构造简单，码盘加工容易，机械平均寿命长，分辨率高，抗干扰能力较强，可靠性较高，但其缺点是无法直接读出转轴的绝对位置信息，因此在实际应用中，每次操作时，需要通过码盘上单独刻画的零点位对该种编码器进行基准点校准。

3. 旋转变压器

旋转变压器由铁芯、两个定子线圈（二次线圈）和一个转子线圈（一次线圈）组成，是测量旋转角度的传感器。旋转变压器同样也是变压器，其工作原理如图 5-10 所示。旋转变压器的一次线圈与旋转轴相连，并经滑环通有交变电流。旋转变压器具有两个二次线圈，相互成 90°放置。随着转子的旋转，由转子所产生的磁通量跟随其一起旋转。当一次线圈与两

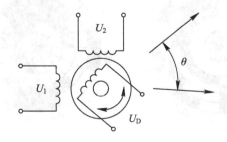

图 5-10 旋转变压器工作原理

个二次线圈中的一个平行时,该二次线圈(记为第一个二次线圈)中的感应电压最大,而另一个垂直于一次线圈的二次线圈(记为第二个二次线圈)中没有任何感应电压。随着转子的转动,最终第一个二次线圈中的电压达到零,而第二个二次线圈中的电压达到最大值。其他角度时刻的电压值与两个二次线圈和一次线圈夹角的正弦、余弦值成正比。即若转子的转角为 θ,则转子中的感应电动势为

$$U_0 = KU_m \sin(\omega t + \theta) \quad (5-8)$$

式中,K 为定子转子线圈的匝数比,ω 为定子绕组中交流励磁电压频率,U_m 为定子绕组交流励磁电压幅值。

虽然旋转变压器的输出是模拟量,但却等同于角度的正弦值、余弦值,这就避免了以后计算这些值。使用时,将旋转变压器的转子与机器人的关节连接,依据旋转变压器感应电动势的相位即可测得关节轴的角位移。旋转变压器具有可靠、稳定、抗冲击、耐高温、寿命长等优点,但其输出信号的计算较为复杂。

5.2.2 速度/加速度传感器

当机器人连续运动时,主要通过其关节处的传感器监测速度与加速度,常用的速度/加速度传感器是编码器和测速发电机。

5.2.2

1. 编码器

前面讲过编码器的工作原理就是将角位移转换成周期性的电信号,因此就没有必要给机器人配置额外的速度传感器。只需根据测得的位移和编码器中指定时间内脉冲信号的数量,就能计算出相应的角速度。

2. 测速发电机

测速发电机是输出电动势与转速成比例的微特电机,其输出电动势 E 和转速 n 呈线性关系,即 $E = Kn$,K 是常数。改变测速发电机的旋转方向时,其输出电动势的极性即相应改变。当被测机构与测速发电机同轴连接时,只要检测出输出电动势就能得到被测机构的转速。

测速发电机广泛用于各种速度或位置控制系统。在自动控制系统中,测速发电机作为检测速度的元件,以调节电机转速或通过反馈来提高系统的稳定性和精度;在解算装置中,测速发电机可作为微分、积分元件,也可用来测量加速或延迟信号,或用来测量各种运动机械在摆动或转动以及直线运动时的速度。将测速发电机的转子与机器人关节伺服驱动电机轴相连,就能测出机器人运动过程中的关节转动速度。而且测速发电机能用在机器人速度闭环系统中作为速度反馈元件,所以其在机器人控制系统中得到了广泛的应用。机器人速度伺服控制系统的控制原理如图 5-11 所示。

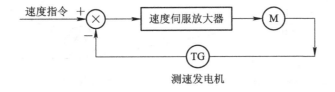

图 5-11 机器人速度伺服控制系统的控制原理

测速发电机主要可分为直流测速发电机和交流测速发电机,其结构如图 5-12 所示。

直流测速发电机具有输出电压斜率大,没有剩余电压及相位误差,温度补偿容易实现等优点;而交流测速发电机的主要优点是不需要电刷和换向器,不产生无线电干扰火花,结构简单,运行可靠,转动惯量小,摩擦阻力小,正、反转电压对称等。

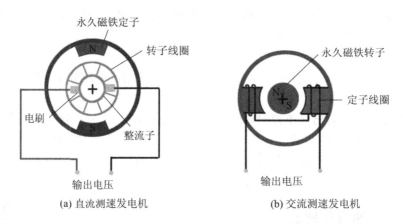

图 5-12 测速发电机的结构

机器人对测速发电机的性能要求主要是精度高、灵敏度高、可靠性好,具体包括以下 5 个方面:

(1) 输出电压与转速之间有严格的正比关系。
(2) 输出电压的脉动要尽可能小。
(3) 温度变化对输出电压的影响要小。
(4) 在一定转速时所产生的电动势及电压应尽可能大。
(5) 正、反转时输出电压应对称。

5.2.3 力/扭矩传感器

机器人工作时需要实时测量和汇总负载与机器人自重及当前形态下各个关节的受力情况,比如抓起物体或将物体放置在特定位置,也可以是拧螺丝、打孔等动作。

对于一些驱动装置,比如伺服电机,可以直接通过测量电机的电流来测量驱动力,即用一个检测电阻和电机串联来测量检测电阻两端的电压降。常见的驱动力传感器如图 5-13。电机通常是通过减速器与机器人手臂连接的,减速器的输出/输入效率为 60% 或更低,所以测量减速器输出端的扭矩通常更为准确,这时可以采用应变片测量。

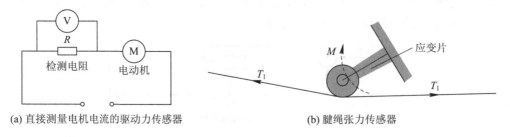

图 5-13 常见的驱动力传感器

如果手臂和手爪用绳索或钢缆驱动,那么也可以测量绳索或钢缆的张力。图 5-13 中就是一种测量张力的方式,即通过压在腱绳上的可测量应变的柔性板实现对腱绳张力的测量。当有张力作用在腱绳上时,驱动力传感器测量的力由轴向和切向分量合成。当驱动力传感器不能测出工具附件所施加的力或施加于工具附件上的力时,通常会采用单独的力传感器。末端执行器的受力和扭矩可以采用压电单元来估计,这些单元产生的电压值与引入的变形量成正比。通过谨慎地布置传感器可同时测量受力和扭矩。力/扭矩传感器用于在机器人操作中估计应力和接触,是装配系统的一部分。我们将装在末端执行器和机器人最后一个关节之间的力传感器称为腕力传感器,它能直接测出作用在末端执行器上的各种力和力矩。

对于一般的力控制作业,需要 6 个力分量来提供完整的接触力信息,即 3 个平移力分量和 3 个力矩。力/扭矩传感器有各种尺寸和动态范围,为了方便机器人手腕更灵活地完成动作,更多的力/扭矩传感器被研发出来。各种六轴力传感器结构如图 5-14 所示。

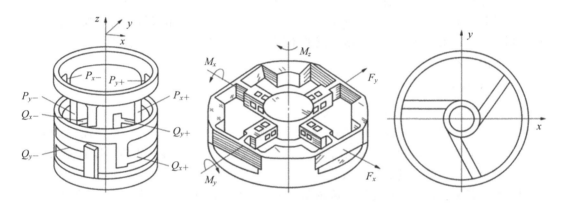

图 5-14 各类六轴力传感器结构图

5.3 机器人外部传感器

5.3.1 触觉传感器

触觉传感器是机器人中模仿触觉功能的传感器。触觉是人与外界环境直接接触时的重要感觉功能。触觉传感器可以判断机器人与物体是否接触,也可以判断物体的大致形状及表面特征,这类传感器通常安装在末端执行器上。简单的触觉传感器以阵列形式排列组合,可以按一定规律向控制器发送接触的形状信息。机械式触觉传感器如图 5-15 所示。触觉传感器上的敏感元件组成矩阵,每个敏感单元都是一个触元,由所有触元共同提供的信息反映接触表面的受力和形态特征。

一般情况下,机器人通过触觉传感器可以获得如下信息。

(1) 接触:判断机器人是否接触物体。

(2) 力:触元受力的大小,以及根据触元受力计算得出的更多的表面受力信息。

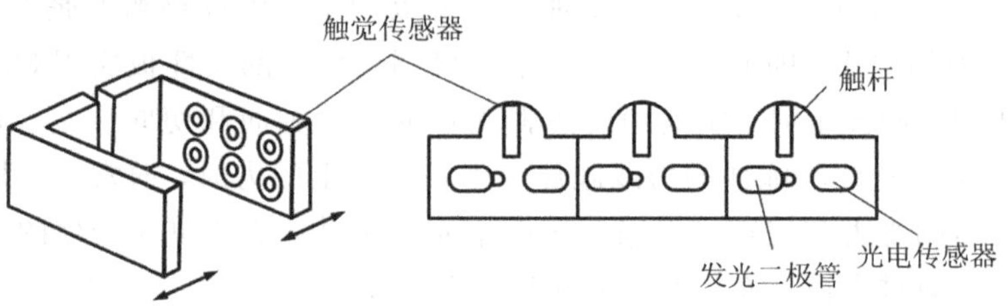

图 5-15 机械式触觉传感器

(3) 几何形状：接触区域的位置、接触面的形状，如平面、斜坡、曲面等，或用多次测量汇总出的物体的形状，如球形、圆柱形等。

(4) 机械特性：摩擦特性和弹性等，以及物体的温度特性。

(5) 滑动状况：物体与传感器之间的滑动情况及滑动状态。

很多技术已被用于设计触觉传感器，根据工作原理的不同，触觉传感器可分为半导体式触觉传感器、电磁感应式触觉传感器、电容式触觉传感器、压阻式触觉传感器、光电式触觉传感器、机械式触觉传感器。根据功能的不同，触觉传感器可分为接触式传感器、压觉传感器、滑觉传感器。

1. 接触式传感器

接触式传感器主要辅助机器人完成操作、探测、响应三种行为，在现代机器人的精细作业中运用广泛，常用于机器人末端执行器的接触判定，物体表面硬度、热特性、粗糙度等信息的获取等，使得末端执行器更稳定地完成工作任务。常见的接触式传感器有微动开关、触须式传感器、柔性接触传感器、触觉传感器阵列，如图 5-16 所示。

(1) 微动开关：最简单的接触式传感器。它主要由弹簧和触点构成。触点接触外界物体后离开基板，造成信号通路断开或闭合，从而检测到与外界物体的接触。微动开关的触点间距小、动作行程短、按动力小、通断迅速，具有使用方便、结构简单等优点。微动开关的缺点是易产生机械振荡和触头易氧化，仅有 0 和 1 两个信号。在实际应用中，通常将微动开关和相应的机械装置（探头、探针等）相结合构成一种触觉传感器。

(2) 触须式传感器：与昆虫的触须类似，可以安装在移动机器人的四周，用以发现外界环境中的障碍物。该传感器的控制杆采用柔软的弹性物质制成，相当于微动开关的触点，当触须式传感器触及物体时，接通输出回路，输出电压信号。可在机器人脚下安装多个触须式传感器，依照接通的传感器个数及方位来判断机器人的脚在台阶上的具体位置。

(3) 柔性接触传感器：具有获取物体表面形状二维信息的潜在能力。这种传感器的结构与物体周围的轮廓相吻合，移去物体时，传感器即恢复到最初形状。

(4) 触觉传感器阵列：由若干个感知单元组成阵列结构，用于感知目标物体的形状。

2. 压觉传感器

压觉传感器在机器人的手部和足部应用较多，其检测手部抓取物体时的压力，用来控制抓取力，保证抓取力不会过大而将物体损坏。例如，抓取鸡蛋、西红柿等物体时，压觉传感器可以很好地控制力度。机器人足部的压觉传感器能用来控制机器人的步态，实现稳定走动。常见的压觉传感器包括电容式压觉阵列、电阻式压觉阵列和微机电压觉阵列，如图 5-17 所示。

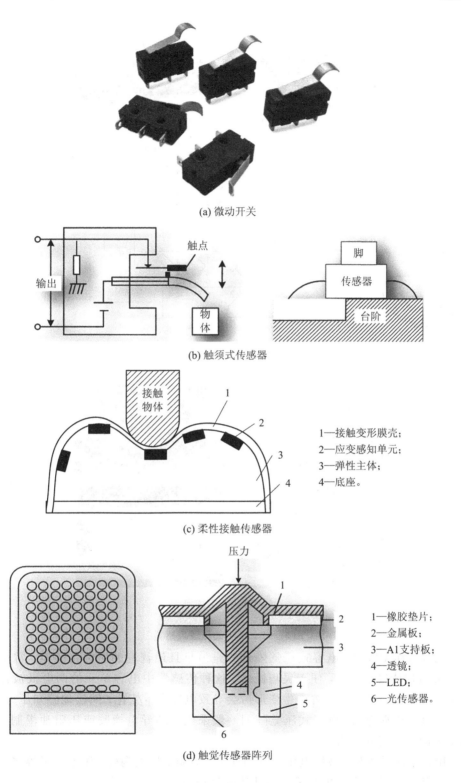

图 5-16 常见的接触式传感器

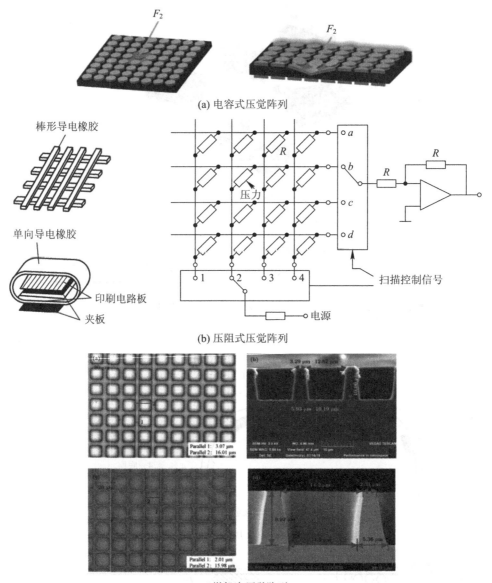

(a) 电容式压觉阵列

(b) 压阻式压觉阵列

(c) 微机电压觉阵列

图 5-17 常见的压觉传感器

（1）电容式压觉阵列。电容式压觉阵列式是最早且最普遍的压觉传感器，常用于嵌入机器人指尖与物体接触部分，便于灵巧操作。这种传感器中电容单元的两电极被弹性介质分开，在机器人接触部分因受力产生变形后会导致电容发生变化，间接地感知压力大小。

（2）电阻式压觉阵列。电阻式压觉阵列一般采用模塑导电橡胶或压阻油墨制作，通过受力后的电阻变化感知压力。

（3）微机电压觉阵列。微机电压觉阵列通常采用硅、压电陶瓷、压电薄膜等多层复合结构嵌入弹性体中来模拟人类皮肤感知弹性体中复杂的应力变化。

3. 滑觉传感器

滑觉是物体与感觉器官有相对位移趋势时的感觉。机器人在抓取不知属性的物体时，其自身应能确定最佳握紧力的给定值。当握紧力不够时，滑觉传感器检测被提物体的滑动，利用该检测信号，在不损害物体的前提下，考虑采取最可靠的夹持方法握紧物体。因此，压觉通常用于控制末端夹持器的握力，而滑觉用于检测滑动以及修正设定的握力值以防止滑动。常见的滑觉传感器有滚动式滑觉传感器、球式滑觉传感器和振动式滑觉传感器，如图 5-18 所示，它们的不同点是转换滑动的形式不同。总的来说，当传感器接触表面产生滑动时，滑觉感知器先将滑动转换成转动，再进行检测。

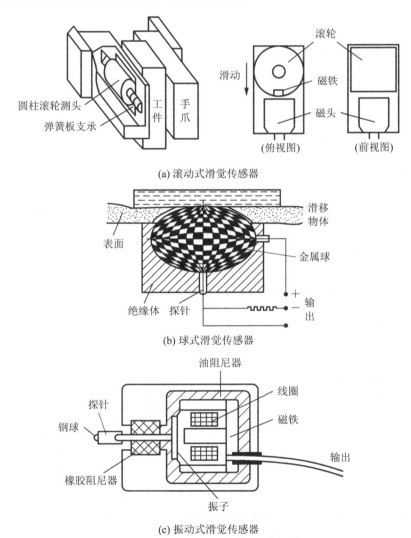

图 5-18 常见的滑觉传感器

（1）滚动式滑觉传感器。滑动引起滚轮转动，带动磁铁发生偏转，通过检测磁铁与磁头处的磁阻变化量得出滑动量。

（2）球式滑觉传感器。这类传感器由金属球和探针组成，金属球表面依次排列着导电与绝缘小方格。滑动带动金属球转动,根据探针上探测的脉冲信号的频率可以测得滑动速度和滑动位移。

(3) 振动式滑觉传感器。当探针的钢球与滑动物体接触时,物体的滑动引起探针振动,依据内部感应线圈输出的信号来判定物体是否滑动。

5.3.2 接近觉传感器

接近觉传感器是检测物体接近程度的传感器。接近程度可表示物体的来临、靠近或出现、离去或失踪等,其检测目的是在接触到物体前得到必要的信息并反馈处理。接近觉传感器在生产过程和日常生活中广泛应用,它除可用于检测计数外,还可与继电器或其他执行元件组成接近开关,以实现设备的自动控制和操作人员的安全保护。特别是当机器人发现前方有障碍物时,可限制机器人的运动范围,以避免其与障碍物发生碰撞等。接近觉传感器是传统检测方式的拓展应用,其可分为电容式接近觉传感器、电感式接近觉传感器、光电式接近觉传感器、超声波式接近觉传感器等,它们都是在机器人外部感知系统上进行加装设计的。

5.3.2

1. 电容式接近觉传感器

电容式接近觉传感器利用电容量的变化感知接近物体,其实物图及原理图如图 5-19 所示。电容式接近觉传感器本身作为一个极板,被接近物体作为另一个极板,将该电容接入电桥电路或 RC 振荡电路,利用电容极板距离变化产生的电容变化可以检测出被接近物体的距离。电容器的电容值受极板间距、相对面积和极板间介电系数的影响,其表达为

$$C = \frac{\varepsilon A}{d} = \frac{\varepsilon_0 \varepsilon_r A}{d} \tag{5-9}$$

式中,d 为极板间距,A 为两极板相对面积,ε 为极板间介电常数,ε_0 为真空介电常数,ε_r 为介质材料的相对介电常数。

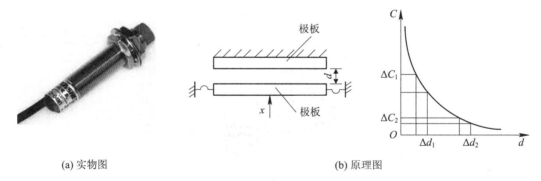

(a) 实物图　　　　　　　　　　　　　(b) 原理图

图 5-19　电容式接近觉传感器的实物图及原理图

电容式接近觉传感器的优点是检测对象并不限于金属导体,也可以是绝缘的液体或粉状物体,结构简单、灵敏度高,动态响应特性好,适应性强,价格低廉,其缺点是有泄漏电阻和非线性误差。

2. 电感式接近觉传感器

电感式接近觉传感器的工作原理是电磁感应,即把机器人传感器感知的距离变化转换

为电感量变化。常用的电感式接近觉传感器主要有线圈磁铁式接近觉传感器、电涡流式接近觉传感器以及霍尔式接近觉传感器。

(1) 线圈磁铁式接近觉传感器：由装在壳体内的一小块永磁铁和绕在磁铁上的线圈构成。当被测物体进入永磁铁的磁场时，这种接近觉传感器在线圈里感应出电压信号。

(2) 电涡流式接近觉传感器：由线圈、激励电路和测量电路组成，它的线圈受激励而产生交变磁场，当金属物体接近时就会由于电涡流效应而输出电信号。

(3) 霍尔式接近觉传感器：由霍尔元件或磁敏二极管、三极管构成。当磁敏元件进入磁场时，霍尔式接近觉传感器就产生霍尔电势，从而能检测出引起磁场变化的物体的接近。

3. 光电式接近觉传感器

光电式接近觉传感器主要包括光电开关和光幕。

1) 光电开关

通常我们所说的光电式接近觉传感器也叫光电开关，其主要通过检测物体对光束的遮挡或反射，把光信号转化为电信号，从而检测物体的有无、位置变化情况、颜色等信息。在光电式接近觉传感器中，发光二极管(或半导体激光管)的光束轴线和光电三极管的轴线在一个平面上，并成一定的夹角，两轴线在传感器前方交于一点。当被检测物体表面接近交点时，发光二极管的反射光被光电三极管接收，产生电信号。当物体远离交点时，反射区不在光电三极管的视角内，检测电路没有输出。

光电开关一般由发射器、接收器和检测电路三部分构成，如图5-20所示。发射器对准目标发射光束，发射的光束一般来自半导体光源，如发光二极管(LED)、激光二极管及红外发射二极管。工作时，发射器不间断地发射光束，或者改变脉冲宽度。接收器由光电二极管、光电三极管、光电池组成，在接收器的前面装有光学元件，如透镜和光圈等。

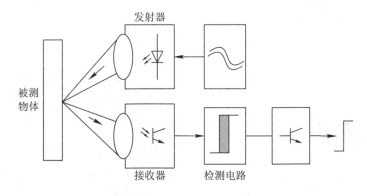

图5-20 光电开关组成

根据检测方式的不同，光电开关可分为对射式光电开关、漫反射式光电开关、镜面反射式光电开关、槽式光电开关和光纤式光电开关。

(1) 对射式光电开关。对射式光电开关由发射器和接收器组成，两者在结构上是相互分离的，在光束被中断的情况下会产生一个开关信号变化。对射式光电开关典型的方式是位于同一轴线上的光电开关可以相互分开较远距离，用于辨别不透明的反光物体，且不易受干扰。

(2)漫反射式光电开关。漫反射式光电开关是指当开关发射光束时,目标产生漫反射,发射器和接收器构成单个的标准部件。当有足够的组合光返回接收器时,开关状态发生变化。漫反射式光电开关的特征是有效作用距离由目标的反射能力、目标表面性质和颜色决定,对目标上的灰尘敏感和对目标变化了的反射性能敏感。

(3)镜面反射式光电开关。镜面反射式光电开关由发射器和接收器构成,从发射器发出的光束被对面的反射镜反射,即返回接收器,当光束被中断时,会产生一个开关信号的变化。光的通过时间是两倍的信号持续时间。这种光电开关可辨别物体的透明程度。

(4)槽式光电开关。槽式光电开关通常是标准的 U 型结构,其发射器和接收器分别位于 U 型槽的两边。当被检测物体经过 U 型槽且阻断光轴时,光电开关就产生了检测到的开关量信号。槽式光电开关比较安全可靠,适合检测高速变化以及分辨透明与半透明物体。

(5)光纤式光电开关。光纤式光电开关采用塑料或玻璃光纤传感器引导光线,以实现被检测物体不在相近区域的检测。

2)光幕

众所周知,当机器人系统处理大型工件时,可能具有一个大范围的运动空间。为了适应机器人系统的最大运动范围,系统周围的机械式防护装置便需要扩大保护范围,以保证机器人执行任务时不会与周边防护产生干涉。显然,以这样的理念设计的防护结构可能造成资源的极度浪费。光幕利用光电感应原理制成,由发光器和受光器两部分组成。发光器发射出调制的红外光,由受光器接收,形成保护光幕网。当有物体进入保护网或被遮挡时,通过内部控制线路,受光器电路马上做出反应,即输出一个信号给机器人,使机器人停止运行或安全报警,从而避免安全事故的发生。

配置安全光幕的机器人如图 5-21 所示。在机器人可达工作空间外通过红外线发射与接收形成光幕隔离屏障,当光幕被遮挡时(遮挡大小可以依据生产需要调节),控制具有潜在危险的机械设备停止,响应时间通常是毫秒级的,非常可靠地保护了人身安全。

图 5-21 配置安全光幕的机器人

4. 超声波式接近觉传感器

超声波式接近觉传感器是移动机器人避障、测距时常用的传感器之一,其也可用来测量物体的距离。超声波式接近觉传感器由超声波发射器和接收器组成,如图 5-22 所示。超声波发射器会发射一组高频声波,其频率一般为 40~45 kHz,当声波遇到物体后,就会被反弹回,并被超声波接收器接收。通过计算声波从发射到返回的时间,再乘以声波在媒介中的传播速度(344 m/s,空气中),就可以获得物体相对于传感器的距离。对于机器人的应用来说,超声波式接近觉传感器主要用来探测物体的距离以及相对于传感器的方位,以便可以进行避障动作。

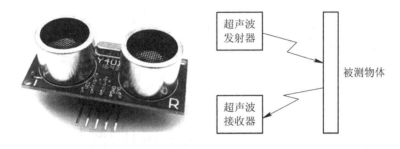

图 5-22 超声波式接近觉传感器

超声波式接近觉传感器适用于光亮表面、透明物体或粉尘较重及高湿度环境。在不考虑颜色或形状的情况下,超声波式接近觉传感器的精度可达毫米级,其特征是性价比高,硬件实现简单,容易受到外界环境干扰。通常,单个的超声波式接近觉传感器仅用于测距和避障,难以实现目标的形状识别和多个目标的分类。我们可以设计多个超声波换能器组成的声呐环结构,把它们集中到声呐多路切换电路板上,组成声呐测控系统,以完成更多的测量任务并结合计算机实现同步定位、地图构建以及精准决策。

5.3.3 视觉传感器

人的眼睛是由含有感光细胞的视网膜和作为附属结构的折光系统等部分组成的。人眼的适宜刺激波长是 370~740 nm。在这个可见光的范围内,人脑通过接收来自视网膜的传入信息,可以分辨出视网膜像的不同亮度和色泽,因而可以看清视野内发光物体或反光物体的轮廓、形状、颜色、大小、远近和表面细节等情况。

随着自动化生产对效率和精度控制要求的不断提高,人工检测已经无法满足工业需求,解决的方法就是采用自动检测。从 20 世纪 70 年代机器视觉系统产品出现以来,其已经逐步向处理复杂检测、引导机器人和自动测量几个方面发展,逐渐地消除了人为因素,降低了错误发生的概率。

机器视觉系统是一种非接触式光学传感系统,同时集成软硬件,综合现代计算机、光学、电子技术,能够自动地从所采集到的图像中获取信息或者产生控制动作。机器视觉系统的具体应用需求千差万别,视觉系统本身也可能有多种不同的形式,但都包括以下过程:首先,利用光源照射被测物体,通过光学成像系统采集视频图像,相机和图像采集卡将光学图像转换为数字图像;然后,计算机通过图像处理软件对图像进行处理,分析获取其中的有用信息,这是整个机器视觉系统的核心;最后,图像处理获得的信息最终用于对对象(被测物体、环境)的判断,并形成对应的控制指令,发送给相应的机构。在整个过程中,被测对象的信息反映为图像信息,进而经过分析,从中得到特征描述信息,最后根据获得的特征进行判断和动作。

机器人视觉传感器是通过光学装置和非接触式传感器自动地接收和处理一个真实物体的图像,以获得所需信息或控制机器人运动的装置。机器视觉系统如图 5-23 所示。一个典型的机器视觉系统包括光源、镜头、相机(包括 CCD 相机和 COMS 相机)、图像处理单元(或图像捕获卡)、图像处理软件、监视器、通信/输入输出单元等。

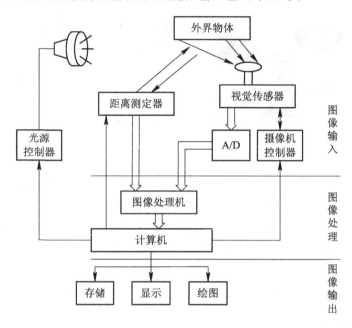

图 5-23 机器视觉系统

机器视觉系统模拟人的视觉功能,从客观事物的图像中提取信息,进行处理并加以理解,最终用于实际检测、测量和控制,其主要功能有以下几个方面:

(1) 定位:找到目标物体并精准定位,引导机器人末端移动。

(2) 测量:测量目标物体的尺寸,如长、宽、高、体积、表面积等。

(3) 检查:确认产品质量,检查有无缺陷。

(4) 识别:识别指定内容,如二维码、光学字符等。

随着计算机技术、现场总线技术的发展日臻成熟,机器视觉技术已是现代加工制造业不可或缺的一项技术,广泛应用于食品和饮料、化妆品、制药、建材和化工、金属加工、电子制造、包装、汽车制造等行业。例如,印刷电路板的视觉检查、钢板表面的自动探伤、大型工件平行度和垂直度的测量、容器容积或杂质的检测、机械零件的自动识别和几何尺寸的测量等都用到了机器视觉技术。机器视觉技术具有精度高以及连续性、灵活性、标准性等特点。

(1) 精度高:机器视觉系统能够对多个目标进行空间测量。由于测量是非接触式的,因此对目标没有损伤和危险,且具有极高的精度。

(2) 连续性:机器视觉系统可以连续工作,减轻人们劳动负担。因为没有人工操作者,也就没有了人为造成的停机错误。

（3）灵活性：机器视觉系统能够进行各种不同信息的获取或测量，根据测量对象的改变，只需对软件做相应改变或升级就可适应新的需求。

（4）标准性：机器视觉系统的核心是视觉图像技术，因此不同厂商的机器视觉系统产品的标准是一致的，这为机器视觉技术的广泛应用提供了极大的方便。

5.4 机器人感知系统运动控制实例

5.4.1 焊接机器人

焊接作为现代加工制造领域中的重要连接方法，已经越来越多地渗透到各行业各领域中多品种、多类型的材料加工中。在传统制造领域中，大多使用手持式焊接方式，其对焊接工人的要求相对较高，焊接效率低下。且伴随焊接产品形式的多样化、复杂化，手持式焊接方式仍难以满足高效、优质的焊接要求。随着机器人焊接方式的出现，焊接生产效率获得大幅提高，同时焊接灵活性得到明显增加。在焊缝形式相对单一、焊接场合相对固定的条件下，采用一般的机器人示教编程方式尚可自由应对。但由于所焊工件形式的多样化、复杂化，普通的机器人焊接方式在应对焊缝轨迹不统一的场合时仍需大量人工示教，同样难以快速适应小批量的多领域、多形式的焊接生产，这在一定程度上仍会限制相关焊接领域的快速发展。

近年来，焊缝识别跟踪技术的出现对机器人焊接领域的发展起到了明显的促进作用。采用焊缝识别跟踪技术可以主动识别不同的焊缝特征，应对不同形式的、具有复杂轨迹的焊缝，使机器人自主示教进行焊接作业，从而大幅提升了焊接稳定性和焊接效率。焊缝识别跟踪技术主要包括焊缝识别、焊缝特征提取、焊缝跟踪控制。焊缝识别与焊缝特征提取是指首先利用特定的传感器对焊缝特征类型进行识别定义；然后根据不同类型焊缝在传感器中的成像，并通过特定的图像处理算法，将识别提取到的焊缝特征最终转换成三维坐标系；最后焊接机器人根据所获得的焊缝特征信息进行自动识别、校正和跟踪，即通过传感器获取实时焊缝位置信息后建立数学模型，根据相关特征信息实时调整焊枪位置，使之实现高效率、高质量的焊接。

传统的电容式、电感式、超声波式接近觉传感器都可以用于焊缝的识别。但视觉传感器的功能更为全面，它可以通过捕获诸如电弧形态、熔池轮廓等信息提供决策支撑，其获取的焊缝特征具有信息丰富、抗干扰能力强、灵敏度与精度高且与工件不接触等优点，适用于各种焊接形式，逐渐发展成为焊缝跟踪系统中的主流传感器。

视觉传感器主要依靠焊缝中反馈回的光源信息进行特征识别。焊缝识别跟踪技术的原理如图 5-24 所示。摄像机直接安装在焊接机器人末端焊枪附近，根据摄像机对焊缝扫描图像的处理结果，获得焊前区截面的参数曲线，计算机根据参数计算出焊枪对焊缝中心的相对偏移量，然后向机器人发出位置控制指令以校正其运动，直至末端焊枪的移动偏移量为零。

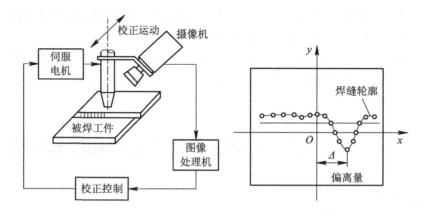

图 5-24 焊缝识别跟踪技术原理

激光传感器也可以胜任视觉工作,其工作原理是将激光投射到焊缝表面,形成具有一定特征的激光条纹并由视觉传感器进行焊缝特征信息提取,进而识别焊缝特征点位置,如图 5-25 所示,后续焊接机器人依据相关信息进行焊接位置实时校准。激光焊缝跟踪基本流程如图 5-26 所示。

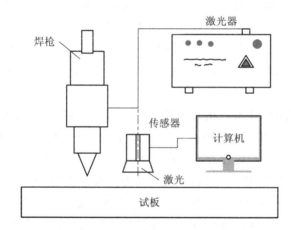

图 5-25 激光传感器的工作原理

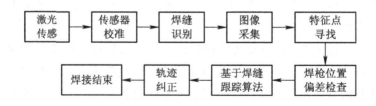

图 5-26 激光焊缝跟踪基本流程

5.4.2 装配机器人

自动装配作业的内容主要是将一些对应的零件装配成一个部件或产品,包括零件的装入、压入(动画点击)、铆接、嵌合、黏结(动画点击)、涂封和拧螺丝等作业,此外还包括一些为装配工作服务的作业,如输送、搬运、码垛、监测、安置等。

一个具有柔性的自动装配作业系统基本上具有以下几个功能。

(1) 搬运工件:识别工件,将工件搬运到指定的安装位置,实现工件的高速分流输送等。

(2) 定位系统:决定工件、作业工具的位置。

(3) 供给零件或装配所使用的材料。

(4) 装配零部件。

(5) 监测和控制。

装配零部件是机器人装配生产的核心步骤。箱体中轴与轴承的装配示意图如图 5-27 所示。机器人将轴与轴承装配到箱体中的过程要求精度非常高,以前都是由十分熟练的工人配合高精度机械多次尝试完成的。机器人在精确定位、轨迹控制和力控制方面已经达到极优的水平,能够全自动完成装配过程。目前,机器人零部件装配向着数字化、协调装配的方向发展,通过视觉调节、力学传感、过程控制等方式使整个装配过程达到高精度、高稳定性的目标。

图 5-27 箱体中轴与轴承的装配示意图

装配过程中的监测与控制需要机器人控制系统将通过各种传感器得到的数据收集、处理与计算后再反馈到机器人的调节中,因此带有传感器的装配机器人可以更好地顺应对象物进行柔软的操作。装配机器人经常使用的传感器有以下几种。

(1) 触觉传感器:用于判定物体的接触与接触力。

(2) 视觉传感器:用于零件或工件的位置补偿,零件的判别、确认等。

(3) 接近觉传感器:用于判断物体的距离。

(4) 力觉传感器:固定在指端,用于补偿零件或工件的位置误差,或装在腕部,用于检测腕部受力情况。

5.4.3 移动机器人

移动机器人是指能够沿规定的引导路径行驶,具有安全保护以及各种移载功能的运输机器人,其主要由作业机器人和轮式移动装置两部分组成。图 5-28 所示是具备自主移动功能的装配机器人。移动部分由超声波传感器、激光测距传感器和视觉传感器组成,可实现自动避障、规划路径、识别目标等功能。作业部分主要集中在机械臂末端,由力觉传感器和触觉传感器组成,可实现抓取、精准定位工件等功能。

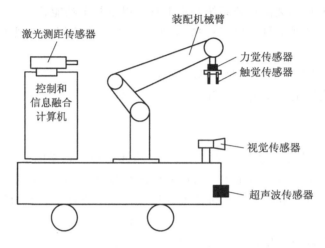

图 5-28 具有自主移动功能的装配机器人

轮式移动机器人是最常见的无轨行走机器人中的一种,除此以外,还有履带、多足仿生等多种移动形式的机器人,常见的自动导向车(automated guided vehicle,AGV)、移动搬运机器人等都属于轮式移动机器人,其移动装置的基本要求如下:

(1) 可以从某工作地点移动到另一个工作地点,具有一定的定位精度;
(2) 根据工作任务要求能正确定向,并具有一定的定向精度;
(3) 能回避障碍和避免碰撞,具有一定的机动性和灵活性;
(4) 具备一定的行走速度,具有较高的工作效率;
(5) 具有良好的行走稳定性和作业稳定性;
(6) 具有一定的运输能力,自重与承载比小;
(7) 具有非接触式导行能力。

在工业生产中,AGV(如图 5-29 所示)是轮式移动机器人的典型应用。AGV 是指装备有电磁或光学等自动导引装置,能够沿规定的引导路径行驶,具有安全保护以及各种移载功能的运输车。AGV 的行进方式有两种,即固定路径引导方式和自由路径引导方式。

图 5-29 AGV

(1) 固定路径引导方式。固定路径引导方式是指在预定行驶的路径上设置引导用的媒介物，使小车在行驶的过程中检测到媒介物，引导小车按照预设路径引导。根据引导用的信息媒介物不同，固定路径引导方式主要有光学引导、电磁引导等。AGV 固定路径引导方式如图 5-30 所示。图中电磁引导是在行驶路径的地面下挖槽并铺设电缆，通过低压、低频电流产生磁场，使 AGV 上的两个感应线圈通过检测出磁场强弱来辨别偏离方向。光学引导是在预定行驶的路径上涂上与地面有明显色差的漆带，使 AGV 上两侧的光学检测元件通过检测亮度的不同来辨别偏离方向。

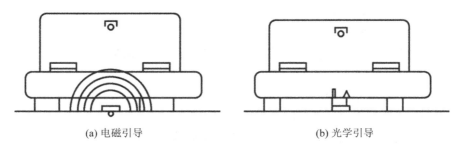

(a) 电磁引导　　　　　　　　　　(b) 光学引导

图 5-30　AGV 固定路径引导方式

（2）自由路径引导方式。自由路径引导方式是指在 AGV 上储存着行驶区域布局上的尺寸坐标，通过一定的方法识别车辆当前方位，使小车自主地决定路径。该引导方式主要有以下四种方法。

① 路径轨迹推算引导法。安装于车轮上的光电编码器组成差动仪，测出每一时刻车轮转过的角度以及沿某一方向行驶过的距离。在 AGV 的计算机中储存着距离表，通过与利用测距法所得的方位信息比较，AGV 就能算出从某一参数点出发的移动方向。

② 惯性引导法。在 AGV 上装有陀螺仪，引导系统从陀螺仪的测量值推导出 AGV 的位置信息，车载计算机算出相对于路径的位置偏差，从而纠正小车的行驶方向。

③ 环境映射引导法。环境映射引导法也称为计算机视觉法。通过对周围环境的光学或超声波映射，AGV 周期性地产生周围环境的当前映像，并将其与计算机系统中存储的环境地图进行特征匹配，以此来判断 AGV 的当前方位，从而实现正确行驶。

④ 激光导航引导法。在 AGV 的顶部放置一个沿 360°方向按一定频率发射激光的装置，同时在 AGV 四周的一些固定位置上放置反射镜片。当 AGV 行驶时，不断接收从 3 个已知位置反射来的激光束，经过运算就可以确定 AGV 的正确位置，从而实现引导。

5.5　本章小结

本章针对机器人传感系统，从基础的系统描述，传感器的定义、分类、性能指标等方面回顾了传感器知识，并针对机器人传感器的选型及使用要求进行了阐述。

本章的核心内容是机器人内部及外部传感器的工作原理及应用特点，不同传感器的结构设计对测量效果的影响，多传感器融合的机器人的应用以及同类传感器特点的对比和未来的发展方向等。最后对移动机器人、焊接机器人、装配机器人中传感器的应用进行了更为详细的说明。

5.6 课后习题

1. 填空题：传感器主要由_____、_____、和_____三部分组成。
2. 填空题：机器人传感器一般可分为_____和_____两大类。
3. 填空题：光电编码器是通过光电转换将输出轴上的_____或_____转换成脉冲或数字量的传感器。
4. 填空题：机器人通过触觉传感器可以获得接触、力、几何形状、_____、_____等信息。
5. 填空题：机器视觉系统的主要功能有_____、_____、_____、_____。
6. 简答题：机器人传感器选用时应考虑哪些方面？
7. 简答题：绝对式光电编码器和相对式光电编码器的工作原理有什么不同？它们各有什么特点？
8. 简答题：常用的机器人接近觉传感器有哪些？在实际应用中它们有何区别？
9. 简答题：机器人视觉技术有哪些特点？
10. 简答题：机器人在焊接作业中如何完成焊缝定位和追踪？

第6章 直流伺服电机及其驱动控制技术

伺服系统是以机械参数为控制对象的自动控制系统。在伺服系统中,输出量能够自动、快速、准确地跟随输入量变化,因此又称之为随动系统或自动跟踪系统。机械参数主要包括位移、角度、力、转矩、速度和加速度。

近年来,随着微电子技术、电力电子技术、计算机技术、现代控制技术、材料技术的快速发展以及电机制造工艺水平的逐步提高,伺服技术已迎来了新的发展机遇,伺服系统由传统的步进伺服、直流伺服发展到以永磁同步电机、感应电机为伺服电机的新一代交流伺服系统。

目前,伺服系统不仅在工农业生产以及日常生活中得到了非常广泛的应用,而且在许多高科技领域(如机器人、激光加工、数控机床、大规模集成电路制造、办公自动化设备、卫星姿态控制、雷达和各种军用武器随动系统、柔性制造系统以及自动化生产线等)中也得到了广泛的应用。

"伺服系统"源自"servo system",指经由闭环控制方式达到一个机械系统的位置、速度或加速度的控制。伺服的概念应该从控制任务的层面去理解,伺服的任务就是要求执行机构能够快速、平滑、精确地执行上位控制装置的指令要求。

一个伺服系统的构成通常包含被控对象、执行器(actuator)、控制器(controller)等几部分,机械臂、机械工作平台通常作为被控对象。执行器的功能是提供被控对象的动力,它包含了电机与功率放大器。特别设计的应用于伺服系统的电机称为伺服电机(servo motor),通常内含位置反馈装置,如光电编码器、旋转变压器(resolver)。目前,主要应用于工业界的伺服电机包括直流伺服电机、永磁交流伺服电机、感应交流伺服电机,其中永磁交流伺服电机占绝大多数。控制器的功能在于提供整个伺服系统的闭路控制,如扭矩控制、速度控制、位置控制等。目前,一般工业用伺服驱动器(servo driver)通常包含控制器与功率放大器。图6-1所示为一般工业用伺服系统组成框图。

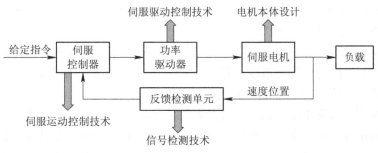

图6-1 一般工业用伺服系统组成框图

伺服系统的发展一般涉及多个学科知识。例如，伺服控制器的精度由伺服运动控制技术决定，功率驱动器的精度由伺服驱动控制技术决定，伺服电机的精度由电机本体设计技术决定，反馈检测单元由信号检测技术决定，它们共同决定着伺服系统的精度。

按照"伺服系统"的概念，伺服电机并非单指某一类型的电机，只要是在伺服系统中能够满足任务所要求的精度、快速响应性以及抗干扰性，就可以称之为伺服电机。通常，为能够达到伺服控制的性能要求，控制电机都需要具有位置/速度检测部件。表 6-1 和表 6-2 所示为电机的不同分类形式。

表 6-1 按照原理分类

电机	直流伺服电机		电磁式直流伺服电机	
		永磁式直流电机	有刷直流伺服电机	
			无刷直流伺服电机	
	交流伺服电机	异步电机	三相异步电机	笼型异步电机
				绕线型异步电机
			单相/两相异步电机	
		同步电机	永磁式同步电机	
			电磁式同步电机	
			磁阻电机	
	步进电机		齿极型步进电机	
			VR 型步进电机	
			PM 型步进电机	
			HB 型步进电机	

表 6-2 按结构分类

电机	旋转电机	内转子型电机
		外转子型电机
	直线电机	直流直线电机
		直线步进电机
		交流直线电机

伺服系统性能的基本要求如下：

(1) 精度高。伺服系统的精度是指输出量能复现输入量的精确程度。

(2) 稳定性好。稳定性是指系统在给定输入或外界干扰的作用下，能在短暂的调节过程后，达到新的或者恢复到原来的平衡状态。

(3) 快速响应。响应速度是伺服系统动态品质的重要指标，它反映了系统的跟踪精度。

(4) 调速范围宽。调速范围是指生产机械要求电机能提供的最高转速和最低转速之比。

(5) 低速大转矩。在伺服系统中，通常要求在低速时为恒转矩控制，电机具有较大的输出转矩；在高速时为恒功率控制，电机具有足够大的输出功率。

(6)能够频繁地启动、制动以及正反转切换。

6.1 直流伺服电机的结构

6.1.1 有刷直流伺服电机的结构

有刷直流伺服电机一般由外壳、定子轭、转子铁芯、转子电枢绕组、永磁体、换向器、电刷、端盖等构成,其具体结构如图 6-2 所示。有刷直流伺服电机的结构本质上是直流电机加上编码器。

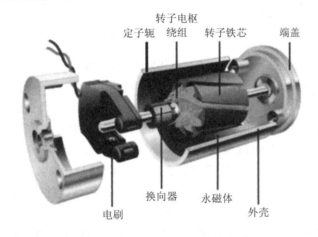

图 6-2 有刷直流伺服电机的结构

由于永磁体提供的磁场有限,有时候用电励磁替代永磁体励磁,因此就形成了如图 6-3 所示的直流伺服电机(即电励磁电机)的结构。除上述结构外,这种直流伺服电机一般还包括换向极绕组。

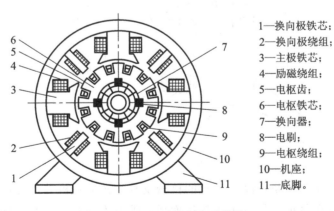

1—换向极铁芯;
2—换向极绕组;
3—主极铁芯;
4—励磁绕组;
5—电枢齿;
6—电枢铁芯;
7—换向器;
8—电刷;
9—电枢绕组;
10—机座;
11—底脚。

图 6-3 电励磁电机的结构

1. 定子部分

由于直流伺服电机的定子励磁方式可以分为永磁体励磁和电枢绕组励磁两种,因此定子结构也各不相同。

定子为永磁体励磁的直流伺服电机的定子结构相对简单,一般由交错排布的永磁铁黏接在轭部形成,如图6-4所示。如果永磁体按照图6-4(a)所示的方式排列,则其轭部材料为非导磁性材料;如果永磁体按照图6-4(b)所示的方式排列,则其轭部材料为导磁性材料。

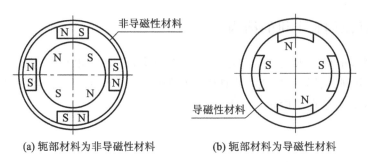

图6-4 永磁体励磁定子结构

定子为电枢绕组励磁的直流伺服电机的定子结构相对复杂,一般由主磁极、电刷装置和机座构成。主磁极的作用是产生主磁场,它由主磁极铁芯和套在铁芯上的励磁绕组构成,如图6-5所示。当励磁绕组中通有直流励磁电流时,定子和转子的气隙中会形成一个恒定的主磁场。图6-5中磁极下面截面较大的部分称为极靴,极靴表面沿圆周的长度称为极弧,极弧与相应的极距之比称为极弧系数,通常为0.6～0.7。极弧的形状对电机的运行性能有一定影响,它能使气隙中的磁通密度按一定规律分布。当电枢旋转时,齿、槽依次掠过极靴表面,形成的磁通密度变化会在铁芯中产生涡流和磁损耗。为减少损耗,主磁极铁芯通常用1～1.5 mm厚的导磁钢片叠压而成,然后固定在磁轮上。各主磁极铁芯上套有励磁绕组,励磁绕组之间可串联,也可并联。主磁极成对出现,沿圆周N、S极交替排列。

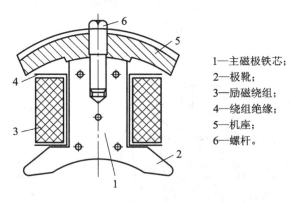

1—主磁极铁芯;
2—极靴;
3—励磁绕组;
4—绕组绝缘;
5—机座;
6—螺杆。

图6-5 主磁极

一般,直流伺服电机的机座既是电机的机械支撑,又是磁极外围磁路闭合的部分,即磁廓,因此机座用导磁性能较好的钢板焊接而成,或用铸钢制成。机座两端装有带轴承的端盖。电刷固定在机座或端盖上,一般电刷数等于主磁极数。电刷装置由电刷、刷握、刷杆、弹簧压板和座圈等组成,如图6-6所示。电刷一般用石墨制成,装于刷握中,并用弹簧压板压住,保证电枢转动时电刷与换向器表面有良好的接触。电刷装置将电枢电流由旋转的换向器通过静止的电刷与外部直流电路接通。

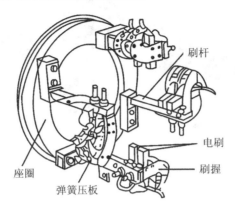

图 6-6 电刷装置

2. 转子部分

转子由电枢铁芯、电枢绕组和换向器组成，如图 6-7 所示。电枢铁芯是主磁路的组成部分，为了减少电枢旋转时铁芯中磁通方向不断变化而产生的涡流和磁损耗，电枢铁芯通常由 0.5 mm 厚的硅钢片叠压而成，叠片间有一层绝缘漆。硅钢片如图 6-8 所示，图中环绕轴孔的一圈小圆孔为轴向通风孔。较大的电机还有径向通风系统，即将铁芯分为几段，段与段之间留有约为 10 mm 的通风槽，构成径向通风道。电枢铁芯的外缘均匀地冲有齿和槽，一般为平行矩形槽。

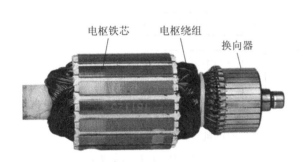

图 6-7 转子结构

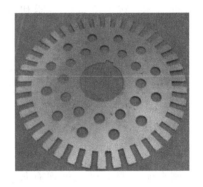

图 6-8 硅钢片

电枢绕组由绝缘导体绕成线圈嵌放在电枢铁芯槽内，每一线圈有两个端头，按一定规律连接到相应的换向片上，全部线圈组成一个闭合的电枢绕组。电枢绕组是直流伺服电机的功率电路部分，也是产生感应电动势、电磁转矩和进行机电能量转换的核心部件，绕组的构成对电机的性能产生重要影响。

换向器由许多彼此绝缘的换向片组合而成，如图 6-9 所示。它的作用是将电枢绕组中的交流电动势用机械换向的方法转变为电刷间的直流电动势，或反之。换向片可为燕尾形，升高部分分别焊入不同线圈的两个端点引线，片间用云母片绝缘，排成一个圆筒形。目前，小型直流伺服电机改用塑料热压成形，简化了工艺，节省了材料。

图 6-9 换向器

6.1.2 无刷直流伺服电机的结构

众所周知,有刷直流伺服电机的电枢绕组要产生旋转的磁场,必须有滑动的接触机构——电刷和换向器,通过它们把电流馈给旋转着的电枢。无刷直流伺服电机却与有刷直流伺服电机相反,它具有旋转的磁场和固定的电枢。这样,电子换向线路中的功率开关器件(如晶闸管、晶体管、功率 MOSFET 或 IGBT(绝缘栅双极型晶体管)等)可直接与电枢绕组连接。在电机内,装有一个转子位置传感器,用来检测转子在运行过程中的位置,它与电子换向线路一起,替代了有刷直流伺服电机的机械换向装置。综上所述,无刷直流伺服电机由电机本体、转子位置传感器和电子换向线路三大部分组成,如图 6-10 所示。

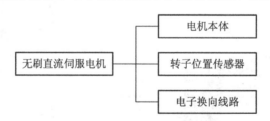

图 6-10 无刷直流伺服电机组成

无刷直流伺服电机的外观有很多种,常见的如图 6-11 和图 6-12 所示。

图 6-11 无刷直流伺服电机外观一　　图 6-12 无刷直流伺服电机外观二

无刷直流伺服电机的本体的主要部件有转子和定子。首先,它们必须满足电磁方面的要求,保证在工作气隙中产生足够的磁通,电枢绕组允许通过一定的电流,以便产生一定的电磁转矩;其次,它们要满足机械方面的要求,保证机械结构牢固和稳定,能传送一定的转矩,并能经受住一定环境条件的考验。此外,对于转子和定子,还要考虑节约材料、结构简单紧凑、运行可靠和温升不超过规定的范围等要求。无刷直流伺服电机结构示意图如图 6-13 所示。

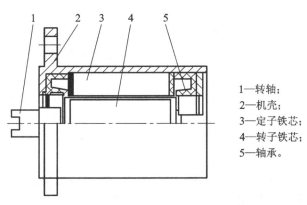

1—转轴;
2—机壳;
3—定子铁芯;
4—转子铁芯;
5—轴承。

图 6-13 无刷直流伺服电机结构示意图

1. 定子部分

定子是电机本体的静止部分,由导磁的定子铁芯、导电的电枢绕组及固定铁芯和绕组用的一些零部件、绝缘材料、引出部分等组成。

(1) 定子铁芯。定子铁芯一般由硅钢片叠成,选用硅钢片的目的是减少主定子的铁耗。硅钢片冲成带有齿槽的环形冲片,在槽内嵌入放电枢绕组,槽数视绕组的相数和极对数而定。为减少铁芯的涡流损耗,冲片表面涂绝缘漆或磷化处理。为了减少噪声和寄生转矩,定子铁芯采用斜槽,一般斜一个槽距。组装定子部分时,先将叠装后的铁芯槽内放置槽绝缘和电枢线圈,然后整形、浸漆,最后把主定子铁芯压入机壳内。有时为了增加绝缘和机械强度,还需要采用环氧树脂进行灌封。

图 6-14 所示为图 6-13 所示无刷直流伺服电机的定子铁芯。

图 6-14 定子铁芯

(2) 电枢绕组。电枢绕组是电机本体的一个最重要部件。当电机接上电源后，电流流入绕组，产生磁动势，与转子产生的励磁磁场相互作用而产生电磁转矩。当电机带着负载转起来以后，便在绕组中产生反电动势，吸收一定的电功率，并通过转子输出一定的机械功率，从而实现了将电能转换成机械能。显然，绕组在实现能量的转换过程中起着极其重要的作用。因此，对绕组的要求有两方面：一方面它能通过一定的电流，产生足够的磁动势以得到足够的转矩；另一方面它的结构简单，运行可靠，并应尽可能节省材料。

绕组一般分为集中绕组和分布绕组两种，其中集中绕组的工艺简单，制造方便，但因绕组集中在一起，空间利用率差，发热集中，对散热不利；分布绕组的工艺较复杂，但能克服集中绕组的一些不足。绕组由许多线圈连接而成，每个线圈也叫绕组元件，由漆包线在绕线模上绕制而成。线圈的直线部分放在铁芯槽内，其端接部分有两个出线头，把各个线圈的出线头按一定规律连接起来即可得到主定子绕组。图 6-15 所示为图 6-13 所示的无刷直流伺服电机的定子绕组的接线。

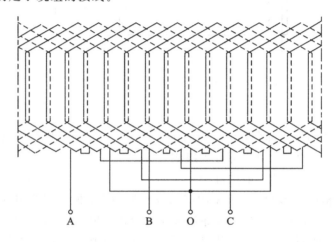

图 6-15 定子绕组接线图

2. 转子部分

转子是电机本体的转动部分，是产生励磁磁场的部件，它由三部分组成，即永磁体、导磁体和支撑零部件。永磁体和导磁体是产生磁场的核心，由永磁材料和导磁材料组成。无刷直流伺服电机常采用的永磁材料有铝镍钴、铁氧体、钕铁硼及高磁能积的稀土钴永磁材料等。导磁材料一般用硅钢、电工纯铁或 1J50 坡莫合金等。

无刷直流伺服电机的转子由一定极对数的永磁体镶嵌在铁芯表面或者嵌入铁芯内部构成。目前，永磁体多采用钕铁硼等高矫顽力、高渗磁感应密度的稀土永磁材料制作而成。无刷直流伺服电机转子的永久磁钢的作用与有刷有流伺服电机中所用的永久磁钢的作用类似，均是在电机气隙中建立足够的磁场，它们的不同之处在于无刷直流伺服电机中的永久磁钢装在转子上，而有刷有流伺服电机中的永久磁钢装在定子上。常见的转子结构所采用的磁极形式有以下三种形式。

(1) 表面粘贴式磁极（又称为瓦形磁极）。表面粘贴式磁极即在转子铁芯外表面粘贴径向充磁的瓦形稀土永磁体，有时也采用矩形小条拼装成瓦形磁极，以降低电机的制造成本。在电机设计过程中，若采用瓦形永磁体径向励磁并取其极弧宽度大于 120° 的电角度，则可以产生方波形式的气隙磁通密度,从而减少转矩波动。无刷直流伺服电机多采用此种结构。

(2) 嵌入式磁极(又称为矩形磁极)。嵌入式磁极即在转子铁芯内嵌入矩形永磁体,这种结构的优点是一个极距下的磁通由相邻的两个磁极并联提供,由于聚磁作用可以提供较大的磁通,因此这种结构需要做隔磁处理或采用不锈钢轴。

(3) 环形磁极。环形磁极即在转子铁芯外套上一个整体稀土永磁环,并且通过特殊方式将环形磁体径向充磁为多极。该种结构的转子制造工艺相对简单,适用于体积和功率较小的电机。

机械支撑零部件主要是指转轴、轴套和压圈等,它们起固定永磁体和导磁体的作用。转轴由非导磁材料(如圆钢或玻璃钢棒等)车磨而成,且具有一定的机械强度和刚度。轴套和压圈通常由黄铜或铝等非导磁材料制成。

3. 电子换向线路

电子换向线路和位置传感器相配合,起到与机械换向类似的作用。所以,电子换向线路也是无刷直流伺服电机实现无接触换向的两个重要组成部分之一。

电子换向线路的作用是将位置传感器的输出信号进行解调、预放大、功率放大,然后触发末级功率晶体管,使电枢绕组按一定的逻辑程序通电,保证电机的可靠运行。

一般来说,对电子换向线路的基本要求是线路简单、运行稳定可靠、体积小、重量轻、功耗小,同时能按照位置传感器的信号进行正确换向和控制,能够实现电机的正反转,并且能满足不同环境条件和长期运行的要求。

6.2 直流伺服电机的原理

6.2

6.2.1 有刷直流伺服电机的原理

要理解有刷直流伺服电机的基本原理,还要从最基本的直流电机进行分析。普通的直流电机是带有电刷的,严格说应该称为直流整流子电机。它能够实现高精度的速度控制,控制实现起来比较容易、效率比较高并且成本较低。而控制电机的最终目的就是使其能够达到高精度、高动态性能、容易控制、高效率。因此,理解直流电机是分析有刷直流伺服电机的基础。

有刷直流伺服电机的基本原理就是利用洛伦兹力定律($f=BIL$)产生转矩。图 6-16 为有刷直流伺服电机的原理,一个载流导体位于一个磁场中,空间上与磁力线垂直,这样会产生一个力(洛伦兹力),它与磁力线和导体垂直。

为了实现连续旋转,需要电刷和换向器,换向器也常称为整流子。有刷直流伺服电机旋转的基本原理如图 6-17 所示。图中换向器由相互绝缘的两片换向片构成,而线圈的两个引出线分别接到换向片上。线圈的上下两个边产生的洛伦兹力使线圈逆时针转起来,当线圈转过 90°时,在电刷和换向器的作用下,流过线圈的电流反向,根据洛伦兹力的原理,产生的力继续维持逆时针方向旋转。

当接上电源后,电流 I 从电刷 A 流进去,经过换向片Ⅰ、线圈 abcd 至换向片Ⅱ,然后

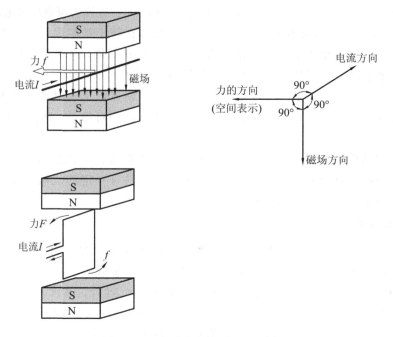

图 6-16 有刷直流伺服电机的原理

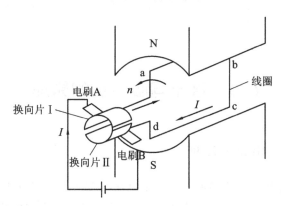

图 6-17 有刷直流伺服电机旋转的基本原理

由电刷 B 流出。根据毕奥·萨伐尔定律可知，如果磁场中有一载流导体，且载流导体的电流方向与磁场方向相互垂直，则作用在载流导体上的电磁力（洛伦兹力）应为 $f=BIL$，其中，I 为流过载流导体的电流，B 为磁通密度，L 为载流导体的有效长度。这个电磁力形成了作用在线圈上的电磁转矩。根据左手定则可知，线圈在这个电磁力的作用下按逆时针方向转动。当载流导体转过 180°电角度后，电流 I 还是从电刷 A 进去，经过换向片Ⅰ、线圈 dcba 至换向片Ⅱ，最后仍从电刷 B 流出。可见，在有刷直流伺服电机中，就是借助电刷和换向器使得在某一磁极下，虽然导体在不断更替，但只要外加电压的极性不变，则位于原磁极下的导体中流过的电流方向始终不变，作用在电枢上的电磁转矩的方向始终不变，电机的旋转方向也始终不变，这就是有刷直流伺服电机的机械换向过程。

事实上，导体的电流方向与磁场方向一直垂直，所以可用图 6-18 所示的励磁电流与电枢电流的关系进一步描述励磁电流与电枢电流之间的关系，即 $f=BIL\sin\theta$，其中 θ 表示磁场方向与电流方向的夹角。如果 θ 为 $90°$，则得出的洛伦兹力最大，也就是说当电流方向与磁场方向垂直时能够有最大的洛伦兹力。这也就给出了在设计电机时让电枢电流与磁场相互正交的原因，因为这样可以使得电机得到最大的洛伦兹力。

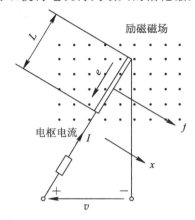

图 6-18 励磁磁场与电枢电流的关系

结合图 6-17，假设外加的电枢电压为 U，则在导体中会感应出一个相反的电动势，方向与导体上原来的电流方向相反，这个电动势称为反电动势，其在分析电机运行时尤为重要。

假设 E 为反电动势，则

$$E = N\frac{\mathrm{d}\Phi}{\mathrm{d}t}$$

式中，N 为电枢绕组的匝数，Φ 为每极下的磁通。

根据有刷直流伺服电机的等效电路(如图 6-19 所示)可知，

$$U = I_a(R_f + R_a) + E_g$$

式中，$R_f + R_a$ 为电枢绕组阻抗，I_a 为电枢电流，U 为电枢电压。

在有刷直流伺服电机中，电流-转矩图以及电压-转速图是理解有刷直流伺服电机运行的关键，它们分别如图 6-20 和图 6-21 所示。

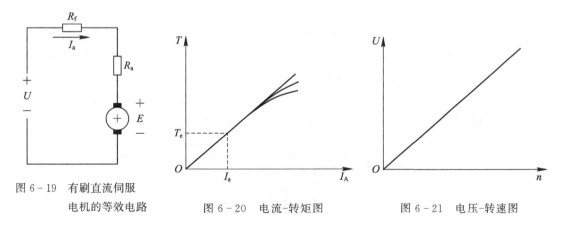

图 6-19　有刷直流伺服电机的等效电路

图 6-20　电流-转矩图

图 6-21　电压-转速图

电流与电磁转矩之间互为正比例，电机产生的电磁转矩为

$$T = \frac{pz\Phi}{2\pi a}I_a = K_T\Phi I_a$$

式中，z 为电枢的导体数，a 为并联回路对数，p 为极数，K_T 为转矩常数。

有刷直流伺服电机是一种控制性能非常优越的电机，因为在有刷直流伺服电机的调速系统中，由励磁电流所产生的主磁通与电枢电流产生的电枢磁动势在空间是互相垂直的，两者之间没有耦合关系。在正常运行条件下，励磁电流维持电机的磁场磁通，电枢电流改变转矩，由于两者是相互解耦的，因此在静态和动态两种情况下，调速系统都能保持转矩调节的高灵敏度，使系统的动态特性得以优化。图 6-22 所示为有刷直流伺服电机调速的原理框图。图中，n^* 代表转速输入值，I_{A^*} 代表电流输入值，I_A 代表电流，I_{F^*} 代表电流输入参考值。

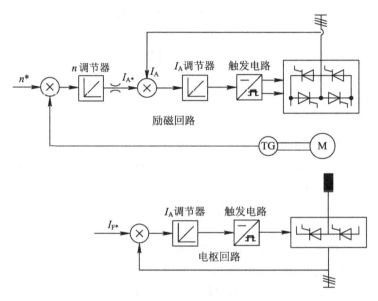

图 6-22 有刷直流伺服电机调速的原理框图

6.2.2 无刷直流伺服电机的原理

在无刷直流伺服电机中，借助反映转子位置的位置传感器的输出信号，通过电子换向线路驱动与电枢绕组连接的相应的功率开关器件，即无刷直流伺服电机本质上是把直流电源转换成交流电源，使得电枢绕组依次馈电，从而在定子上产生跳跃式的旋转磁场，驱动永磁转子旋转。随着转子的转动，位置传感器不断地送出信号，以改变电枢绕组的通电状态，使得在某一磁极下导体中的电流方向始终保持不变，这就是无刷直流伺服电机的无接触式换向过程。图 6-23 为无刷直流伺服电机的工作原理框图。

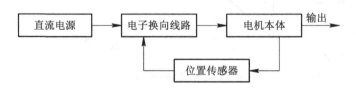

图 6-23 无刷直流伺服电机的工作原理框图

应该指出，在无刷直流伺服电机中，电枢绕组和相应的功率开关器件的数目不可能很多,所以与有刷直流伺服电机相比,无刷直流伺服电机产生的电磁转矩的波动比较大。

1. 电枢绕组的连接方式

无刷直流伺服电机的电枢绕组与交流电机的定子绕组类似,有星形绕组和封闭式绕组两类,它们的换向线路一般也有桥式和非桥式之分。这样,电枢绕组与换向线路相组合时,其形式是多种多样的,归纳起来可分为下列几种。

(1) 星形绕组。星形绕组是把所有绕组的首端或尾端接在一起,与之相配合的电子换向线路可以为桥式线路,也可以为非桥式线路。桥式星形连接如图 6-24(a)、(b)所示,非桥式星形连接如图 6-24(c)~(e)所示。

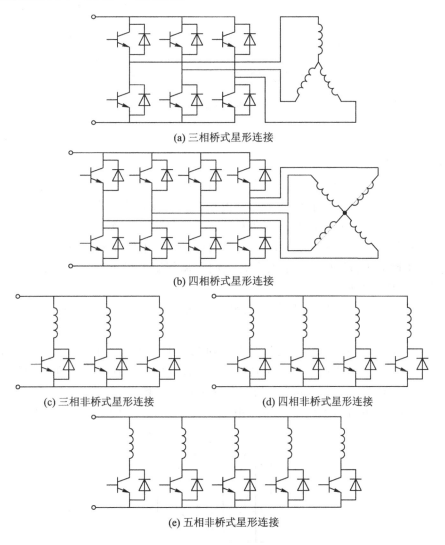

(a) 三相桥式星形连接

(b) 四相桥式星形连接

(c) 三相非桥式星形连接   (d) 四相非桥式星形连接

(e) 五相非桥式星形连接

图 6-24 星形绕组

(2) 封闭式绕组。封闭式绕组是由各相绕组组成封闭形,即第一相绕组的尾端与第二相绕组的首端相连接,第二相绕组的尾端再与第三相绕组的首端相连接,依次类推,直至最后一相绕组的尾端又与第一相绕组的首端相连接,与之相配合的电子换向线路为桥式线路。图 6-25(a)所示为三相封闭式桥式连接,而图 6-26(b)所示为四相封闭式桥式连接。

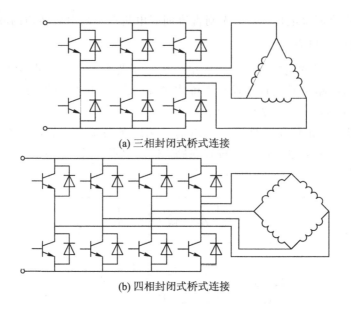

(a) 三相封闭式桥式连接

(b) 四相封闭式桥式连接

图 6-25　封闭式绕组

2. 换向的实现

在无刷直流伺服电机中，来自位置传感器的驱动信号按照一定的逻辑使某些功率开关器件在某一瞬间导通或截止，电枢绕组内的电流发生跳变，从而改变主定子的磁状态。电枢绕组内的这种电流变化过程的物理现象称为换向。每换向一次，磁场状态就发生一次改变，这样在工作气隙内会产生一个跳跃式的旋转磁场。为了使无刷直流伺服电机可靠地运行，其应该能正确地进行换向。由于换向是无刷直流伺服电机可靠运行的关键所在，故有必要对此做较详细的分析。

下面以磁电式位置传感器为例说明无刷直流伺服电机的几种典型的电枢绕组的换向过程。

图 6-26 所示为三相星形非桥式联结的换向线路的原理图。在换向过程中，电枢绕组的电流会在工作气隙内形成跳跃式的旋转磁场，这种旋转磁场在 360°电角度范围内有三个磁状态，每个磁状态持续 120°电角度，所以称这种换向过程为"一相导通星形三相三状态"。这种状态的各相绕组电流与主转子磁场的相互关系如图 6-27 所示。

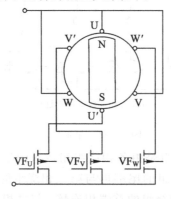

图 6-26　三相星形非桥式连接的换向电路的原理图

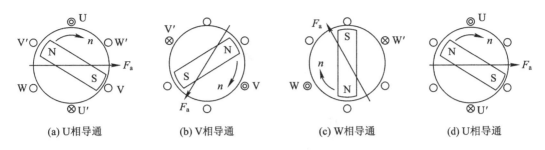

(a) U相导通　　　　(b) V相导通　　　　(c) W相导通　　　　(d) U相导通

图 6-27　绕组电流与主转子磁场的相互关系

3. 位置传感器

前面已提到，检测转子位置的位置传感器是实现无接触换向的一个极其重要的部件，是无刷直流伺服电机的一个关键部分。位置传感器在无刷直流伺服电机中起着测定转子磁极位置的作用，为逻辑开关电路提供正确的换向信息，即将转子磁钢磁极的位置信号转换成电信号，然后控制定子绕组换向。位置传感器的种类有很多，有电磁式位置传感器、光电式位置传感器、磁敏式位置传感器等。它们各具特点，然而由于磁敏式位置传感器具有结构简单、体积小、安装灵活方便、易于机电一体化等优点，目前得到越来越广泛的应用。目前在无刷直流电机中常用的位置传感器有下述几种形式。

1) 电磁式位置传感器

电磁式位置传感器是利用电磁效应来实现其位置测量作用的，有开口变压器位置传感器、接近开关式位置传感器等类型。

(1) 开口变压器位置传感器。电机的开口变压器位置传感器由定子和跟踪转子两部分组成。定子一般由硅钢片的冲片叠成，或用高频铁氧体材料压铸而成，一般有六个极，它们之间的间隔分别为 60°。其中，三个极绕在一次绕组上，并相互串联后通以高频电源(频率为几千赫兹到几十千赫兹)；另外三个极分别绕在二次绕组上，它们之间分别相隔 120°。跟踪转子是一个用非导磁材料制成的圆柱体，其上面镶有一块电角度为 120°的扇形导磁材料。在安装开口变压器位置传感器时，将跟踪转子与电机转轴相连，跟踪转子的位置对应于某一个磁极。设计开口变压器位置传感器时，一般要求把它的绕组同振荡电源结合起来统一考虑，以便得到较好的输出特性。

(2) 接近开关式位置传感器。接近开关式位置传感器主要由谐振电路及扇形金属转子两部分组成。当扇形金属转子接近振荡回路电感时，电路的品质因数值下降，导致电路正反馈不足而停振，故输出为零；当扇形金属转子离开电感元件时，电路的品质因数值开始回升，电路又重新起振，输出高频调制信号，该信号经二极管检波后取出有用位置信号，以控制逻辑开关电路，从而保证电机正确换向。

电磁式位置传感器具有输出信号大、工作可靠、寿命长、使用环境要求不高、适应性强、结构简单和紧凑等优点。但这种传感器的信噪比较低，体积较大，同时其输出波形为交流，一般需经整流、滤波后方可应用。

2) 光电式位置传感器

光电式位置传感器是利用光电效应制成的，由跟随电机转子一起旋转的码盘、固定不动的光源(发光二极管(LED)、光敏元件及平行光栅等部件组成，如图 6-28 所示。

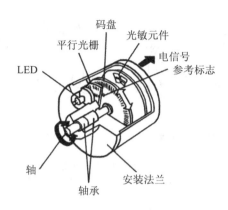

图 6-28 光电式位置传感器的结构

三个相同的光敏元件按照 120°间隔均匀分布在圆盘上，平行光栅上有 120°电角度左右的缝隙，且缝隙的数目等于无刷直流伺服电机转子磁极的极对数。当缝隙对着某个光敏元件时，光源照射到该光敏元件上，产生"亮电流"输出。其余光敏元件因遮光板挡住光线，只有"暗电流"输出。在"亮电流"作用下，三相绕组中一相绕组有电流导通，其余两相绕组不工作。遮光板随转子旋转，光敏元件随转子的转动而轮流输出"亮电流"或"暗电流"的信号，以此来检测转子磁极位置，控制电机定子的三相绕组轮流导通，使该三相绕组按一定顺序通电，保证无刷直流伺服电机正常运行。

3）磁敏式位置传感器

磁敏式位置传感器是指它的某些电参数按一定规律随周围磁场变化的半导体敏感元件，其基本原理为霍尔效应和磁阻效应。常见的磁敏式位置传感器有霍尔元件或霍尔集成电路、磁敏电阻以及磁敏二极管等。其中根据霍尔效应原理制成的霍尔元件、霍尔集成电路、霍尔组件统称为霍尔效应磁敏传感器，简称霍尔传感器。霍尔元件在电机的每一个电周期内产生所要求的开关状态。也就是说，电机传感器的永磁转子每转过一对磁极（N、S 极）的转角，产生与电机逻辑分配状态相对应的开关状态数，以完成电机的一个换向全过程。如果转子充磁的极对数越多，则在 360°机械角度内完成该换向过程的次数也就越多。

 ## 6.3 无刷直流伺服电机的运行特性

由于无刷直流伺服电机在机器人驱动中的应用更广泛，所以本节只讨论无刷直流伺服电机。无刷直流伺服电机的运行特性是指电机在启动、正常工作和调速等情况下，电机外部各可测物理量之间的关系。

6.3

电机是一种输入电功率、输出机械功率的原动机械。因此，我们最关心的是它的转矩、转速，以及转矩和转速随输入电压、电流、负载的变化而变化的规律。据此，电机的运行特性可分为启动特性、工作特性、调节特性和机械特性。讨论各种电机的运行特性时，一般都从转速公式、电动势平衡方程式、转矩公式和转矩平衡方程式出发。

对于无刷直流伺服电机，其电动势平衡方程式为

$$U = E + IR + \Delta U \tag{6-1}$$

式中，U 是电源电压(V)；E 是电枢绕组反电动势(V)；I 是平均电枢电流(A)；R 是电枢绕组的平均电阻(Ω)；ΔU 是功率晶体管饱和管压降(V)，对于桥式换向线路为 $2\Delta U$。

对于不同的电枢绕组形式和换向线路形式，电枢绕组反电动势有不同的等效表达式，但不论哪一种绕组和线路结构，其均可表示为

$$E = K_e \Phi n \tag{6-2}$$

式中，n 是电机转速(r/min)，K_e 是反电动势系数(V/(r·min))，Φ 为磁通量。

由式(6-1)和式(6-2)可得

$$n = \frac{E}{K_e \Phi} = \frac{U - \Delta U - IR}{K_e \Phi} \tag{6-3}$$

当转速不变时，转矩平衡方程式为

$$T = T_2 + T_e \tag{6-4}$$

式中，T 是输出转矩(N·m)，T_2 是摩擦转矩(N·m)，T_e 是电磁转矩(N·m)。这里，

$$T = K_m I \tag{6-5}$$

其中，K_m 为转矩系数(N·m/A)。

当转速变化时，转矩平衡方程式为

$$T = T_2 + T_e + J\frac{d\omega}{dt} \tag{6-6}$$

式中，J 是转动部分(包括电机本体转子及负载)的转动惯量(kg·m²)，ω 是转子的机械角速度(rad/s)。

下面从这些基本公式出发，讨论无刷直流伺服电机的各种运行特性。

6.3.1 启动特性

由式(6-1)～式(6-6)可知，电机在启动时，由于反电动势为零，因此电枢电流(即启动电流)为

$$I_n = \frac{U - \Delta U}{R} \tag{6-7}$$

其值可为正常工作电枢电流的几倍到十几倍。所以当启动电磁转矩很大时，电机可以很快启动，并能带负载直接启动。随着转子的加速，反电动势 E 增加，电磁转矩降低，加速转矩也减小，最后电机进入正常工作状态。在空载启动时，电枢电流和转速的变化如图 6-29 所示。

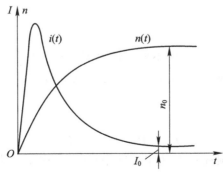

图 6-29 空载启动时电枢电流与转速的变化

需要指出的是，无刷直流伺服电机的启动转矩除了与启动电流有关，还与转子相对于电枢绕组的位置有关。当转子位置不同时，启动转矩是不同的，这是因为上面所讨论的关系式都是平均值间的关系。而实际上，由于电枢绕组产生的磁场是跳跃的，当转子所处位置不同时，转子磁场与电枢磁场之间的夹角在变化，因此所产生的电磁转矩也是变化的。这个变化量要比有刷直流伺服电机因电刷接触压降和短路元件数的变化而造成的启动转矩的变化大得多。

如果不考虑限制启动电流，则图 6-29 中转速曲线的形状由电机阻尼比决定。根据电机的传递函数，当阻尼比 $0<\xi<1$ 时，系统处于欠阻尼状态，转速和电流会经过一段超调和振荡过程才能逐渐平稳，如图 6-30 所示。实际中由于要对电枢电流加以限制，因此启动时一般不会有如图 6-30 所示的转速、电流振荡。

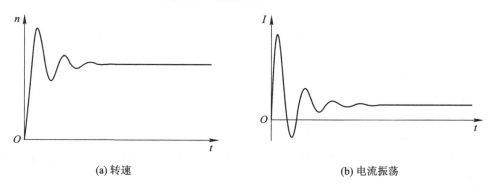

(a) 转速　　　　　　　　　(b) 电流振荡

图 6-30　启动过程中的转速和电流振荡

在电机控制系统中，驱动电路的功率器件对流过的电流比较敏感，如果流过的电流超过自身上限值，则功率器件在很短时间内就会被击穿。例如，IGBT 的过流承受时间一般在 $10~\mu s$ 以内。承受启动大电流需要选择较大容量的功率器件，而电机正常工作的额定电流比启动电流小很多，因此功率器件大部分时间工作在远远低于自身额定电流的状态，这样就降低了功率器件的使用效率且增加了成本。为此，在设计驱动电路的时候，需要根据电机的启动特性和工作要求选择合适的功率器件，并且对启动电流加以适当限制，在保证功率器件安全的情况下尽可能增大启动电流，提高动态响应速度。无刷直流伺服电机的气隙磁场呈梯形分布，若绕组在反电动势梯形斜边范围内导通，则此时的反电动势较小，电枢电流较大。因此相比于传统的有刷直流伺服电机，无刷直流伺服电机的启动电流可能更大。

6.3.2　工作特性

工作特性是指在直流母线电压 U 不变的情况下，电枢电流、电机效率和输出转矩之间的关系。电枢电流随负载转矩的增大而增大，这样电磁转矩才能平衡负载转矩，保证电机平稳运行。

电机输入功率为

$$P_1 = P_{Cu} + P_e + P_T \tag{6-8}$$

式中，P_{Cu} 为电枢绕组的铜损耗；P_e 为电磁功率；P_T 为逆变桥功率器件的损耗，其大小和电子器件特性及门极驱动电压有关，这里近似认为不变。

可见，电机的输入功率由电磁功率 P_e 和损耗 $P_{Cu}+P_T$ 两部分组成。其中电磁功率是电源克服反电动势所消耗的功率,经由磁场转化为机械能,以电磁转矩的形式作用于转子。考虑到负载端的损耗,这部分功率传递可以表示为

$$P_e = (T_L + T_0)\omega = P_2 + P_0 \tag{6-9}$$

式中,T_L 为负载转矩;T_0 为对应于空载损耗的空载转矩;P_2 为输出功率;P_0 为空载损耗,包括铁芯损耗和机械摩擦损耗两部分;ω 为转子的角速度。

电机效率 η 为

$$\eta = \frac{P_2}{P_1} = \frac{P_1 - (P_{Cu} + P_T + P_0)}{P_1} \tag{6-10}$$

式(6-10)可以进一步改写为

$$\eta = 1 - \frac{R}{U}I - \frac{P_T + P_0}{UI} \tag{6-11}$$

式中,R 为电枢的电阻。

为了求出式(6-11)所表示效率的极值,令效率 η 对电流 I 的导数为零,即

$$\frac{d\eta}{dI} = -\frac{R}{U} + \frac{P_T + P_0}{UI^2} = 0 \tag{6-12}$$

可以得出

$$P_T + P_0 = RI^2 = P_{Cu} \tag{6-13}$$

式(6-13)中的 $P_T + P_0$ 不随负载变化,为不变损耗;铜损耗 P_{Cu} 随着负载的变化而变化,属于可变损耗。式(6-13)表明,当无刷直流伺服电机的可变损耗等于不变损耗时,电机的效率最高。图6-31给出了当直流母线电压 U 不变时,无刷直流伺服电机的电枢电流和效率随负载转矩变化的曲线。

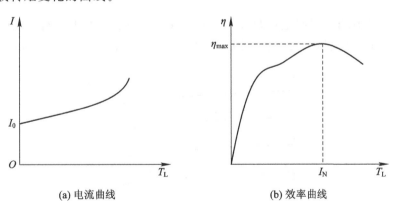

(a) 电流曲线　　　(b) 效率曲线

图6-31　无刷直流伺服电机的电枢电流和效率随负载转矩变化曲线

6.3.3　调节特性

调节特性是指在电磁转矩 T_e 不变的情况下,电机转速和直流母线电压 U 之间的变化关系。不计功率器件损耗,稳态运行时

$$U = K_e \Phi n + IR \tag{6-14}$$

直流伺服电机的电枢电流 I 与磁通相互作用,产生电磁力和电磁转矩,且电磁转矩的大小为

$$T_e = K_T \Phi I \qquad (6-15)$$

结合式(6-14)和式(6-15)可以得到

$$n = \frac{U}{K_e \Phi} - \frac{R}{K_e K_T \Phi^2} T_e \qquad (6-16)$$

图 6-32 为不同电磁转矩下无刷直流伺服电机的转速随 U 变化的调节特性曲线。

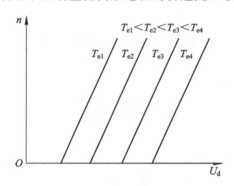

图 6-32 无刷直流伺服电机的调节特性曲线

由图 6-32 可见，由于存在静摩擦力，调节特性曲线不过原点。因此调节特性存在死区，当 U 在死区范围内变化时，电磁转矩不足以克服负载转矩使电机启动，转速始终为零。当 U 大于门限电压，超出死区范围时，电机才能起转并达到稳态，且 U 越大，稳态转速也越大。

6.3.4 机械特性

机械特性是指在直流母线电压 U 不变的情况下，电机转速与电磁转矩之间的关系。由式(6-16)可得到不同电压下无刷直流伺服电机的机械特性曲线，如图 6-33 所示。

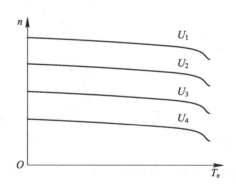

图 6-33 无刷直流伺服电机的机械特性曲线

式(6-16)是直线方程，但实际上由于电机损耗中的可变部分以及电枢反应的影响，机械特性曲线只是近似为直线。如图 6-33 所示，在一定的直流母线电压 U 下，电机转速随电磁转矩的增加自然下降，且 U 越大，纵轴截距越大，即曲线向上平移。由于无刷直流伺服电机采用电力电子器件实现电子换向，这些器件通常都具有非线性的饱和特性，在堵转转矩附近，随着电枢电流的增大，管压降增加较快，因此机械特性曲线的末端会有明显的向下弯曲。

无刷直流伺服电机的机械特性与普通他励直流电机的机械特性相似,改变直流母线电压的大小可以改变机械特性曲线上的空载点。因此,无刷直流伺服电机通常采用脉宽调制(PWM)控制等方式进行调速。

6.4 无刷直流伺服电机的控制系统

无刷直流伺服电机在现代电机调速系统中具有重要地位,基于无刷直流伺服电机的速度控制系统的控制方法可分为开环控制和闭环控制两大类。常用的控制方法一般为双闭环调速,其中内环为电流环(转矩环),外环为速度环(电压环)。当电机正常运行或在基速以下运行时,一般通过 PWM 控制改变电枢端的输入电压来实现速度的控制;而电机在基速以上运行时,常采用相电流提前导通、辅助励磁等手段来实现速度的控制。无刷直流伺服电机的速度控制系统涉及内容广泛,本章主要对系统的双闭环调速、智能调速策略实现以及电阻、电感和转动惯量等电机参数对电机调速性能的影响等问题进行分析。

6.4.1 PID 控制

比例积分微分(proportional integral derivative,PID)控制是最早发展起来的线性控制算法之一,至今已有七十多年历史,目前仍然是工业控制系统中最常用的一类控制算法。由于其具有算法简单、鲁棒性好、可靠性高和参数易整定等优点,已在工程实际中得到了广泛应用,其控制系统框图如图 6-34 所示。

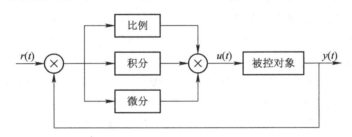

图 6-34 PID 控制系统框图

标准 PID 控制器的基本原理是根据设定值 $r(t)$ 与实际值 $y(t)$ 之间的偏差 $e(t)$,按比例-积分-微分的线性组合关系构成控制量 $u(t)$,利用控制量再对控制对象进行控制。连续控制系统 PID 控制规律形式为

$$u(t) = k_p \left[e(t) + \frac{1}{T_I} \int_0^t e(t) dt + T_D \frac{de(t)}{dt} \right] \quad (6-17)$$

式中,k_p 为比例常数,T_I 为积分时间常数,T_D 为微分时间常数。

在实际控制系统中,PID 控制器不一定都包含比例、积分和微分 3 个环节,可以是比例、比例-积分和比例-微分等多种组合形式。无刷直流伺服电机的控制系统中最常见的是比例-积分形式,这是因为微分环节虽然能有效地减小超调和缩小最大动态偏差,但同时易使系统受到高频干扰影响。

为了提高现代电机控制系统的可靠性，一般使用数字式 PID 控制器。与传统的 PID 控制器相比较，数字式 PID 控制器具有如下优点：

(1) 数字元器件比模拟元器件具有更高的可靠性、灵活性和稳定性；
(2) 抗干扰性相对较强；
(3) 控制灵活、系统精度高且易于实现复杂控制算法；
(4) 易于实现与上层系统或远程终端的通信，实现系统的分布式或网络控制。

随着计算机技术和智能控制理论的发展，出现了各种类型的 PID 控制器，如梯形积分 PID 控制器、变速积分 PID 控制器、模糊 PID 控制器、神经网络 PID 控制器等。这些新型 PID 控制器均针对被控对象具有非线性、耦合、延时、变结构等特征而采取了改进措施，不但能改进系统的控制效果，还进一步拓展了 PID 控制器的应用范围。每种 PID 控制器都有其优缺点和适合的应用场合，因此具体选择 PID 控制器时，应根据实际控制系统的具体要求和控制效果来确定。

6.4.2 PID 控制器设计

设计无刷直流伺服电机的速度控制器时，需要考虑系统的工作环境、负载特点、位置检测方式等问题，目标是实现调速范围宽、静差小、跟随性和抗扰动性能优越的速度控制。在应用于无刷直流伺服电机速度控制器的各种控制策略中，双闭环控制技术最为成熟，且应用广泛。双闭环控制中的外环为速度环（电压环），主要起稳定转速和抗负载扰动的作用；内环为电流环（转矩环），主要起稳定电流和抗电网电压波动的作用。本小节仅就无刷直流伺服电机控制系统中的抗积分饱和控制器和智能控制器设计进行简要分析。

1. 抗积分饱和(anti-windup)控制器设计

应用 PID 控制器对无刷直流伺服电机进行单环或双环调速已获深入研究，通常能满足一般应用场合的调速要求。但是，由于无刷直流伺服电机是一个多变量、非线性系统，因此还有许多问题需深入研究。目前，无刷直流伺服电机大多采用 PID 控制器和 PWM 调制方式进行调速，速度环后面往往有电流限幅环节，PWM 本身也可视为一个饱和环节。双闭环无刷直流伺服电机的调速系统如图 6-35 所示。因此，无刷直流伺服电机调速系统具有很强的饱和特性，当系统进入饱和状态，采用 PID 控制器进行调速时，控制器的积分环节必然会造成典型的饱和现象，严重时将导致系统性能明显下降。

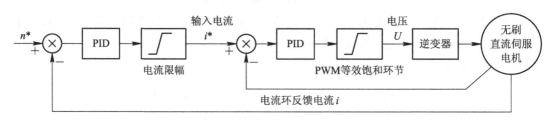

图 6-35 双闭环无刷直流伺服电机的调速系统

抗积分饱和控制器的种类有很多，主要分为线性抗积分饱和控制器和非线性抗积分饱和控制器两大类。这两类抗积分饱和控制器的原理均是根据系统的限幅作用与否（即根据控制器的输出与被控对象的输入是否不等）来停止或限制积分。两者的不同之处只是非线性抗积分饱和控制器中存在开关环节等非线性控制单元。抗积分饱和控制器已经在感应电机和永磁同步电机等中获得应用。

2. 智能控制器设计

智能控制是结合自动控制与人工智能概念而产生的一种控制方法，通常泛指以模糊逻辑、神经网络和遗传算法等智能算法为基础的控制。智能控制已经在电机控制、电机参数辨识与状态估计、电机故障检测与诊断等领域得到了广泛的应用。图 6-36 为典型的无刷直流伺服电机智能控制系统框图。基于智能控制算法的电机控制系统的一个最大特点就是不依赖或不完全依赖系统的精确数学模型。基于专家知识库的模糊逻辑控制系统所需计算数据小，但对新的规则缺乏足够的处理能力。而基于神经网络的电机控制系统则相反，它对于系统结构的变化和扰动有很强的解决能力，但控制系统需具有足够的计算能力和数据存储空间。遗传算法、蚁群算法、人工免疫算法等则是模拟人类或生物界进化以及人工免疫系统建立的，它们可从优化的角度对控制器参数进行在线或离线优化，从而使系统达到良好的控制，其运算所需的时间与空间一般也较大。因此，在实际中，为了更好地提高系统的可靠性，通常会采取多种智能算法结合的手段（如模糊神经网络控制器、遗传算法模糊控制器、模糊免疫控制器等），以实现优势互补。它们之间的结合可以是简单的叠加，也可以是完全的融合，图 6-37 列出了两种典型的智能控制方法结合方式。模糊控制的学习能力差、推理能力强，而神经网络控制的推理能力差、学习能力强，两者结合可以实现优势互补，保证了模糊神经网络推理和学习功能的实现。而遗传算法的融入则可以使模糊推理规则和神经网络结构等得到优化，进一步提高模糊神经网络控制系统的可靠性和精确性。到目前为止，仅仅依靠智能控制（特别是一种智能控制方法）还很难理想地解决无刷直流伺服电机控制系统中的某些实际难题，因此，在很多情况下，智能控制技术还要和传统的线性控制方法或其他现代控制方法结合在一起，互相取长补短，综合控制，以达到系统总体控制效果最优的目的。

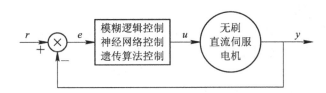

图 6-36 无刷直流伺服电机智能控制系统框图

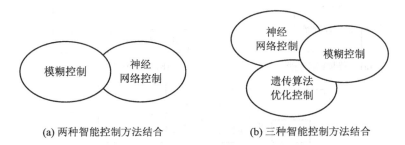

(a) 两种智能控制方法结合　　(b) 三种智能控制方法结合

图 6-37 智能控制方法结合方式

下面仅对模糊控制和神经网络控制进行介绍。

1) 模糊控制

经典的模糊控制系统由模糊控制器和控制对象组成，其结构如图 6-38 所示。模糊控制器由模糊化单元、知识库（含数据库和规则库）、模糊推理单元和清晰化计算单元 4 部分组成，它是一种反映人类智慧思维而无需知道被控对象精确数学模型的智能控制器。无论控制对象是线性的还是非线性的，模糊控制器都能执行有效的控制，具有很好的鲁棒性和适应性。

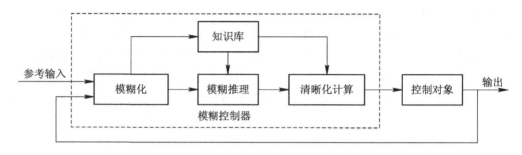

图 6-38 模糊控制系统结构

自从模糊理论诞生以来，随着其技术的成熟化，模糊控制器在电机控制上已经得到了广泛的应用。在很多电机应用场合，负载参数一般变化较大，因此常要求电机能在全工况下具备良好的速度调节特性。在系统对算法开销时间有限制等条件下，基于模糊逻辑的非线性控制方法是电机控制的理想选择之一。目前，无刷直流伺服电机的模糊控制器主要可分为标准模糊控制器、模糊-PID 切换控制器和优化模糊控制器等。

(1) 标准模糊控制器。标准模糊控制器如图 6-39 所示。图中，e 为输入变量，$\dot{e}$ 为一维中间变量，$\ddot{e}$ 为二维中间变量，u 为输出变量。根据图 6-38 中模糊控制器的原理对输入变量（信号）进行模糊化，然后按照知识库构建控制表并进行模糊推理，最后通过清晰化计算得到控制所需的控制量。

一般情况下，图 6-39 中的一维模糊控制器用于一阶被控对象，该类控制器只选一个误差信号作为输入变量，动态性能不佳。理论上，模糊控制器的维数越多，控制就越精细，但是维数越高，相应的模糊控制规则和控制算法就会越复杂，因此一般模糊控制器的维数不超过三。目前，广泛采用二维模糊控制器，它以反馈误差和误差的变化为输入变量，以控制量的变化为输出变量。

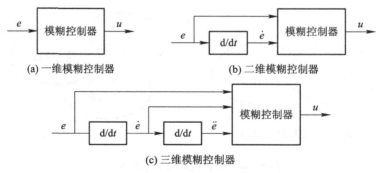

图 6-39 标准模糊控制器

(2) 模糊-PID 切换控制器。模糊-PID 切换控制器如图 6-40 所示。图中 u_1、u_2 分别为模糊控制、PID 控制的输出变量。该控制器是结合模糊控制器和传统 PID 控制器进行控制的,其切换规则可简单地规定为:当模糊控制器输出为空时,切换到传统 PID 控制器,否则模糊控制器正常工作。这使得在电机扰动和负载变化等状态下,可以利用模糊控制器减少系统的超调和调节时间,提高系统对不确定因素影响的鲁棒性。

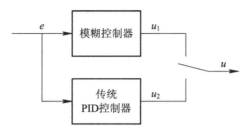

图 6-40 模糊-PID 切换控制器

(3) 优化模糊控制器。优化模糊控制器如图 6-41 所示。图中 r 和 r^* 分别为调节参数的参考值和反馈值。优化模糊控制器利用模糊规则对传统 PID 控制器的参数进行优化调节,使其达到最优运行。优化模糊控制是一种对电机控制器参数按照实际工况进行在线智能调节的方法。

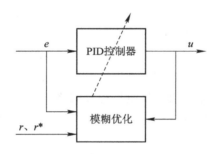

图 6-41 优化模糊控制器

应用在无刷直流伺服电机控制系统的模糊控制器还有其他多种形式,而且随着技术的发展必将涌现出更多的新型模糊控制器。图 6-42 所示就是一种模糊预补偿控制器(图中,u_0 为 PID 控制器的输出值,u_1 为模糊前馈补偿控制器的输出值),特殊场合下图中 PID 控制器可以取消,其基本控制思想是首先利用模糊前馈补偿控制器对系统的实际参考输入进行补偿,得到理想的参考输入信号,然后再利用传统 PID 控制器对无刷直流伺服电机进行控制。

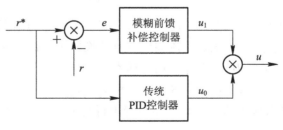

图 6-42 模糊预补偿控制器

2) 神经网络控制

人工神经网络（ANN）简称神经网络，最早起源于19世纪初的Freud精神分析学时期，现已在永磁同步电机、开关磁阻电机、超声波电机和无刷直流伺服电机等各种新型电机控制中得到了充分的应用，其包括位置、速度与电流控制以及电机参数辨识和状态估计。目前，在无刷直流伺服电机速度控制方面应用的神经网络主要有反向传播（back propugation，BP）网络、径向基函数（radial basis function，RBF）网络、小波网络、单神经元网络等类型。下面首先提出一种结构简单紧凑、收敛速度快的自适应RBF网络学习算法，然后将其应用于无刷直流伺服电机的功率开关导通信号的在线估计，以直接控制逆变器的通断。通过对RBF网络进行离线训练与在线训练，实现无刷直流伺服电机的直接电流控制。

RBF网络既有生物背景，又与函数逼近理论相吻合，适合于多变量函数逼近，只要中心点集选择得当，仅需很少的神经元就能获得很好的逼近效果，并且还具有唯一最佳逼近点的优点。RBF网络的连接权与输出层呈线性关系，使得它可以采用保证全局收敛的线性优化算法。基于RBF网络的以上优点，近年来它越来越受到人们的关注，已被广泛应用于模式识别、函数逼近、自适应滤波等领域。

RBF网络应用的难点在于RBF网络隐层单元的选择，隐层单元的选择对网络的逼近能力和效果有很大影响，从而影响网络的规模。如果隐层单元过少，则不能完成分类或函数逼近任务；如果隐层单元过多，则网络参数过多而减慢网络的学习速率，使网络参数初值、训练样本的特异性、外界干扰对网络的连接权影响很大。当输入模式和训练样本之间有很小的畸变时，就可能得不到正确的泛化结果，且网络规模增加不利于工程应用。

在无刷直流伺服电机的速度控制系统中，转子位置直接决定着逆变器功率器件的导通顺序和时间，这是无刷直流伺服电机直接电流神经网络控制的基本依据，即通过对RBF网络进行离线训练和在线训练，实现电机定子电压、绕组电流与功率器件导通状态的非线性映射，从而直接控制绕组电流。

在离线训练中，获得训练样本是一个很重要的环节。神经网络的训练样本可以来自仿真数据或者实验数据，为了使离线训练得到的网络更接近电机的实际运行状态，离线训练采用的样本一般来自实验数据。

由于定子绕组接的三相无刷直流伺服电机在任一时刻只有两相导通且三相电流之和为零，因此取输入样本矢量为

$$\boldsymbol{X}_i = [i_A(k), i_B(k), i_A(k-1), i_B(k-1), u_{AG}(k-1), u_{BG}(k-1)]$$

式中，u_{AG}、u_{BG}分别为A、B相绕组端点对地的电压，i_A、i_B分别为A、B相绕组的电流，k为采样周期。

输出样本为6个功率开关的状态，直接检测功率开关的导通情况比较麻烦，可由位置传感器测得的转子位置信号根据无刷直流伺服电机的换向逻辑得到在不同转子位置下功率开关的状态，导通为1，关断为0，并作为训练样本的输出矢量，即

$$\boldsymbol{Y}_i = [S_1, S_2, S_3, S_4, S_5, S_6]$$

式中，S_1、S_3、S_5分别对应于A、B、C三相桥臂上桥功率开关导通信号；S_4、S_6、S_2分别对应于A、B、C三相桥臂下桥功率开关导通信号。

获得训练样本以后，就可以按上文提出的自适应训练算法对网络进行离线训练，整个

离线训练算法在 PC 中由 MATLAB 实现。经过 3500 个样本训练,网络达到预定精度。离线训练完成以后,RBF 网络隐层单元的个数、位置以及连接权的初始值也随之确定,得到的网络初始结构如图 6-43 所示。图中,$\varphi_l(l=1,2,3)$ 是隐层单元的输出。由于离线训练的样本来自实验数据,因此可以近似认为训练完的网络接近电机的实际工况,隐层单元的参数已不需要在线修正。

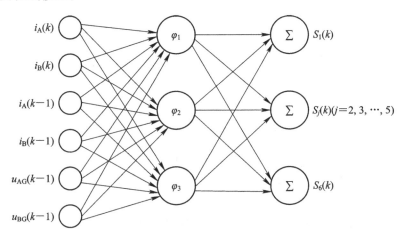

图 6-43 离线训练完成后的 RBF 网络初始结构

系统的在线训练按递推最小二乘法(RLS)有监督地调节网络的连接权。RBF 网络在线训练框图如图 6-44 所示。图中,e_x 为反馈值,S_x 为输入值,$\hat{S}_x$ 为输出值。

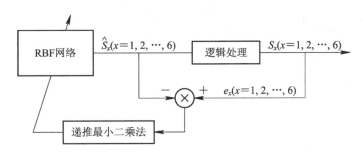

图 6-44 RBF 网络在线训练框图

为了避免功率开关误导通,需对状态信号进行整定和逻辑处理,相应的网络输出信号计算区间函数为

$$S_x(n) = \begin{cases} 0, & \hat{S}_x(n) \leqslant 0.25 \\ 1, & \hat{S}_x(n) \geqslant 0.7 \\ S_x(n-1), & 其他 \end{cases}$$

逻辑处理的原则如下:

(1) 在任何时刻,S_1、S_3、S_5 及 S_2、S_4、S_6 分别只有一个为 1;
(2) S_1 与 S_4、S_3 与 S_6、S_5 与 S_2 不同时为 1;
(3) 若与上述原则发生冲突,则按区间邻近优先原则处理。

递推最小二乘法学习规则主要步骤如下所述。

(1) 对于第 k 个输入,重写网络输出方程,即

$$y(k) = \sum_{i=1}^{n} w_i \varphi_i [\boldsymbol{X}(k)] = \boldsymbol{w}^H(k) \boldsymbol{u}(k) \qquad (6-18)$$

式中,$w(k)$ 为权矢量矩阵,$\boldsymbol{u}(k)$ 为 RBF 矢量,H 为共轭转置符号,w_i 为各个隐层单元的输出,$\boldsymbol{X}(k)$ 为输入样本矢量。

(2) 令回归矩阵 $\boldsymbol{P}$ 和权矢量矩阵 $w(k)$ 的初始值为

$$\boldsymbol{P}(0) = \delta_0^{-1} \boldsymbol{E}, \quad \boldsymbol{w}(0) = 0 \qquad (6-19)$$

式中,δ_0 为较小的正常数,$\boldsymbol{E}$ 为单位矩阵。

(3) 计算

$$\boldsymbol{v}(k) = \frac{\lambda^{-1} \boldsymbol{P}(k-1) \boldsymbol{u}(k)}{1 + \lambda^{-1} \boldsymbol{u}^H(k) \boldsymbol{P}(k-1) \boldsymbol{u}(k)} \qquad (6-20)$$

$$\zeta(k) = y(k) - \boldsymbol{w}^H(k-1) \boldsymbol{u}(k) \qquad (6-21)$$

$$\boldsymbol{w}(k) = \boldsymbol{w}(k-1) + \boldsymbol{v}(k) \zeta^*(k) \qquad (6-22)$$

$$\boldsymbol{P}(k) = \lambda^{-1} \boldsymbol{P}(k-1) - \lambda^{-1} \boldsymbol{v}(k) \boldsymbol{u}^H(k) \boldsymbol{P}(k-1) \qquad (6-23)$$

式中,λ 为遗忘因子,$0 \leqslant \lambda \leqslant 1$;* 为共轭复数。

整个在线训练算法只需要调节隐层单元与输出层单元的连接权,实现容易,大大降低了算法的运行时间,提高了系统的动态响应速度。

当无刷直流伺服电机的速度控制系统采取无位置传感器控制方式时,可以采用双 RBF 网络控制,如图 6-45 所示。

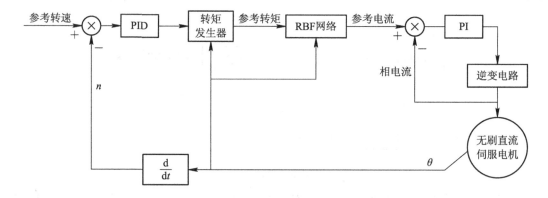

图 6-45 无位置传感器双 RBF 网络控制

在图 6-45 中,其中一个 RBF 网络完成电机电压、电流到转子位置之间的非线性映射,网络输入为电机的电压(这里为绕组端点到直流母线之间的电压)与相电流,输出为转子位置角。采用自适应 RBF 网络算法对该网络进行离线训练时,所有训练样本均来自实验数据,因此训练完的网络可以实现转子位置的在线估计。

另一个 RBF 网络也采用同样的学习算法,以保证网络结构的紧凑性。该网络用来完成转子位置、参考转矩与参考电流之间的非线性映射。在三相六状态 Y 接的无刷直流伺服电机中,任一时刻只有两相同时导通,若假设电机的反电动势波形为理想的梯形波,则反电动势就可以由转子位置角及其变化率——转速确定。在反电动势已知的情况下,给定转矩,并保证电机以最大转矩运行时,无转矩波动的电流参考值是可计算的。也就是说,参考电

流为转矩与转子位置角的函数,可以利用 RBF 网络得到这个函数关系。将估计得到的参考电流与实测电流相比较,通过 PID 控制器对电流进行调节,使注入绕组的电流随着参考电流变化,从而实现速度控制系统的转矩波动控制。

当无刷直流伺服电机的速度控制系统采用带位置传感器控制方式时,上述双 RBF 网络控制变为单 RBF 网络直接控制方式,即速度环由 PID 控制、电流环由 RBF 网络控制,如图 6-46 所示。带位置传感器单 RBF 网络的双闭环控制策略也可以采用速度环由神经网络控制、电流环由 PID 控制的组合控制方式。

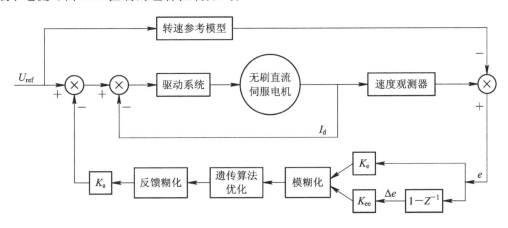

图 6-46 带位置传感器单 RBF 网络控制

6.5 本章小结

本章对直流伺服电机进行了分类,详细地介绍了有刷和无刷直流伺服电机的结构和运行原理,进而重点阐述了无刷直流伺服电机的运行特性和控制系统。

本章的核心内容是无刷直流伺服电机的运行特性(包括启动特性、工作特性、调节特性和机械特性)。无刷直流伺服电机的 PID 控制和智能控制的发展使得无刷直流伺服电机的控制精度、响应速度进一步得到了提升。

6.6 课后习题

1. 填空题:改变直流并励电机的转向时可采用的方法是_____ 和_____。
2. 填空题:直流电机降压调速,理想空载转速_____,机械特性的_____ 不变。
3. 填空题:按主磁极励磁绕组接法的不同,直流电机可分为_____、_____、_____ 和_____。
4. 填空题:机械特性是指在直流母线电压 U 不变的情况下,_____ 与_____ 之间的关系。
5. 简答题:简述有刷直流伺服电机和无刷直流伺服电机在结构上和控制方法上的区

别，说明各自的优缺点。

6. 简答题：无刷直流伺服电机的调节特性有什么特点？

7. 简答题：简述PID控制及其优点。

8. 简答题：根据自身理解说明智能控制的优势。查找相关资料，论述智能控制的发展趋势。

第 7 章 永磁同步电机及其驱动控制技术

近年来,随着高性能永磁材料技术、电力电子技术、微电子技术的飞速发展以及矢量控制理论、自动控制理论研究的不断深入,永磁同步电机及其驱动控制技术得到了迅速发展。由于永磁同步电机的调速性能优越,因此其克服了直流伺服电机机械式换向器和电刷带来的一系列限制,其具有结构简单、运行可靠、体积小、重量轻、效率高、功率因数高、转动惯量小、过载能力强等优点。与感应电机相比,永磁同步电机的控制简单,不存在励磁损耗等问题,因而其在高性能、高精度的伺服驱动等领域具有广阔的应用前景。

7.1 永磁同步电机伺服控制系统的构成

永磁同步电机伺服控制系统的组成如图 7-1 所示,其基本组成部分是永磁同步电机(PMSM),电压型 PWM 逆变器,电流传感器,速度、位置传感器,电流控制器等。如果需要进行速度和位置控制,还需要速度传感器、速度控制器、位置传感器以及位置控制器。通常,速度传感器和位置传感器共用一个传感器。

7.1

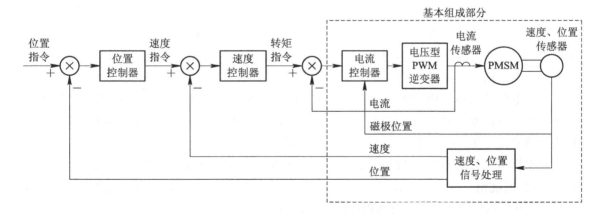

图 7-1 永磁同步电机伺服控制系统的组成

7.2 永磁同步电机的结构与工作原理

永磁同步电机是由绕线式同步电机发展而来的，它用永磁体代替了电励磁，从而省去了励磁线圈、滑环与电刷，其定子电流与绕线式同步电机的基本相同，输入为对称正弦交流电，故又称为永磁同步交流电机。

永磁同步电机主要由定子和转子两部分构成，其结构如图 7-2 所示。定子主要包括电枢铁芯和三相（或多相）对称电枢绕组，绕组嵌放在铁芯的槽中。转子主要由永磁体、导磁轭和转轴构成。导磁轭为圆筒形，套在转轴上。当转子的直径较小时，可以直接把永磁体贴在导磁轭上。转轴连接位置、速度传感器，用于检测转子磁极相对于定子绕组的相对位置以及转子转速。

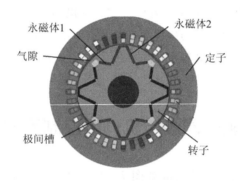

图 7-2 永磁同步电机的结构示意图

当永磁同步电机的电枢绕组中通过对称的三相电流时，定子产生一个以同步转速推移的旋转磁场。在稳态情况下，转子的转速恒为磁场的同步转速。于是，定子旋转磁场与转子的永磁体产生的主极磁场保持静止，它们之间相互作用，产生电磁转矩，拖动转子旋转，从而进行机电能量转换。当负载发生变化时，转子的瞬时转速就会发生变化，这时，如果通过传感器来检测转子的位置和速度，则根据转子永磁体磁场的位置，利用逆变器控制定子绕组中电流的大小、相位和频率，便会产生连续的转矩并作用到转子上，这就是闭环控制的永磁同步电机的工作原理。

根据电机的具体结构、驱动电流波形和控制方式的不同，永磁同步电机可分为两种：一种是方波电流驱动的永磁同步电机；另一种是正弦波电流驱动的永磁同步电机，前者又称为无刷直流电机，后者又称为永磁同步交流伺服电机。

根据绕组结构的不同，可以把永磁同步电机的绕组分为整数槽绕组（如图 7-3(a)所示）和分数槽绕组（如图 7-3(b)所示）两种。整数槽绕组结构的永磁同步电机的优势如下：

（1）电枢反应磁场均匀，对永磁体的去磁作用小。

（2）电磁转矩-电流的线性度高，电机的过载能力强。

（3）适合用于极数少、转速高、功率大的领域。

而分数槽绕组的优点较多，主要有以下几个方面：

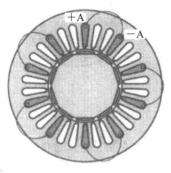 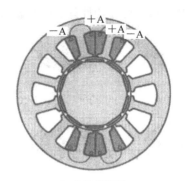

(a) 整数槽绕组　　　　　　(b) 分数槽绕组

图 7-3　永磁同步电机的绕组形式

（1）对于多极的正弦波交流永磁伺服电机，可采用较少的定子槽数，有利于提高槽满率及槽利用率。同时，较少的元件数可以简化嵌线和接线工艺，有助于降低成本。

（2）增加绕组的分布系数，使电动势波形的正弦性得到改善。

（3）可以得到线圈节距为 1 的集中式绕组设计，线圈绕在一个齿上，缩短了线圈周长和端部伸出长度，减少了用铜量。线圈的端部没有重叠，可不放置相间绝缘（根据如图 7-4 所示的分数槽绕组的电机定子便可以看出）。

图 7-4　分数槽绕组的电机定子

（4）有可能使用专用绕线机，直接将线圈绕在齿上，取代传统嵌线工艺，提高了劳动生产率，降低了成本。

（5）减小了定子轭部厚度，提高了电机的功率密度。电机绕组的电阻减小，铜损降低，进而提高电机效率和降低温升。

（6）降低了定位转矩，有利于减小振动和噪声。

根据电枢铁芯有无齿槽，永磁同步电机可分为齿槽结构永磁同步电机和无槽结构永磁同步电机。

图 7-5 为无槽结构永磁同步电机的结构示意图。该结构电机的电枢绕组贴于圆筒形铁芯的内表面上，采用环氧树脂灌封、固化。

无槽结构永磁同步电机从原理上消除了定位转矩，电枢反应小，转矩的线性度高。用于高速驱动时，电机的效率高、体积小、重量轻；用于低速驱动时，电机的振动小、噪声低、运行平稳、控制灵敏、动态特性好、过载能力强、可靠性高。

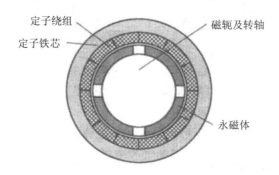

图 7-5　无槽结构永磁同步电机的结构

若永磁同步电机转子磁路结构不同,则电机的运行特性、控制方法等也不同。根据转子上永磁体安装位置的不同,永磁同步电机可分为面贴式永磁同步电机(SPMSM)、外嵌式永磁同步电机和内嵌式永磁同步电机(IPMSM)三种。图 7-6 为目前永磁同步电机常用的永磁体结构,其中图 7-6(a)、(b)、(c)为面贴式永磁体结构,图 7-6(d)为外嵌式永磁体结构,其余均为内嵌式永磁体结构。

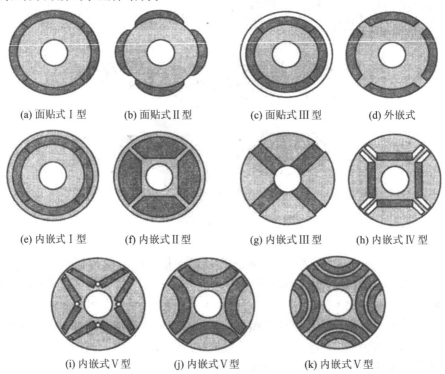

图 7-6　永磁同步电机常用的永磁体结构

图 7-6(a)所示结构的永磁体为环形,安装在转子铁芯的表面,永磁体多为径向充磁或异向充磁,有时磁极采用多块平行充磁的永磁体拼成。该结构多用于小功率交流伺服电机。

图 7-6(b)所示结构的永磁体设计成半月形不等厚结构,通常采用平行充磁或径向充磁,形成的气隙磁场是较为理想的正弦波磁场。该结构多用于大功率交流伺服电机。

图 7-6(c)所示结构的永磁体主要用于大型或高速的永磁电机。为防止离心力造成的

永磁体损坏，需要在永磁体的外周套一非磁性的箍圈予以加固。

对于图7-6(d)所示结构，在转子铁芯的凹陷部分插入永磁体，永磁体多采用径向充磁，虽然为表面永磁体转子结构，却能利用磁阻转矩。

对于图7-6(e)所示结构，在永磁体的外周套一磁性材料箍圈，虽然为内嵌式永磁体结构，但却没有磁阻转矩。当电机的极数多时，有时也采用平板形的永磁体。

图7-6(f)所示结构的永磁体的用量多，以提高气隙磁密，防止去磁，且通常采用非稀土类永磁体。

图7-6(g)所示结构的永磁体为平板形，切向充磁，铁芯为扇形，可以增加永磁体用量，提高气隙磁密，但需要采用非磁性轴。

图7-6(h)所示结构的永磁体也为平板形，沿半径方向平行充磁，由于转子交轴磁路较宽，能够增大磁阻转矩，因此可以通过改变永磁体的位置来调整电机特性，适于通过控制电枢电流对其进行弱磁控制。图7-7为内嵌式Ⅳ型永磁同步电机的交、直轴电枢反应磁通路径。

图7-6(i)所示结构的永磁体由两块呈V字形配置的平板形永磁体构成一极，通过改变永磁体的位置来调整电机特性。

图7-6(j)所示结构的永磁体为倒圆弧形，配置在整个极距范围内，通过增加永磁体的用量来提高气隙磁密，还可以通过确保交轴磁路宽度来增大磁阻转矩。该类永磁体为非稀土类永磁体。

对于图7-6(k)所示结构的永磁体，通过采用多层倒圆弧形永磁体来增大磁阻转矩，永磁体的抗去磁能力强，气隙磁密高，且波形更接近正弦形。

(a) 直轴电枢反应磁通路径

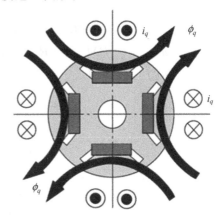
(b) 交轴电枢反应磁通路径

图7-7 内嵌式Ⅳ型永磁同步电机的交、直轴电枢反应磁通路径

面贴式永磁体结构的转子直径较小、转动惯量小、等效气隙大、定位转矩小、绕组电感小，有利于电机动态性能的改善。同时这种转子结构电机的电枢反应小、转矩-电流特性的线性度高、控制简单、精度高。因此，一般永磁同步交流伺服电机多采用这种转子结构。

根据上述分析可知，内嵌式永磁同步电机具有如下优点：

(1) 永磁体位于转子内部，转子的结构简单、机械强度高、制造成本低。

(2) 转子表面为硅钢片，因此表面损耗小。

(3) 等效气隙小，但气隙磁密高，适于弱磁控制。

(4) 永磁体形状及配置的自由度高，转子的转动惯量小。

(5) 可有效地利用磁阻转矩,从而提高电机的转矩密度和效率。

(6) 可利用转子的凸极效应实现无位置传感器的启动与运行。

因此,内嵌式永磁同步电机具有转速高、转矩大、功率高、效率高、磁控制弱以及恒功率调速范围宽等优点。

7.3 永磁同步电机的数学模型

7.3.1 永磁同步电机的基本方程

永磁同步电机(PMSM)的定子和普通电励磁三相同步电机的定子是相似的。如果永磁体产生的感应电动势与励磁线圈产生的感应电动势一样,也是正弦的,那么 PMSM 的数学模型就与电励磁同步电机的基本相同。为简化分析,做如下假设:

(1) 忽略铁芯的饱和效应。

(2) 气隙磁场呈正弦分布。

(3) 不计涡流和磁滞损耗。

(4) 转子上没有阻尼绕组,永磁体也没有阻尼作用。

三相永磁同步电机的解析模型如图 7-8 所示。根据图 7-8 所示的解析模型,永磁同步电机在三相静止坐标系 u-v-w 下的电压方程式为

$$\begin{bmatrix} u_u \\ u_v \\ u_w \end{bmatrix} = \begin{bmatrix} R_a + PL_u & PM_{uv} & PM_{wu} \\ PM_{uv} & R_a + PL_v & PM_{vw} \\ PM_{wu} & PM_{vw} & R_a + PL_w \end{bmatrix} \begin{bmatrix} i_u \\ i_v \\ i_w \end{bmatrix} + \begin{bmatrix} e_u \\ e_v \\ e_w \end{bmatrix} \quad (7-1)$$

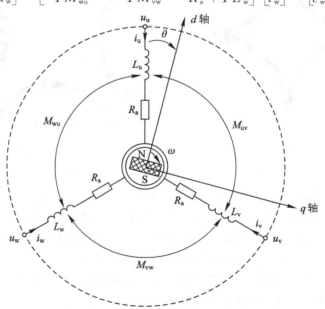

图 7-8 三相永磁同步电机的解析模型

式中，u_u、u_v、u_w 分别为 u、v、w 相定子电压；i_u、i_v、i_w 分别为 u、v、w 相定子电流；e_u、e_v、e_w 分别为永磁体在 u、v、w 相电枢绕组中感应的旋转电动势；R_a 为定子绕组电阻；P 为微分算子，$P=d/dt$；L_u、L_v、L_w 分别为 u、v、w 相定子绕组的自感，其表达式为

$$\begin{cases} L_u = L_{a\sigma} + L_{a0} - L_{a2}\cos 2\theta \\ L_v = L_{a\sigma} + L_{a0} - L_{a2}\cos\left(2\theta + \dfrac{2}{3}\pi\right) \\ L_w = L_{a\sigma} + L_{a0} - L_{a2}\cos\left(2\theta - \dfrac{2}{3}\pi\right) \end{cases} \quad (7-2)$$

其中，$L_{a\sigma}$ 为定子绕组的漏电感；L_{a0} 为定子绕组自感的平均值；L_{a2} 为定子绕组自感的二次谐波幅值；θ 为 u 相绕组轴线与永磁体基波磁场轴线之间的夹度。M_{uv}、M_{vw}、M_{wu} 为绕组间的互感，且

$$\begin{cases} M_{uv} = -\dfrac{1}{2}L_{a0} - L_{a2}\cos\left(2\theta - \dfrac{2}{3}\pi\right) \\ M_{vw} = -\dfrac{1}{2}L_{a0} - L_{a2}\cos 2\theta \\ M_{wu} = -\dfrac{1}{2}L_{a0} - L_{a2}\cos\left(2\theta + \dfrac{2}{3}\pi\right) \end{cases} \quad (7-3)$$

与定子 u、v、w 相绕组交链的永磁体磁链为

$$\begin{cases} \psi_{fu} = \psi_{fm}\cos 2\theta \\ \psi_{fv} = \psi_{fm}\cos\left(2\theta - \dfrac{2}{3}\pi\right) \\ \psi_{fw} = \psi_{fm}\cos\left(2\theta + \dfrac{2}{3}\pi\right) \end{cases} \quad (7-4)$$

式中，ψ_{fm} 为与定子 u、v、w 相绕组交链的永磁体磁链的幅值。

若 ω 为转子旋转的角速度（电角度），则有

$$\theta = \int \omega \, dt \quad (7-5)$$

这时永磁体磁场在定子 u、v、w 相绕组中感应的旋转电动势 e_{fu}、e_{fv}、e_{fw} 为

$$\begin{cases} e_{fu} = P_n \psi_{fu} = -\omega\psi_{fm}\sin\theta \\ e_{fv} = P_n \psi_{fv} = -\omega\psi_{fm}\sin\left(2\theta - \dfrac{2}{3}\pi\right) \\ e_{fw} = P_n \psi_{fw} = -\omega\psi_{fm}\sin\left(2\theta + \dfrac{2}{3}\pi\right) \end{cases} \quad (7-6)$$

式中，P_n 为 ω 角速度下的微分算子。

设两相同步旋转坐标系的 d 轴与三相静止坐标系的 u 轴的夹角也为 θ，即取 d 轴方向与永磁体基波磁场轴线的方向一致，则从三相静止坐标系 u-v-w 到两相同步旋转坐标系 d-q 的变换矩阵 C 为

$$C = \begin{bmatrix} \cos\theta & \sin\theta \\ -\sin\theta & \cos\theta \end{bmatrix} \cdot \sqrt{\dfrac{2}{3}} \begin{bmatrix} 1 & -\dfrac{1}{2} & -\dfrac{1}{2} \\ 0 & \dfrac{\sqrt{3}}{2} & -\dfrac{\sqrt{3}}{2} \end{bmatrix}$$

$$= \sqrt{\frac{2}{3}} \begin{bmatrix} \cos\theta & \cos\left(\theta - \frac{2}{3}\pi\right) & \cos\left(\theta + \frac{2}{3}\pi\right) \\ -\sin\theta & -\sin\left(\theta - \frac{2}{3}\pi\right) & -\sin\left(\theta + \frac{2}{3}\pi\right) \end{bmatrix} \quad (7-7)$$

利用式(7-7)的变换矩阵，把式(7-1)的电压方程式变换到同步旋转坐标系下的电压方程为

$$\begin{bmatrix} u_d \\ u_q \end{bmatrix} = \begin{bmatrix} R_a + PL_d & -\omega L_q \\ \omega_d & R_a + PL_q \end{bmatrix} \begin{bmatrix} i_d \\ i_q \end{bmatrix} + \begin{bmatrix} 0 \\ \omega \psi_f \end{bmatrix} \quad (7-8)$$

式中，u_d、u_q 为 d、q 轴定子电压；i_d、i_q 为 d、q 轴定子电流；ψ_f 为永磁体磁链，$\psi_f = \sqrt{\frac{3}{2}} \psi_{fm}$；$L_d$、$L_q$ 为 d、q 轴定子绕组的自感，且

$$\begin{cases} L_d = L_{a\sigma} + \frac{3}{2}(L_{a0} - L_{a2}) \\ L_q = L_{a\sigma} + \frac{3}{2}(L_{a0} + L_{a2}) \end{cases} \quad (7-9)$$

图 7-9 为三相永磁同步电机的 d-q 变换模型。由于在定子上静止的三相绕组被变换成与转子同步旋转的 d、q 轴两个绕组，因此可认为 d、q 轴两个绕组是相对静止的，即可以把 d、q 轴两个绕组看成电气上相互独立的两个直流回路。

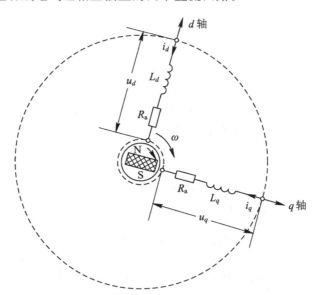

图 7-9 三相永磁同步电机的 d-q 变换模型

式(7-8)以及图 7-9 表明，坐标变换后 d-q 轴电机模型和直流电机坐标变换后的模型一样，电枢绕组沿半径方向接在无数换向片(集电环)上，通过与 d、q 轴相连的电刷给电枢绕组施加电压 u_d、u_q，从而产生电流 i_d、i_q。如果 u_d、u_q 为直流电压，则 i_d、i_q 为直流电流，可以作为两轴直流来处理。由于永磁体励磁磁场的轴线在 d 轴上，因此只在相位超前 $\pi/2$ 的 q 轴上感应旋转电动势，该电动势就是直流电动势。

永磁同步电机稳态运行时的基本矢量图如图 7-10 所示。图中，U_a 为电机端电压，X_d

和 X_q 分别为 d、q 轴电抗，E_a 为等效反电势，E_0 为反电动势，i_a 为等效电机电流。

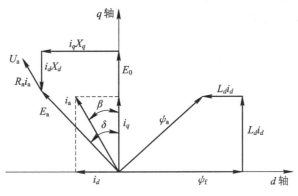

图 7-10 基本矢量图

电磁转矩 T_e 可以用与电枢绕组交链的永磁体磁链与电枢绕组电流乘积的和来表示。从而根据前面的坐标变换过程可得电磁转矩 T_e 的表达式为

$$T_e = P\psi_{fm} \left[-i_u - i_v \sin\left(\theta - \frac{2\pi}{3}\right) - i_w \sin\left(\theta + \frac{2\pi}{3}\right) \right]$$
$$= P[\psi_f i_q + (L_d - L_q)i_d i_q] \tag{7-10}$$

式(7-10)右边括号中的第 1 项 $\psi_f i_q$ 为永磁体与 q 轴电流作用产生的永磁转矩；第 2 项 $(L_d - L_q)i_d i_q$ 为凸极效应产生的磁阻转矩。对于内嵌式 PMSM，由于 $L_d < L_q$，因此，流过负向的 d 轴电流使磁阻转矩与永磁转矩相叠加，成为输出转矩的一部分。从图 7-10 中可以看出，负向的 d 轴电流产生的 d 轴电枢反应磁场极性与永磁体的极性相反。要注意不要使永磁体产生不可逆去磁。

近年来，随着永磁材料性能的提高，矫顽力高、去磁曲线为线性的稀土永磁体已经广泛地应用于电机领域，使永磁同步电机的弱磁控制成为可能，拓宽了电机的调速范围，提高了调速系统的效率。

7.3.2 永磁同步电机的 d、q 轴数学模型

1. 永磁同步电机的 d、q 轴基本数学模型

在永磁同步电机的各种电流控制方法中，通常都采用忽略铁损时的 d、q 轴数学模型，该模型称为基本数学模型。忽略铁损时，永磁同步电机的各状态量之间的关系整理如下。

电流关系式为

$$I_a = \sqrt{i_d^2 + i_q^2} \tag{7-11}$$

$$\begin{cases} i_d = -I_a \sin\beta \\ i_q = I_a \cos\beta \end{cases} \tag{7-12}$$

稳态时，等效电机电流的有效值 $I_a = \sqrt{3} I_\phi$（I_ϕ 为相电流的有效值）。

等效磁链有效值的关系式为

$$\begin{bmatrix} \psi_{ad} \\ \psi_{aq} \end{bmatrix} = \begin{bmatrix} L_d & 0 \\ 0 & L_q \end{bmatrix} \begin{bmatrix} i_d \\ i_q \end{bmatrix} + \begin{bmatrix} \psi_f \\ 0 \end{bmatrix} \tag{7-13}$$

$$\psi_a = \sqrt{\psi_{ad}^2 + \psi_{aq}^2} = \sqrt{(L_d i_d + \psi_f)^2 + (L_q i_q)^2} \tag{7-14}$$

等效电压有效值的关系式为

$$\begin{bmatrix} u_d \\ u_q \end{bmatrix} = \begin{bmatrix} R_a & 0 \\ 0 & R_a \end{bmatrix} \begin{bmatrix} i_d \\ i_q \end{bmatrix} + \begin{bmatrix} e_{ad} \\ e_{aq} \end{bmatrix} + P \begin{bmatrix} L_d & 0 \\ 0 & L_q \end{bmatrix} \begin{bmatrix} i_d \\ i_q \end{bmatrix} \tag{7-15}$$

$$\begin{bmatrix} e_{ad} \\ e_{aq} \end{bmatrix} = \begin{bmatrix} 0 & -\omega L_q \\ \omega L_d & 0 \end{bmatrix} \begin{bmatrix} i_d \\ i_q \end{bmatrix} + \begin{bmatrix} 0 \\ \omega \psi_f \end{bmatrix} \tag{7-16}$$

$$E_a = \sqrt{e_{ad}^2 + e_{aq}^2} = \omega \psi_a = \omega \sqrt{(L_d i_d + \psi_f)^2 + (L_q i_q)^2} \tag{7-17}$$

$$U_a = \sqrt{u_d^2 + u_q^2} = \sqrt{(R_a i_d - \omega L_q i_q)^2 + (R_a i_q + \omega L_d i_d + \omega \psi_f)^2} \tag{7-18}$$

$$\begin{cases} u_d = -U_a \sin\delta \\ u_q = U_a \cos\delta \end{cases} \tag{7-19}$$

式中，δ 为功角，即图 7-10 中 E_a 与 q 轴的夹角。稳态时，$U_a = U_1$（U_1 为线电压的有效值）。

功率因数为

$$\cos\varphi = \cos(\delta - \beta) \tag{7-20}$$

电磁转矩为

$$T_e = P_n [\psi_f i_q + (L_d - L_q) i_d i_q] = P_n \left[\psi_f I_a \cos\beta + \frac{1}{2}(L_d - L_q) I_a^2 \sin2\beta \right] = T_m + T_r \tag{7-21}$$

式中，β 为图 7-10 中 i_a 与 q 轴的夹角；T_m 为永磁转矩，$T_m = P_n \psi_f i_q = P_n \psi_f I_a \cos\beta$；$T_r$ 为磁阻转矩，$T_r = P_n (L_d - L_q) i_d i_q = \dfrac{P_n}{2}(L_d - L_q) I_a^2 \sin2\beta$。

2. 计及铁损时永磁同步电机的 d、q 轴数学模型

为了详细地分析电机的损耗以及对电机进行高效率控制，通常用图 7-11 所示的把铁损用等效铁损电阻 R_c 表示的等效电路。图中的 $\omega L_q i_{aq}$、$\omega L_d i_{ad}$ 和 $\omega \psi_f$ 分别表示 q 轴电枢反应电动势、d 轴电枢反应电动势和永磁体磁链产生的旋转电动势。

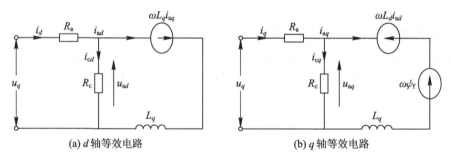

(a) d 轴等效电路　　　　　　　　　(b) q 轴等效电路

图 7-11　计及铁损时永磁同步电机的 d、q 轴等效电路

由于把等效铁损电阻与感应电动势 e_{ad}、e_{aq} 并联，因此 R_c 上产生的损耗与磁链和角速度的二次方成正比，这相当于铁损中的涡流损耗。

在图 7-11 所示的等效电路中，并没有考虑磁滞损耗，但是根据电源频率和磁链改变等效铁损电阻 R_c 的大小，也能得出包含磁滞损耗在内的铁损。

根据图 7-11 所示的等效电路可得如下计及铁损时永磁同步电机的各状态量之间的基本关系式。

电流关系式为

$$\begin{cases} i_{ad} = i_d - i_{cd} \\ i_{aq} = i_q - i_{cq} \\ i_{cd} = -\dfrac{\omega L_q i_{aq}}{R_c} \\ i_{cq} = \dfrac{\omega(\psi_f + L_d i_{ad})}{R_c} \end{cases} \qquad (7-22)$$

电压关系式为

$$\begin{bmatrix} u_d \\ u_q \end{bmatrix} = R_a \begin{bmatrix} i_{ad} \\ i_{aq} \end{bmatrix} + \left(1 + \dfrac{R_a}{R_c}\right) \begin{bmatrix} u_{ad} \\ u_{aq} \end{bmatrix} + P \begin{bmatrix} L_d & 0 \\ 0 & L_q \end{bmatrix} \begin{bmatrix} i_{ad} \\ i_{aq} \end{bmatrix} \qquad (7-23)$$

$$\begin{bmatrix} e_{ad} \\ e_{aq} \end{bmatrix} = \begin{bmatrix} 0 & -\omega L_q \\ \omega L_d & 0 \end{bmatrix} \begin{bmatrix} i_{ad} \\ i_{aq} \end{bmatrix} + \begin{bmatrix} 0 \\ \omega \psi_f \end{bmatrix} \qquad (7-24)$$

电磁转矩为

$$T_e = P_n \psi_f i_{aq} + (L_d - L_q) i_{ad} i_{aq} \qquad (7-25)$$

铜损为

$$P_{Cu} = R_a I_a^2 = R_a (i_d^2 + i_q^2) \qquad (7-26)$$

铁损为

$$P_{Fe} = \dfrac{E_a^2}{R_c} = \dfrac{e_{ad}^2 + e_{aq}^2}{R_c} = \dfrac{\omega^2 \left[(L_d i_{ad} + \psi_f)^2 + (L_d i_{aq})^2 \right]}{R_c} \qquad (7-27)$$

拓展学习

7.3

7.4 正弦波永磁同步电机的矢量控制方法

随着永磁同步电机调速系统应用的日益广泛,对系统性能的要求也越来越高。对永磁同步电机控制系统的基本要求可归纳为转矩控制的响应快、精度高、波动小;电机的效率高、功率因数高;系统的控制简单、调速范围宽、可靠性高等。控制交流调速系统的关键是实现电机瞬时转矩的高性能控制。从永磁同步电机的数学模型可看出,对电机输出转矩的控制最终归结为对交轴、直轴电流的控制。永磁同步电机矢量控制的电流控制方法主要有 $i_d = 0$ 控制、最

7.4

大转矩控制、弱磁控制、$\cos\varphi = 1$ 控制、最大效率控制等。下面对这几种方法进行分析。

7.4.1　$i_d = 0$ 控制

保持 d 轴电流为 0 的 $i_d = 0$ 控制是永磁同步电机矢量控制中最为常用的控制方法。这时的电流矢量随负载的变化在 q 轴上移动。

根据式(7-21)可得 $i_d = 0$ 时电机的电磁转矩为

$$T_e = P_n \psi_f i_q = P_n \psi_f I_a \tag{7-28}$$

可见，当 $i_d = 0$ 时，电机的电磁转矩和交轴电流呈线性关系，转矩中只有永磁转矩分量。此时在产生所要求转矩的情况下，需要的定子电流最小，从而使铜损下降，效率有所提高。对控制系统来说，只要检测出转子位置(d 轴)，使三相定子电流的合成电流矢量位于 q 轴上就可以了。

采用 $i_d = 0$ 控制时，电机端电压有效值 U_a、功角 δ 及功率因数 $\cos\varphi$ 分别为

$$U_a = \sqrt{(\omega\psi_f + R_a i_q)^2 + (\omega L_q i_q)^2} \tag{7-29}$$

$$\delta = \arctan \frac{\omega L_q i_q}{\omega\psi_f + R_a i_q} \approx \arctan \frac{L_q i_q}{\psi_f} \tag{7-30}$$

$$\cos\varphi = \cos\delta = \cos\left(\arctan \frac{L_q i_q}{\psi_f}\right) \tag{7-31}$$

从式(7-29)和式(7-30)中可以看出，采用 $i_d = 0$ 控制时，随着负载的增加，电机端电压增加，系统所需逆变器的容量增大，功角增加，电机功率因数减小。电机的最高转速受逆变器可提供的最高电压和电机的负载大小两方面的影响。

该控制方法因没有直轴电流，电机没有直轴电枢反应，不会使永磁体去磁。电机所有电流均用来产生电磁转矩，电流控制效率高。对于面贴式永磁同步电机，$i_d = 0$ 时，电机电流所产生的电磁转矩最大；但对于内嵌式永磁同步电机，电机磁阻转矩没有得到充分利用，不能充分发挥其输出转矩的能力。

7.4.2　最大转矩控制

1. 最大转矩电流比控制

根据前面的分析可知，对于同一电流，存在能够产生最大转矩的电流相位，这是电枢电流最有效地产生转矩的条件。为了达到这种状态，控制电流矢量的方式就叫作最大转矩电流比控制。对于满足该条件的最佳电流相位，可以根据用 I_a 和 β 表示的电磁转矩公式(7-21)得出，即对 β 求偏微分后，使其等于 0 即可，得

$$\beta = \arcsin\left(\frac{-\psi_f + \sqrt{\psi_f^2 + 8(L_q - L_d)^2 I_a^2}}{4(L_d - L_q)I_a}\right) \tag{7-32}$$

再根据式(7-11)、式(7-12)可得 d 轴、q 轴电流为

$$\begin{cases} i_d = \dfrac{-\psi_f + \sqrt{\psi_f^2 + 8(L_q - L_d)^2 I_a^2}}{4(L_d - L_q)} \\ i_q = \sqrt{I_a^2 - I_d^2} \end{cases} \tag{7-33}$$

在控制转矩时，随着输出转矩的增加，电机交、直轴电流按式(7-33)变化，电机特性便按最大转矩电流比的曲线变化。电机输出同样转矩时，电流最小，铜损最小，对逆变器容量的要求也最小。在此控制方式下，随着输出转矩的增加，电机端电压增加，功率因数下降，但输出电压没有 $i_d=0$ 控制时增加得快，功率因数也没有 $i_d=0$ 控制时下降得快。对于面贴式永磁同步电机，由于 $L_q=L_d$，因此 $\beta=0$，该控制方式就是 $i_d=0$ 控制方式。

2. 最大转矩磁链比控制（最大转矩电动势比控制）

根据前面的分析可知，产生同样的转矩，存在磁链最小的条件，这是对于磁链最有效的产生转矩的条件，也是铁损最小的条件。为达到这种状态而采用的控制方式就叫作最大转矩磁链比控制。

根据磁链表达式(7-14)和转矩表达式(7-21)，消去 i_q，把转矩用 ψ_a 和 i_d 表示，求 $\partial T/\partial i_d=0$，就可以得到如下所示的最大转矩磁链比控制的条件：

$$i_d=\frac{\psi_f+\Delta\psi_d}{L_a} \tag{7-34}$$

$$i_d=\frac{\sqrt{\psi_a^2-\Delta\psi_d^2}}{L_q} \tag{7-35}$$

$$\Delta\psi_d=\frac{-L_q\psi_f+\sqrt{(L_q\psi_f)^2+8(L_q-L_d)^2 I_a^2}}{4(L_q-L_d)} \tag{7-36}$$

式中，$\Delta\psi_d$ 为直轴磁链变化值，L_a 为等效电机电感。

根据关系式 $E_a=\omega\psi_a$ 可知，转矩磁链比（T/ψ_a）最大的条件与感应电动势与转矩比或感应电动势与输出功率最大的条件等效。因此也可以把最大转矩磁链比控制称为最大转矩电动势比控制或最大输出功率电动势比控制。

7.4.3 弱磁控制

永磁体励磁永磁同步电机不能像电励磁同步电机那样直接控制励磁磁通，但是根据前面的分析可知，如果在绕组中有负向的 d 轴电流流过，则可以利用 d 轴电枢反应的去磁效应使 d 轴方向的磁通减少，从而实现等效的弱磁控制。为区别于直接控制励磁磁通的弱磁控制，把这种控制称作弱磁控制。

对于电励磁同步电机，其弱磁控制伴随着转速的升高，从而使励磁电流减小，而永磁同步电机的弱磁控制是增加负向的 d 轴电流。

通过弱磁控制，可以把电机端电压 U_a 控制在限制值以下，在这里为了简单化，考虑把感应电动势 E_a 保持在极限值 E_{am} 上。把 $E_a=E_{am}$ 代入式(7-17)可得如下关系式：

$$(L_d i_d+\psi_f)^2+(L_q i_q)^2=\left(\frac{E_{am}}{\omega}\right)^2 \tag{7-37}$$

根据式(7-11)和式(7-37)可知，在 i_d-i_q 平面上，最大电流极限是以(0,0)为圆心，半径固定的圆，称为电流极限圆。随着电机转速的提高，最大电动势极限是一簇不断缩小，以($-\psi_f/L_d$, 0)为中心的椭圆，称为电动势极限椭圆。电流矢量必须位于电流极限圆和电动势极限椭圆内，否则电枢电流不能跟随给定电流，从而导致永磁同步电机的调速性能下降。在电机低速运行区域，电动势极限椭圆较大，电流控制器输出电流的能力主要受到电流极限圆的约束，从而限制了永磁同步电机低速时的输出转矩。在电机高速运行区域，电动势极限椭圆不断缩小，电动势极限椭圆成为逆变器输出约束的主要方面，从而限制了永磁同步电机的调速运行范围。

如果速度和 q 轴电流已经给定，根据式(7-37)可以得到 d 轴电流的表达式为

$$i_d = \frac{-\psi_f + \sqrt{\left(\frac{E_{am}}{\omega}\right)^2 - (L_q i_q)^2}}{L_d} \quad (7-38)$$

或

$$i_d = \frac{-\psi_f - \sqrt{\left(\frac{E_{am}}{\omega}\right)^2 - (L_q i_q)^2}}{L_d} \quad (7-39)$$

式中，$|i_q| \leqslant \dfrac{E_{am}}{\omega L_q}$。

对于同一个 q 轴电流，有两个 d 轴电流可供选择。但是由于电流值越小越好，因此当负载较小时，根据式(7-38)确定 d 轴电流；当负载增加，达到 $i_d = \psi_f / L_d$ 后，按照式(7-39)确定 d 轴电流。

在电压型逆变器驱动的电机系统中，在电机端电压不可能提高的情况下，采用弱磁控制可以使电机运行在额定转速以上，避免了电流控制器饱和，拓宽了电机系统的调速范围，并可保持输出功率恒定。

7.4.4　$\cos\varphi = 1$ 控制

根据式(7-20)可知，为了实现功率因数 $\cos\varphi = 1$，只要满足 $\delta = \beta$ 即可。根据式(7-12)、式(7-19)可得 $i_d/i_q = u_d/u_q$，再根据式(7-15)、式(7-16)可知，d、q 轴电流只要满足下面的关系式即可：

$$\left(i_d + \frac{\psi_f}{2L_d}\right)^2 + \left(\sqrt{\frac{L_q}{L_d}} i_q\right)^2 = \left(\frac{\psi_f}{2L_d}\right)^2 \quad (7-40)$$

可以看出式(7-40)为一椭圆方程，d 轴电流可由下式给出：

$$i_d = \frac{-\psi_f \pm \sqrt{\psi_f^2 - 4L_d L_q i_q^2}}{2L_d} \quad (7-41)$$

式中，$|i_q| \leqslant \dfrac{\psi_f}{2\sqrt{L_d L_q}}$。

采用 $\cos\varphi = 1$ 的控制方式时，逆变器的容量可以得到充分利用。

7.4.5　最大效率控制

在任意的负载状态(任意的转速、转矩)下，驱动电流一定存在最佳的大小和相位，使电机的铜损和铁损接近相等，此时电机的效率达到最大。电机效率最大的条件可以根据图 7-11 所示的计及铁损时永磁同步电机的 d、q 轴等效电路导出。把式(7-22)代入式

(7-26)，铜损 P_{cu} 就可以用 i_{ad}、i_{aq} 及 ω 表示，从而总损耗 P_{loss} 也能够用 i_{ad}、i_{aq} 及 ω 三个变量表示。另外，根据式(7-25)可以把转矩 T_e 用 i_{ad}、i_{aq} 表示，因此总损耗 P_{loss} 能够用 i_{ad}、ω 及 T_e 表示。

在某运行状态即角速度 ω 与 T_e 给定时，总损耗 P_{loss} 最小的条件可以根据 $\partial P_{loss}(i_{ad}, \omega, t)/\partial i_{ad}=0$ 由下面的关系式给出：

$$f_1(i_{ad})f_2(i_{aq}) = K_\omega T_e^2 \tag{7-42}$$

式中

$$f_1(i_{ad}) = P_n^2[R_a R_c i_{ad} + \omega^2 L_d (R_a + R_c)(\psi_f + L_d i_{ad})]$$

$$f_2(i_{aq}) = [\psi_f(L_d - L_q)i_{ad}]^3$$

$$K_\omega = [R_a R_c^2 + (\omega L_c)^2(R_a + R_c)](L_d - L_q)$$

从而根据速度和转矩能够得到电机损耗最小时的最佳电流 i_{ad}，而 i_{aq} 则根据式(7-25)变换后可由下式给出：

$$i_{aq} = \frac{T_e}{\psi_f + (L_q - L_d)i_{ad}} \tag{7-43}$$

实际上电机的 d、q 轴电流可以由下式给出：

$$\begin{cases} i_d = i_{ad} - \dfrac{\omega L_q i_{aq}}{R_c} \\ i_q = i_{aq} + \dfrac{\omega(\psi_f + L_d i_{ad})}{R_c} \end{cases} \tag{7-44}$$

但是，式(7-42)较为复杂，实际控制时，在控制周期内，根据式(7-42)直接计算 i_{ad} 比较困难，因此采用近似函数或查表的方法则较为实用。而且，等效铁损电阻 R_c 未必保持一定，随运行速度和负载状态变化的场合往往较多，需要注意。

根据式(7-42)～式(7-44)可以把 i_d 和 i_q 之间的关系用下式来近似表示：

$$i_d = K_0 + K_1 i_q + K_2 i_q^2 \tag{7-45}$$

式中，K_0、K_1、K_2 为根据速度确定的系数。

分析结果表明，由式(7-45)确定的 i_d 和 i_q 之间的近似关系值与实际关系值相比，误差非常小。因此，根据上述 d、q 轴电流之间的函数关系可知，在不同的速度条件下，控制驱动电流的大小和相位能够简单地实现电机的高效率运行。

另外，对于 $L_d = L_q$ 的 SPMSM，其条件表达式为 $f(i_{ad})=0$，i_{ad} 可以用比较简单的表达式给出，即

$$i_{ad} = -\frac{\omega^2 L_d \psi_f (R_a + R_c)}{R_a R_c^2 + \omega^2 L_d^2 (R_a + R_c)} \tag{7-46}$$

由于 i_{ad} 只是速度的函数，因此，只要根据速度的变化控制电流 i_{ad}，就可以简单地实现电机的最大效率控制。

采用最大效率控制方式与其他控制方式不同，即使输出转矩为零时，也有比较大的电流，该电流的主要成分是 d 轴电流。通过流过负向的 d 轴电流使铜损增加、铁损减小时，电机的整体损耗最小。

7.4.6 永磁同步电机的参数与输出范围

永磁同步电机的运行特性与电机的结构参数(特别是转子结构和控制方法)相关。本节主要分析在考虑电压、电流限制条件下,永磁同步电机的电机参数与输出范围的关系。

为了使结论具有普遍性,把电机参数(反电势 E_0、d、q 轴电抗)用电动势极限值 E_{am}、电流极限值 I_{am} 和基速 ω_b 表示成标幺值(各个参数的标幺值用带 * 的上角标表示),即

$$\begin{cases} E_0^* = \dfrac{\omega_b \psi_f}{E_{am}} \\ X_d^* = \dfrac{\omega_b L_d I_{am}}{E_{am}} \\ X_q^* = \dfrac{\omega_b L_q I_{am}}{E_{am}} \end{cases} \quad (7-47)$$

为简单起见,忽略电枢电阻的影响。电流矢量的控制方法是:在电压和电流的限制内,为了得到最大输出,在没有达到电压极限值的 $\omega < \omega_b$ 区域,采用最大转矩控制;在 $\omega > \omega_b$ 区域,采用弱磁控制。

转矩一定时的相位控制特性如图 7-12 所示。由图可知,永磁同步电机的速度-输出功率特性与 K_F(反电势标幺值 E_0^* 与 d 轴电抗标幺值 X_d^* 之差)直接相关,而 K_F 与电机参数之间的关系式为

$$K_F = E_0^* - X_d^* = \frac{\omega_b}{E_{am}}(\psi_f - L_d I_{am}) \quad (7-48)$$

$$\omega_c^* = \frac{1}{K_F} = \frac{E_{am}}{\omega_b(\psi_f - L_d I_{am})} \quad (7-49)$$

从式(7-48)、式(7-49)和图 7-12 中可以看出,当 $K_F < 0$ 时,在理论上,输出速度没有极限,可以达到无穷大,但是 K_F 越小,输出功率也越小;当 $K_F > 0$ 时,K_F 越大,最大转矩就越大,但输出极限速度就越低,恒功率运行范围就越窄;当 $K_F = 0$(即 $\psi_f = L_d I_{am}$ 时),输出没有极限,能够得到最大的输出范围和恒功率运行范围。

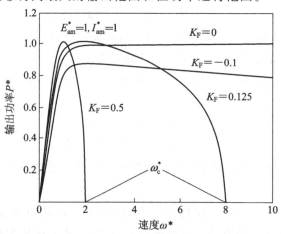

图 7-12 转矩一定时的相位控制特性

通常，永磁同步电机都具有 $K_F > 0$ 的电机参数。在 $K_F \leq 0$ 的范围内，速度-输出功率特性几乎只由 K_F 决定。图 7-13 为普通永磁同步电机特性模式，图 7-14 为速度 ω_c^* 与最大转矩 T_{emax}^*、恒功率运行的最高速度 ω_{cp}^*、恒功率输出范围 K_{cpr}、输出功率最大时的速度 ω_{mp}^* 之间的关系。图 7-13 和图 7-14 中曲线表明，最大转矩与恒功率输出范围之间存在折中关系，可以根据需要的恒功率输出范围确定 K_F，即确定 E_0^* 和 X_d^*。

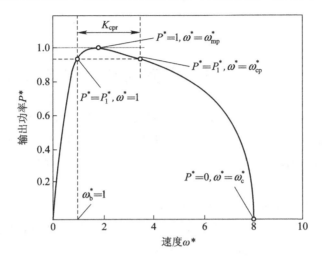

图 7-13　普通永磁同步电机特性模式

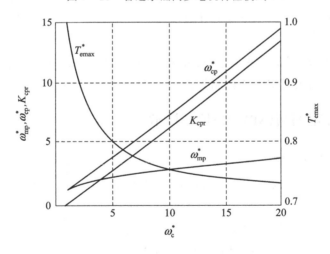

图 7-14　速度和各种特性之间的关系

由于永磁同步电机的速度-输出功率特性只由 K_F 决定，因此，满足所需要的速度-输出功率特性的电机参数组合有无数个，这使电机特性设计具有较大的自由度。虽然 K_F 是在电机设计阶段确定的参数，但即使是同一台电机，K_F 也随电流极限值 I_{am} 的不同而不同。在连续运行时，电流极限值 I_{am} 相当于额定电流；而在短时运行时，电流极限值 I_{am} 可以超过额定电流。

电机的凸极率 $\rho(\rho = L_q/L_d)$ 越小，E_0^* 就越大。为了得到较宽的恒功率输出范围，就必须增大 X_d^*，但是提高永磁体所在的直轴方向上的电感则比较困难。如果能够设计具有较大凸极率的电机，则可以减小 E_0^*，降低永磁体用量和成本。但是通常的 IPMSM 的凸极率只有 2～4，若要得到更大的凸极率，则必须在电机的结构设计上想办法。通过弱磁控制的电机在高速恒功率运行时，即使负载比较小，也要一直通 d 轴电流，因此有时会降低电机的效率。空载电动势达到电压极限值时的速度为 $\omega_0^* = 1/E_0^*$，要想使电机运行到 ω_0^* 以上，即使是空载，也要一直通 d 轴电流。因此，为了避免上述问题，就要采用 E_0^* 值小、凸极率大的电机。

7.5 脉宽调制控制技术

脉宽调制(pulse width modulation，PWM)控制技术是利用功率开关管的导通与关断把直流电压变成电压脉冲列，并通过控制电压脉冲宽度或周期达到变压目的，或者通过控制电压脉冲宽度和脉冲列的周期达到变压、变频目的的一种控制技术。PWM 控制技术具有下列优点：

(1) 主电路的拓扑结构简单，需要的功率器件少。
(2) 开关频率高，容易输出连续电流，谐波含量少，电机损耗及转矩波动小。
(3) 低速性能好，稳速精度高，调速范围宽。
(4) 与交流伺服电机配合形成的交流伺服系统的频带宽，动态响应快，抗干扰能力强。
(5) 功率开关管工作在开关状态，导通损耗小，当开关频率适当时，开关损耗也不大，因此系统的效率高。

交流伺服系统中常用的 PWM 控制方法有电压型正弦波 PWM 控制、电流跟踪型PWM 控制和电压空间矢量 PWM 控制等。

7.5.1 正弦波脉宽调制(SPWM)控制技术

1. 正弦波脉宽调制原理

图 7-15 是一个 PWM 控制原理示意图。将正弦半波波形划分成 N 等份，每一等份中的正弦曲线与横轴所包围的面积都用一个与此面积相等的等高矩形波来代替。显然，各个矩形波宽度不同，但它们的宽度大小按正弦规律曲线变化。正弦波的负半周期也可以用相同的方法，用一组等高不等宽的矩形负脉冲来代替。对于上述等效调宽脉冲，在选定了等分数 N 后，可以借助计算机严格地算出各段矩形脉冲宽度，以作为控制逆变电路开关元件通断的依据。这种由控制电路按一定的规律控制开关的通断，从而得到一组等效正弦波的一组等幅不等宽的矩形脉冲的方法称为正弦波脉宽调制(SPWM)。

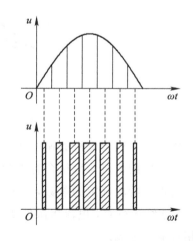

图 7-15　PWM 控制原理示意图

通常采用等腰三角波作为载波,因为等腰三角波上下宽度与高度呈线性关系且左右对称。当等腰三角波与任何一个平缓变化的调制波相交时,如果在交点时刻控制电路中开关元件的通断,则可以得到宽度正比于调制波幅值的脉冲,这正好符合 PWM 控制的要求。当调制波为正弦波时,所得到的就是 SPWM 波形。

图 7-16 是采用绝缘栅双极型晶体管(IGBT)作为功率开关管的电压型单相桥式 PWM 逆变电路。设负载为感性负载,L 足够大,能保证负载电流 i_o 连续。

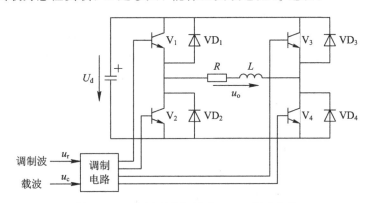

图 7-16 电压型单相桥式 PWM 逆变电路

对各功率开关管的控制应按下面规律进行:在信号(调制波)u_r 正半周期内,使功率开关管 V_1 保持导通,而使功率开关管 V_4 交替通断。当 V_1 和 V_4 导通时,加在负载上的电压 u_o 等于直流电源电压 U_d。当 V_1 导通而 V_4 关断时,由于感性负载中的电流不能突变,负载电流将通过二极管 VD_3 续流,因此负载上所加电压 $u_o=0$。如果负载电流较大,那么直到使 V_4 再一次导通之前,VD_3 一直保持导通。如果负载电流较快地衰减到零,那么在 V_4 再一次导通之前,负载电压也一直为零。这样,加在负载上的电压 u_o 就可得到 0 和 U_d 交替的两种电平。同样,在信号 u_r 负半周期内,使功率开关管 V_2 保持导通,当 V_3 导通时,$u_o=-U_d$;当 V_3 关断时,VD_4 续流,$u_o=0$,加在负载上的电压 u_o 可得到 $-U_d$ 和 0 交替的两种电平。这样,在 1 个周期内,逆变电路输出的 PWM 波形就由 $\pm U_d$ 和 0 三种电平组成。

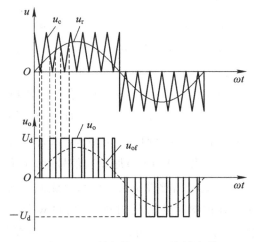

图 7-17 单极性 PWM 控制波形

控制 V_4 或 V_3 通断的方法是用单极性 PWM 控制，其波形如图 7-17 所示。载波 u_c 在调制波 u_r 的正半周期内为正极性的三角波，负半周期内为负极性的三角波。调制波 u_r 为正弦波，在 u_r 和 u_c 的交点时刻控制开关管 V_4 或 V_3 的通断。在 u_r 的正半周期内，V_1 保持导通，当 $u_r > u_c$ 时使 V_4 导通，电压 $u_o = U_d$，当 $u_r > u_c$ 时使 V_4 关断，$u_o = 0$；在 u_r 的负半周期内，V_1 关断，V_2 保持导通，当 $u_r > u_c$ 时使 V_3 导通，$u_o = -U_d$，当 $u_r > u_c$ 时使 V_3 关断，$u_o = 0$。这样，就得到了如图 7-17 所示的 u_o 的波形。图中的虚线 u_{of} 表示 u_o 中的基波分量。像这种在正弦调制波的半个周期内，三角载波只在正或负的一种极性范围内变化，所得到的 PWM 波形也只处于一个极性范围内的控制方式称为单极性 PWM 控制方式。

另外，和单极性 PWM 控制方式不同的是双极性 PWM 控制方式。单相桥式逆变电路双极性 PWM 控制波形如图 7-18 所示。采用双极性 PWM 控制方式时，在 u_r 的半个周期内，三角载波是在正、负两个方向变化的，所得到的 PWM 波形也是在两个方向变化的。在 u_r 的 1 个周期内，输出的 PWM 波形具有 $\pm U_d$ 两种电平，仍然在调制波 u_r 和载波 u_c 的交点时刻控制各功率开关管的通断。

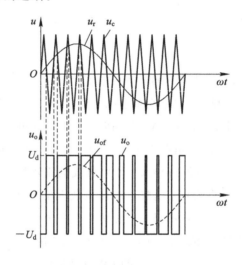

图 7-18 双极性 PWM 控制波形

在 PWM 逆变电路中，使用较多的是图 7-19(a) 所示的三相桥式 PWM 逆变电路，其控制方式一般都采用双极性 PWM 控制方式。u、v 和 w 三相的 PWM 控制通常共用一个三角载波 u_c，三相调制信号 u_{ru}、u_{rv} 和 u_{rw} 的相位依次相差 120°，u、v、w 各相功率开关管的控制规律相同，现以 u 相为例来说明。当 $u_{ru} > u_c$ 时，给上桥臂功率开关管 V_1 以触发导通信号，给下桥臂功率开关管 V_4 以关断信号，则 u 相相对于直流电源假想中点 N′ 的输出电压 $U_{uN'} = U_d/2$。当 $u_{ru} < u_c$ 时，给 V_4 以导通信号，给 V_1 以关断信号，则 $U_{uN'} = -U_d/2$。V_1 和 V_4 的驱动信号始终是互补的。当给 $V_1(V_4)$ 加导通信号时，可能是 $V_1(V_4)$ 导通，也可能是二极管 $VD_1(VD_4)$ 续流导通，这要由感性负载中原来电流的方向和大小决定，这和单相桥式 PWM 逆变电路双极性 PWM 控制时的情况相同。v 相和 w 相的控制方式和 u 相的相同。$u_{uN'}$、$u_{vN'}$ 和 $u_{wN'}$ 的波形如图 7-19(b) 所示。可以看出，这些波形都只有 $\pm U_d$ 两种电平。

图 7-19 中 $u_{uN'}$、$u_{vN'}$ 和 $u_{wN'}$ 均为矩形波，而线电压 u_{uv} 的波形可由 $u_{uN'} - u_{vN'}$ 得出。可

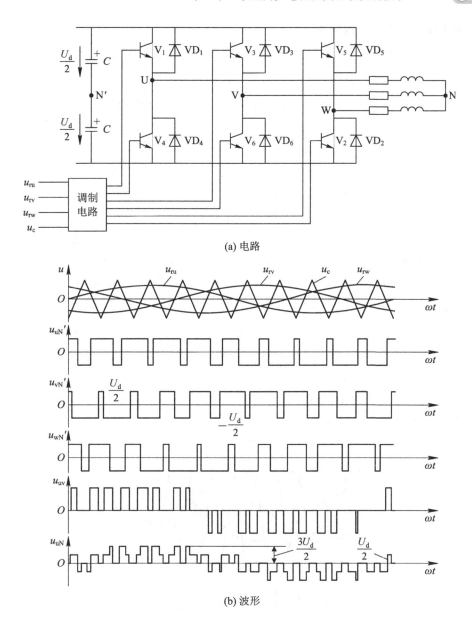

(a) 电路

(b) 波形

图 7-19 三相桥式 PWM 逆变电路与波形

以看出,当 V_1 和 V_6 导通时,$u_{uN'}=U_d$;当 V_3 和 V_4 导通时 $u_{uN'}=-U_d$,当 V_1 和 V_3 或 V_4 和 V_6 导通时,$u_{uv}=0$,因此逆变电路输出线电压由 $\pm U_d$、0 三种电平构成。

在双极性 PWM 控制方式中,同一相上、下两个桥臂的驱动信号都是互补的。但实际上为了防止上、下两个桥臂直通而造成短路,在给一个桥臂施加关断信号后,再延迟 Δt 时间,才给另一个桥臂施加导通信号。延迟时间的长短主要由功率开关管的关断时间决定。

负载相电压 u_{uN} 为

$$u_{uN}=u_{uN'}-\frac{u_{uN'}+u_{vN'}+u_{wN'}}{3} \tag{7-50}$$

其 PWM 波由 $(\pm 2/3)U_d$、$(\pm 1/3)U_d$ 和 0 共 5 种电平组成。

2. SPWM 逆变电路的控制方式

SPWM 逆变电路的控制方式有异步调制、同步调制和分段同步调制三种。

1) 异步调制

载波 u_c 和调制波 u_r 不保持同步关系的调制方式称为异步调制。在异步调制方式中,当调制波 u_r 的频率 f_r 变化时,通常保持载波 u_c 的频率 f_c 固定不变,因而载波比 $N(N=f_c/f_r)$ 是变化的。这样,在调制波的半个周期内,输出脉冲的个数不固定,脉冲相位也不固定,正、负半周期内的脉冲不对称,同时,半周期内前后 1/4 周期内的脉冲也不对称。

当调制波 u_r 的频率 f_r 较低时,载波比 N 较大,半个周期内的脉冲数较多,正、负半周期内脉冲不对称和半周期内前后 1/4 周期内脉冲不对称产生的影响都较小,输出波形接近正弦波。相反 f_c 增大时,N 减小,半个周期内的脉冲数减少,输出脉冲的不对称性的影响就变大,还会出现脉冲跳动。同时,输出特性变差,波形与正弦波之间的差距也变大。因此,在采用异步调制方式时,应尽量提高载波频率,以保持较大的载波比,从而改善输出特性。

2) 同步调制

载波比 N 为常数,并在变频时使载波和调制波保持同步的调制方式称为同步调制。在基本同步调制方式中,当调制波的频率变化时,载波比 N 不变。调制波在半个周期内输出的脉冲数是固定的,相位也是固定的。

在三相 PWM 逆变电路中,通常共用一个三角波,且取载波比 N 为 3 的整数倍,以使三相输出波形严格对称。同时为了使一相的 PWM 波形为正负半周镜像对称,N 应取为奇数。图 7-20 是 $N=9$ 时的同步调制三相 PWM 波形。

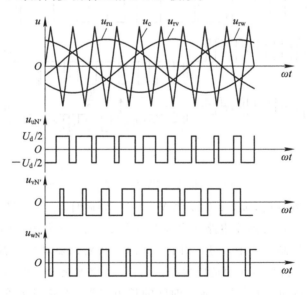

图 7-20 $N=9$ 时的同步调制三相 PWM 波形

3) 分段同步调制

为了扬长避短,可将同步调制和异步调制结合起来,成为分段同步调制方式,实用的 SPWM 逆变电路多采用此方式。

在一定频率范围内，采用同步调制，以保持输出波形对称。当频率降低较多时，使载波比分段、有级地增加，同时发挥异步调制的优势，这就是分段同步调制。具体地说，把 f_r 的范围划分成若干个频段，每个频段内保持 N 恒定，不同频段的 N 不同。在 f_r 高的频段采用较低的 N，使载波的频率不致过高，以满足功率开关管对开关频率的限制；在 f_r 低的频段采用较高的 N，使载波的频率不致过低而对负载产生不利影响。

从上面的分析中可以看出，SPWM 信号的开关状态由正弦波（调制波）和高频三角波（载波）的比较结果来确定。SPWM 控制实际上就是用一组经过调制的幅值相等、宽度不等的脉冲信号代替调制信号，用开关量取代模拟量，以实现功率高效变换的控制方法。SPWM 控制的准则是：调制后的信号除含有调制信号、频率很高的载波以及载波倍频附近的谐波分量外，几乎不含有其他谐波，特别是接近基波的低次谐波。由于频率很高的谐波可以被滤除，因此可以很容易地重现调制信号。SPWM 逆变电路的调制系数随基准波的频率线性变化，可以使基准波的输出电压与输出频率成正比，并容易地提供交流伺服电机恒转矩运行所需要的恒电压/频率电源。在 SPWM 控制中，调制波的频率决定了输出电压的频率，调制波的峰值决定了调制深度，从而也就决定了输出电压的有效值。改变调制深度可以改变输出电压的有效值，这样，与其他调制技术相比，失真系数大大改善。对于大的载波比，SPWM 逆变电路可以提供高品质的输出电压波形，因此 SPWM 逆变电路适于给交流伺服电机供电，甚至电机在很低的速度下也能平稳地旋转。在交流伺服电机的调速过程中，要求产生一组可调幅值和频率的三相正弦波基准电压。如果伺服电机运行在很低的速度直到停止，则基准振荡器必须有相应的降到零频的低频能力，这用传统的模拟电路方法和调制策略是很难实现的，而将现代数字电路技术、信号处理技术和 SPWM 控制技术结合可以轻易地达到这一点。基于以上诸多优点，SPWM 控制技术在交流伺服系统中得到了较为广泛的应用。

7.5.2 电流跟踪型 PWM 控制技术

伺服驱动系统必须满足严格的动态响应性能指标，并且能够平滑地调速，甚至在零速附近，这些特性的实现都依赖于电流控制的质量。在交流伺服系统中，需要保证电机电流为正弦电流，因为只有在交流电机绕组中通入三相平衡的正弦电流，才能使合成的电磁转矩为恒定值，不含脉动分量。因此，若能对电流实行闭环控制，以保证其正弦波形，则显然比电压开环控制能够获得更好的性能。

电流跟踪型 PWM 逆变电路又称为电流控制型电压源 PWM 逆变电路，它由 PWM 电压源型逆变电路与电流控制环组成。电流跟踪型 PWM 逆变电路的基本控制方法是，给定三相正弦电流 i_u^*、i_v^*、i_w^*，并分别与电流传感器实测的逆变电路三相输出电流 i_u、i_v、i_w 相比较，使其差值通过电流控制器控制 PWM 逆变电路相应的功率开关管。如果电流实际值大于给定值，则利用逆变电路功率开关管的动作使之减小；反之，则使之增大。这样，实际输出电流将基本按照给定的正弦电流变化。与此同时，逆变电路输出的电压波形仍为 PWM 波形。当功率开关管具有足够高的开关频率时，可以使电机的电流得到高品质的动态响应。

电流跟踪型 PWM 逆变电路兼有电压型逆变电路和电流型逆变电路的优点，即结构简单、工作可靠、响应快、谐波小、精度高。采用电流控制，可实现对电机定子相电流的在线自适应控制，因此电流跟踪型 PWM 控制技术特别适用于高性能的矢量控制系统。

通过判断逆变电路功率开关管的开关频率是否恒定，可以把电流跟踪型 PWM 逆变电路分为电流滞环跟踪控制型 PWM 逆变电路和固定开关频率型 PWM 逆变电路两种。

1. 电流滞环跟踪控制型 PWM 逆变电路

电流滞环跟踪控制型 PWM 逆变电路除了具有电流跟踪型 PWM 逆变电路的一般优点，还因为其电流动态响应快，系统运行不受负载参数的影响，实现方便，所以常用于高性能的交流伺服系统中。图 7-21 所示为电流滞环跟踪控制型 PWM 逆变电路的结构及电流控制原理图。

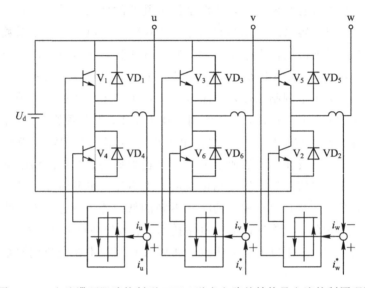

图 7-21 电流滞环跟踪控制型 PWM 逆变电路的结构及电流控制原理图

图 7-22 为电流滞环跟踪控制时的电流波形与 PWM 电压波形。图中的上、下两条正弦曲线分别称为滞环区的上部极限（$+h$）和下部极限（$-h$），简称为滞环上限和滞环下限，

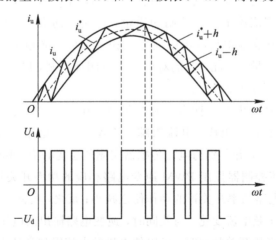

图 7-22 电流滞环跟踪控制时的电流波形与 PWM 电压波形

两个极限中间的区域称为滞环区,中间的一条正弦曲线是正弦基准波,环区中的实线是实际的电流。

在这里,电流控制器是带滞环的比较器(称为滞环比较器)。将给定参考电流 i_u^* 与输出电流 i_u 进行比较,当滞环宽度 Δi_u(图 7-22 中滞环上限和滞环下限之差)超过 $\pm h$ 时,滞环比较器控制逆变电路 u 相上(或下)桥臂的功率开关管动作。当 $i_u < i_u^*$,且 $i_u^* - i_u \geqslant h$ 时,滞环比较器输出正电平,驱动上桥臂的功率开关管 V_1 导通,逆变电路输出正电压,使 i_u 增大。当 i_u 增大到与 i_u^* 相等时,虽然 $\Delta i_u = 0$,但滞环比较器仍保持正电平输出,V_1 保持导通,使 i_u 继续增大。直到达到 $i_u = i_u^* + h$ 时,滞环比较器翻转,输出负电平,关断 V_1 并经延时后驱动 V_4。但此时 V_4 未必能够导通,因为绕组电感的作用,电流并未反向,而是通过二极管 VD_4 续流,使 V_4 受到反向钳位而不能导通。此后,电流逐渐减小,到达滞环宽度的下限值,滞环比较器再翻转,又重复使 V_1 导通。这样,V_1 与 V_4 交替工作,使逆变电路输出电流与给定值之间的偏差保持在 $-h \sim +h$ 范围内,在正弦波上下做锯齿状变化。因此,输出电流波形十分接近正弦波。

另外,从图 7-22 中可以看出,PWM 脉冲频率(即功率开关管的开关频率) f_T 是变量,其大小主要与下列因素有关:

(1) f_T 与滞环宽度 Δi_u 成反比,滞环越宽,f_T 越低。

(2) 逆变电路电源电压 U_d 越高,负载电流上升(或下降)的速度越快,i_u 达到滞环上限或下限的时间越短,因而 f_T 随 U_d 值的增大而增大。

(3) 电机电感 L 值越大,电流的变化率越小,i_u 达到滞环上限或下限的时间越长,因而 f_T 越小。

(4) f_T 与参考电流 i_u^* 的变化率有关,di_u^*/dt 越大,f_T 越小;越接近 i_u^* 的峰,di_u^*/dt 越小,而 PWM 脉宽越小,即 f_T 越大。

由上面的分析可以看出,这种具有固定滞环宽度的电流跟踪控制型 PWM 逆变电路存在一个问题,即在给定参考电流的一个周期内的 PWM 脉冲频率差别很大,显然在频率低的一段,电流的跟踪性差于频率高的一段。当参考电流的变化率接近于零时,功率开关管的工作频率增高,增加了开关损耗,甚至超出功率开关管的安全工作区。相反地,PWM 脉冲频率过低也不好,因为会产生低次谐波而影响电机的性能。

2. 固定开关频率型 PWM 逆变电路

在伺服驱动系统中,一般使用固定的开关频率,这样可以消除噪声,并且能更好地预测逆变电路的开关损耗。图 7-23 是常用的一种固定开关频率型 PWM 逆变电路(单相)的原理图。在固定开关频率型 PWM 逆变电路中,PWM 信号控制逆变电路的开关,该信号的占空比与电流偏差成正比。若基准电流比实际电流大,则电流偏差为正,上部器件的导通时间超过下部器件的导通时间,逆变电路桥臂主要被接通正的方向,以增加交流线电流;相反,如果电流偏差为负,则逆变电路桥臂主要被接通负的方向。另外,三相电路中有三个电流控制器,但高频三角载波信号对于全部三相是共用的,并且每一逆变电路桥臂在载波频率下开关,在正弦基准和高载波比下产生接近正弦的电机电流波形,且得到的电流波形只包含高次谐波。

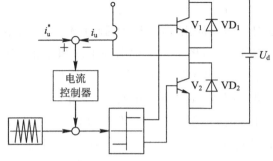

图 7-23　固定开关频率型 PWM 逆变电路（单相）的原理图

固定开关频率或电流滞环跟踪控制方式可以提供高质量、可控电流的交流电源。不管反电动势如何，具有快速电流控制环的高频逆变电路可以使电机电流在幅值和相位上被快速调整。在稳态运行中，精确地跟踪正弦基准电流可使电机在极低速情况下平滑旋转。采用 GTR、MOSFET、IGBT 等自关断、高频开关管组成的电压型逆变电路供电，系统的动、静态性能可以大大优化。

当交流伺服系统采用电流滞环跟踪控制方式时，输出电流的响应速度快，可以避免当负载出现低阻抗或短路时，冲击电流损坏器件。与电流滞环跟踪控制型 PWM 逆变电路相比，固定开关频率型 PWM 逆变电路可以减少跟踪误差，降低谐波电流的影响，消除开关频率在参考电流变化率接近零时的高频开关损耗以及频率过低时低次谐波造成的电流波形畸变。

7.5.3　电压空间矢量 PWM 控制技术

经典的 SPWM 控制主要着眼于使逆变电路的输出电压尽量接近正弦波，并未顾及输出电流的波形。而电流滞环跟踪控制则直接控制输出电流，使之在正弦波附近变化，这就比只要求正弦电压前进了一步。然而交流电机需要输入三相正弦电流的最终目的是在电机内部形成圆形旋转磁场，从而产生恒定的电磁转矩。如果针对这一目的，把逆变电路和交流电机视为一体，按照跟踪圆形旋转磁场来控制逆变电路的工作，其效果应该更好，这种控制方法称作磁链跟踪控制。下面的讨论将表明，磁链的轨迹是交替使用不同的电压空间矢量得到的，所以磁链跟踪控制又称为电压空间矢量 PWM（space vector PWM，SVPWM）控制。

电压空间矢量 PWM 控制技术是一种优化的 PWM 控制技术，能明显地减小逆变电路输出电流的谐波成分及电机的谐波损耗，降低转矩脉动，且其控制简单，数字化实现方便，电压利用率高，在交流伺服系统中得到了越来越广泛的应用。

1. 电压空间矢量 PWM 控制的基本概念

当用三相平衡的正弦电压向交流电机供电时，电机的定子磁链矢量幅值恒定，并以恒速旋转，磁链矢量的运动轨迹形成圆形的空间旋转磁场（磁链圆）。因此如果有一种方法使逆变电路能向交流电机提供可变频电源，并能保证电机形成定子磁链圆，则可以实现交流电机的变频调速。

电压空间矢量是按照电压所加在绕组的空间位置来定义的,如图 7-24。电机的三相定子绕组可以定义一个三相平面静止坐标系。这是一个特殊的坐标系,A、B、C 分别表示在空间静止不动的电机定子三相绕组轴线,它们互相间隔 120°,分别代表三个相。三相定子相电压 U_A、U_B、U_C 分别施加在三相绕组上,形成三个相电压空间矢量 $\boldsymbol{u}_A$、$\boldsymbol{u}_B$、$\boldsymbol{u}_C$,它们的方向始终在各相的轴线上,大小则随时间按正弦规律变化。因此,三个相电压空间矢量相加所形成的一个合成电压空间矢量 $\boldsymbol{u}_S$ 是一个以电源角频率 ω 速度旋转的空间矢量,且

$$\boldsymbol{u}_S = \boldsymbol{u}_A + \boldsymbol{u}_B + \boldsymbol{u}_C \tag{7-51}$$

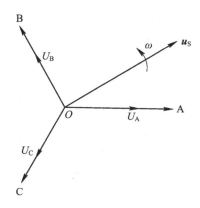

图 7-24 电压空间矢量

同理,也可以定义三相电流和三相磁链合成的空间矢量 $\boldsymbol{I}_S$ 和 $\boldsymbol{\psi}_S$。

用合成空间矢量表示的三相交流电机定子绕组的电压方程式为

$$\boldsymbol{u}_S = R\boldsymbol{I}_S + \frac{\mathrm{d}\boldsymbol{\psi}_S}{\mathrm{d}t} \tag{7-52}$$

式中,$\boldsymbol{u}_S$ 为定子三相电压合成的空间矢量(简称为定子电压矢量);$\boldsymbol{I}_S$ 为定子三相电流合成的空间矢量(简称为定子电流矢量);$\boldsymbol{\psi}_S$ 为定子三相磁链合成的空间矢量(简称为定子链磁矢量),R 为定子绕组电阻。

通常,由于定子绕组电阻 R 的压降相对较小,可以忽略不计,因此式(7-52)可简化为

$$\boldsymbol{u}_S \approx \frac{\mathrm{d}\boldsymbol{\psi}_S}{\mathrm{d}t} \tag{7-53}$$

或

$$\boldsymbol{\psi}_S \approx \int \boldsymbol{u}_S \mathrm{d}t \tag{7-54}$$

当电机由三相对称正弦电压供电时,其定子磁链矢量幅值恒定,定子磁链矢量以恒速旋转,矢量顶端的运动轨迹呈圆形(一般简称为磁链圆),这样的定子磁链矢量的值可用下式表示:

$$\boldsymbol{\psi}_S = \psi_m \mathrm{e}^{\mathrm{j}\omega t} \tag{7-55}$$

所以

$$\boldsymbol{u}_S = \frac{\mathrm{d}(\psi_m \mathrm{e}^{\mathrm{j}\omega t})}{\mathrm{d}t} = \mathrm{j}\omega\psi_m \mathrm{e}^{\mathrm{j}\omega t} = \omega\psi_m \mathrm{e}^{\mathrm{j}\left(\omega t + \frac{\pi}{2}\right)} \tag{7-56}$$

式中,ψ_m 为定子磁链矢量幅值,ω 为定子磁链矢量的角频率。

式(7-56)说明,当定子磁链矢量幅值 ψ_m 一定时,u_s 的大小与 ω 成正比,或者说电压与频率 f 成正比。电压矢量的相位超前于磁链矢量 $\pi/2$ 相位角,即电压矢量的方向是磁链圆轨迹的切线方向。当磁链矢量在空间旋转一周时,电压矢量也连续地按磁链圆轨迹的切线方向运动 2π 弧度,其运动轨迹与磁链圆的重合。这样,电机旋转磁场的形状问题就可转化为电压空间矢量运动轨迹的形状问题。

2. 基本电压空间矢量

图 7-25 是一个典型的三相电压型 PWM 逆变电路。利用这种逆变电路功率开关管的开关状态和顺序组合,以及开关时间的调整,以保证电压空间矢量圆形运行轨迹为目标,就可以得到谐波含量少、直流电源电压利用率高的输出。

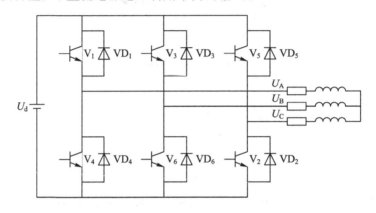

图 7-25 三相电压型 PWM 逆变电路

图 7-25 中的 $V_1 \sim V_6$ 是 6 个功率开关管,用 a、b、c 分别代表 3 个桥臂的开关状态。规定:当上桥臂功率开关管是"开"状态时(此时下桥臂功率开关管必然是"关"状态),开关状态为 1;当下桥臂功率开关管是"开"状态时(此时上桥臂功率开关管必然是"关"状态),开关状态为 0。三个桥臂只有"1"或"0"两种状态,因此 a、b、c 形成 000、001、010、011、100、101、110、111 共 8 种($2^3=8$)开关状态。其中 000 和 111 开关状态使逆变电路输出电压为零,所以称这两种开关状态为零状态。

可以推导出三相逆变电路输出的线电压矢量 $[U_{AB}, U_{BC}, U_{CA}]^T$ 与开关状态矢量 $[a, b, c]^T$ 的关系为

$$\begin{bmatrix} U_{AB} \\ U_{BC} \\ U_{CA} \end{bmatrix} = U_d \begin{bmatrix} 1 & -1 & 0 \\ 0 & 1 & -1 \\ -1 & 0 & 1 \end{bmatrix} \begin{bmatrix} a \\ b \\ c \end{bmatrix} \quad (7-57)$$

三相逆变电路输出的相电压矢量 $[U_A, U_B, U_C]^T$ 与开关状态矢量 $[a, b, c]^T$ 的关系为

$$\begin{bmatrix} U_A \\ U_B \\ U_C \end{bmatrix} = \frac{1}{3} U_d \begin{bmatrix} 2 & -1 & -1 \\ -1 & 2 & -1 \\ -1 & -1 & 2 \end{bmatrix} \begin{bmatrix} a \\ b \\ c \end{bmatrix} \quad (7-58)$$

式中,U_d 为直流母线电压。

式(7-57)和式(7-58)的对应关系也可用表 7-1 来表示。将表 7-1 中的 8 组相电压值代入式(7-57),就可以求出这些相电压的矢量和与相位角。这 8 个矢量和就称为基本电

压空间矢量,根据其相位角的特点,基本电压空间矢量分别命名为 $\boldsymbol{O}_{000}$、$\boldsymbol{U}_0$、$\boldsymbol{U}_{60}$、$\boldsymbol{U}_{120}$、$\boldsymbol{U}_{180}$、$\boldsymbol{U}_{240}$、$\boldsymbol{U}_{300}$、$\boldsymbol{O}_{111}$,其中 $\boldsymbol{O}_{000}$、$\boldsymbol{O}_{111}$ 称为零矢量。图 7-26 给出了 8 个基本电压空间矢量的大小和位置。其中非零矢量的幅值相同,相邻的矢量间隔 60°,而两个零矢量的幅值为零,位于中心。

表 7-1 开关状态与相电压和线电压的对应关系

a	b	c	U_A	U_B	U_C	U_{AB}	U_{BC}	U_{CA}
0	0	0	0	0	0	0	0	0
1	0	0	$\frac{2}{3}U_d$	$-\frac{1}{3}U_d$	$-\frac{1}{3}U_d$	U_d	0	$-U_d$
1	1	0	$\frac{1}{3}U_d$	$\frac{1}{3}U_d$	$-\frac{2}{3}U_d$	0	U_d	$-U_d$
0	1	0	$-\frac{1}{3}U_d$	$\frac{2}{3}U_d$	$-\frac{1}{3}U_d$	$-U_d$	U_d	0
0	1	1	$-\frac{2}{3}U_d$	$\frac{1}{3}U_d$	$\frac{1}{3}U_d$	$-U_d$	0	U_d
0	0	1	$-\frac{1}{3}U_d$	$-\frac{1}{3}U_d$	$\frac{2}{3}U_d$	0	$-U_d$	U_d
1	0	1	$\frac{1}{3}U_d$	$-\frac{2}{3}U_d$	$\frac{1}{3}U_d$	U_d	$-U_d$	0
1	1	1	0	0	0	0	0	0

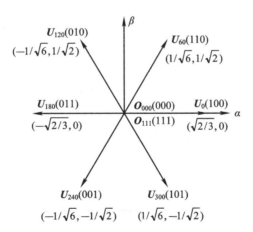

图 7-26 基本电压空间矢量

表 7-1 中的线电压和相电压值是在三相 ABC 平面坐标系中的值,在控制程序计算中,为了计算方便,需要将其转换到 $\alpha\beta$ 平面直角坐标系中。$\alpha\beta$ 平面直角坐标系中的 α 轴与 A 轴重合,β 轴超前 α 轴 90°。如果将在每个坐标系中电机的总功率不变作为两个坐标系的转换原则,则变换矩阵为

$$T_{ABC-\alpha\beta} = \sqrt{\frac{2}{3}} \begin{bmatrix} 1 & -\frac{1}{2} & -\frac{1}{2} \\ 0 & \frac{\sqrt{3}}{2} & -\frac{\sqrt{3}}{2} \end{bmatrix} \quad (7-59)$$

利用这个变换矩阵,就可以将三相 ABC 平面坐标系中的相电压转换到 $\alpha\beta$ 平面直角坐标系中,其转换式为

$$\begin{bmatrix} U_\alpha \\ U_\beta \end{bmatrix} = \sqrt{\frac{2}{3}} \begin{bmatrix} 1 & -\frac{1}{2} & -\frac{1}{2} \\ 0 & \frac{\sqrt{3}}{2} & -\frac{\sqrt{3}}{2} \end{bmatrix} \begin{bmatrix} U_A \\ U_B \\ U_C \end{bmatrix} \quad (7-60)$$

根据式(7-60),可将表 7-1 中与开关状态 a、b、c 对应的相电压转换成 $\alpha\beta$ 平面直角坐标系中的分量,转换结果见表 7-2。

表 7-2 开关状态与相电压在 $\alpha\beta$ 平面直角坐标系中的分量的对应关系

a	b	c	U_α	U_β	矢量
0	0	0	0	0	O_{000}
1	0	0	$\sqrt{\frac{2}{3}}U_d$	0	U_0
1	1	0	$\sqrt{\frac{1}{6}}U_d$	$\sqrt{\frac{1}{2}}U_d$	U_{60}
0	1	0	$-\sqrt{\frac{1}{6}}U_d$	$\sqrt{\frac{1}{2}}U_d$	U_{120}
0	1	1	$-\sqrt{\frac{2}{3}}U_d$	0	U_{180}
0	0	1	$-\sqrt{\frac{1}{6}}U_d$	$-\sqrt{\frac{1}{2}}U_d$	U_{240}
1	0	1	$\sqrt{\frac{1}{6}}U_d$	$-\sqrt{\frac{1}{2}}U_d$	U_{300}
1	1	1	0	0	O_{111}

3. 磁链轨迹的控制

下面分析基本电压空间矢量与磁链轨迹的关系。

当逆变电路单独输出基本电压空间矢量 U_0 时,电机的定子磁链矢量 ψ_S 的矢端从 A 点到 B 点沿平行于 U_0 方向移动,如图 7-27 所示。当移动到 B 点时,如果改基本电压空间矢量为 U_{60} 输出,则定子磁链矢量 ψ_S 的矢端也相应改为从 B 点到 C 点的移动。这样下去,当

全部六个非零基本电压空间矢量分别依次单独输出后,定子磁链矢量 $\boldsymbol{\psi}_S$ 矢端的运动轨迹是一个正六边形。将图 7-27 划分成 6 个区域,称为扇区,每个区域都有一个扇区号(如图中的 1、2、3、4、5、6)。

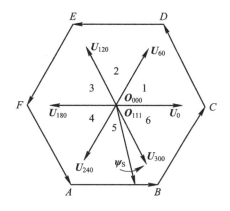

图 7-27 正六边形磁链轨迹

显然,按照这样的供电方式只能形成正六边形旋转磁场,而不是我们希望的圆形旋转磁场。

怎样获得圆形旋转磁场呢?一个思路是,如果在定子里形成的旋转磁场不是正六边形旋转磁场,而是正多边形旋转磁场,那么就可以得到近似的圆形旋转磁场。显然,正多边形的边越多,近似程度就越好。但是非零的基本电压空间矢量只有六个,如果想获得尽可能多的正多边形旋转磁场,那么就必须有更多的逆变电路开关状态。一种方法是利用六个非零的基本电压空间矢量的线性时间组合得到更多的开关状态。下面介绍这种线性时间组合的方法。

基本电压空间矢量的线性组合如图 7-28 所示。在图中,$\boldsymbol{U}_x$ 和 $\boldsymbol{U}_{x\pm60}$ 代表相邻的两个基本电压空间矢量;$\boldsymbol{U}_{\text{ref}}$ 是输出的参考相电压矢量,其幅值代表相电压的幅值,其旋转角速度就是输出正弦电压的角频率。$\boldsymbol{U}_{\text{ref}}$ 可由 $\boldsymbol{U}_x$ 和 $\boldsymbol{U}_{x\pm60}$ 的线性时间组合合成,它等于 t_1/T 倍的 $\boldsymbol{U}_x$ 与 t_2/T 倍的 $\boldsymbol{U}_{x\pm60}$ 的矢量和,其中 t_1 和 t_2 分别是 $\boldsymbol{U}_x$ 和 $\boldsymbol{U}_{x\pm60}$ 作用的时间,T 是 $\boldsymbol{U}_{\text{ref}}$ 作用的时间。

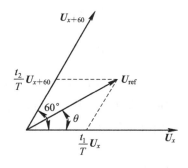

图 7-28 基本电压空间矢量的线性组合

按照这种方式,在下一个 T 期间,仍然用 $\boldsymbol{U}_x$ 和 $\boldsymbol{U}_{x\pm60}$ 的线性时间组合,但作用的时间 t_1'

和 t_2' 与上一次的不同,它们必须保证所合成的新电压空间矢量 U_{ref}' 与原来的电压空间矢量 U_{ref} 的幅值相等。

如此下去,在每一个 T 期间,改变相邻的两个基本电压空间矢量作用的时间,并保证所合成的电压空间矢量的幅值都相等。因此,当 T 取足够小时,电压空间矢量的轨迹是一个近似圆形的正多边形。

现在,我们分析 t_1 和 t_2 的确定方法。如上面所述,线性时间组合的电压空间矢量 U_{ref} 是 t_1/T 倍的 U_x 与 t_2/T 倍的 $U_{x\pm60}$ 的矢量和,即

$$U_{ref} = \frac{t_1}{T}U_x + \frac{t_2}{T}U_{x\pm60} \tag{7-61}$$

由图 7-28 根据三角形的正弦定理有

$$\frac{\frac{t_1}{T}U_x}{\sin(60°-\theta)} = \frac{U_{ref}}{\sin120°} \tag{7-62}$$

$$\frac{\frac{t_2}{T}U_{x\pm60}}{\sin\theta} = \frac{U_{ref}}{\sin120°} \tag{7-63}$$

式中,U_{ref}、U_x 和 $U_{x\pm60}$ 为电压空间矢量 U_{ref}、U_x 和 $U_{x\pm60}$ 的模,且有 $U_x = U_{x\pm60} = 2U_d/3$。由式(7-62)和式(7-63)解得

$$\begin{cases} t_1 = \dfrac{2U_{ref}}{\sqrt{3}U_x}T\sin(60°-\theta) \\ t_2 = \dfrac{2U_{ref}}{\sqrt{3}U_{x\pm60}}T\sin\theta \end{cases} \tag{7-64}$$

在这里,定义 SVPWM 的调制度 M 为

$$M = \frac{U_{ref}}{\dfrac{U_d}{2}} \tag{7-65}$$

根据式(7-65)可以把式(7-64)整理为

$$\begin{cases} t_1 = \dfrac{\sqrt{3}}{2}MT\sin(60°-\theta) \\ t_2 = \dfrac{\sqrt{3}}{2}MT\sin\theta \end{cases} \tag{7-66}$$

在式(7-66)中,T 可事先选定,U_{ref} 可由 U/F 曲线确定,θ 可由 ω 和 nT 的乘积确定。因此,当已知两相邻的基本电压空间矢量 U_x 和 $U_{x\pm60}$ 后,就可以根据式(7-66)确定 t_1 和 t_2。用相同的方法可以计算出参考相电压矢量 U_{ref} 在其他 5 个扇区内基本空间矢量上的工作时间。

在图 7-27 中,当逆变电路单独输出零矢量 O_{000} 和 O_{111} 时,电机的定子磁链矢量 ψ_s 是不动的。根据这个特点,在 T 期间插入零矢量作用的时间 t_0,使

$$T = t_1 + t_2 + t_0 \tag{7-67}$$

通过这种方法,可以调整角频率,从而达到变频的目的。

添加零矢量是遵循使功率开关管的开关次数最少的原则来选择 O_{000} 和 O_{111} 的。为了使定子磁链矢量的运动速度平滑,零矢量一般都不是集中加入的,而是将零矢量平均分成几份,多点地插入到磁链轨迹中,但作用的时间和仍为 t_0,这样可以减少电机的转矩脉动。

在实际系统中,应该尽量减少开关状态变化时引起的开关损耗,因此不同开关状态的顺序必须遵守下述原则:每次切换开关状态时,只切换一个功率开关管,以满足开关损耗最小。

在每个调制周期内,为使逆变电路输出的波形对称,把每个基本电压空间矢量的作用时间都一分为二,同时使两个零矢量 O_{000} 和 O_{111} 的作用时间相同。根据零矢量的分割方法的不同,可以产生多种 SVPWM 波形。目前,比较通用的是七段式 SVPWM 波形,即 SVPWM 波形由 3 段零矢量和 4 段该扇区内的两个基本电压空间矢量组成,3 段零矢量分别位于调制周期的开始、中间及末尾。图 7-29 为参考相电压矢量位于第 1 扇区时的七段式 SVPWM 波形。调制周期内基本电压空间矢量作用的次序为 $O_{000} \to U_0 \to U_{60} \to O_{111} \to U_{60} \to U_0 \to O_{000}$。用类似的方法可以计算出当参考相电压矢量 U_{ref} 在其他 5 个扇区内时,SVPWM 控制的三相逆变电路的开关时间、基本电压空间矢量作用次序及波形。

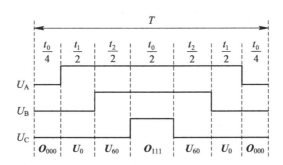

图 7-29 参考相电压矢量位于第 1 扇区时的七段式 SVPWM 波形

4. 扇区号的确定

确定 U_{ref} 位于哪个扇区是非常重要的,因为只有知道 U_{ref} 位于哪个扇区,才能知道用哪一对相邻的基本电压空间矢量合成 U_{ref}。确定 U_{ref} 所在的扇区号的方法如下。

当 U_{ref} 以 $\alpha\beta$ 平面直角坐标系上的分量形式 $U_{ref\alpha}$、$U_{ref\beta}$ 给出时,首先,用下式计算出辅助变量 B_0、B_1、B_2,即

$$\begin{cases} B_0 = U_\beta \\ B_1 = \sin 60° U_\alpha - \sin 30° U_\beta \\ B_2 = -\sin 60° U_\alpha - \sin 30° U_\beta \end{cases} \tag{7-68}$$

然后,用下式计算 S 值:

$$S = 4\mathrm{sign}(B_2) + 2\mathrm{sign}(B_1) + \mathrm{sign}(B_0) \tag{7-69}$$

式中,$\mathrm{sign}(x)$ 为符号函数,如果 $x > 0$,则 $\mathrm{sign}(x) = 1$;如果 $x \leq 0$,则 $\mathrm{sign}(x) = 0$。

最后,根据 S 值查表 7-3,即可确定扇区号。

表 7-3 S 值与扇区号的对应关系

S	1	2	3	4	5	6
扇区号	2	6	1	4	3	5

当由六个基本电压空间矢量合成的矢量以近似圆形轨迹旋转时，其圆形轨迹的旋转半径受六个基本电压空间矢量幅值的限制。最大的圆形轨迹是六个基本电压空间矢量幅值所组成的正六边形的内接圆，如图 7-30 所示。

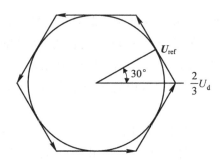

图 7-30 输出电压最大轨迹圆

由图 7-30 可知，U_{ref} 的最大幅值即为内切圆的半径，即

$$U_{ref} = \frac{2}{3}U_d \sin 60° = \frac{1}{\sqrt{3}}U_d \tag{7-70}$$

即相电压的峰值 $U_{\phi m}$ 与线电压的峰值 U_{lm} 分别为

$$U_{\phi m} = \frac{1}{\sqrt{3}}U_d \tag{7-71}$$

$$U_{lm} = \sqrt{3}U_{\phi m} = U_d \tag{7-72}$$

常规 SPWM 在满调制时，输出相电压的基波峰值为 $U_d/2$，输出线电压的基波峰值为 $\sqrt{3}U_d/2$，可见 SVPWM 的线性工作区比常规 SPWM 的高 15.47%，即 SVPWM 的线性调制比可达 1.1547，这意味着 SVPWM 比常规 SPWM 有更宽的线性工作范围，此时输出线电压的基波峰值为直流母线电压，达到了在线性调制区的最大值。

归纳起来，SVPWM 控制方式有以下特点：

(1) 逆变电路的一个工作周期分成 6 个扇区，每个扇区相当于常规六拍逆变电路的一拍。为了使电机旋转磁场逼近圆形，每个扇区再分成若干个小区间 T，T 越短，旋转磁场越接近圆形，但 T 的缩短受到功率开关管允许的开关频率的制约。

(2) 在每个小区间内虽有多次开关状态的切换，但每次切换都只涉及一个功率开关管，因而开关损耗较小。

(3) 每个小区间均以零矢量开始，又以零矢量结束。

(4) 利用基本电压空间矢量直接生成三相 PWM 波，计算简便。

(5) 采用 SVPWM 控制时，逆变电路输出线电压的基波峰最大值为直流母线电压，这比一般的 SPWM 逆变电路输出电压提高了 15%。

7.6 本章小结

本章首先针对永磁同步伺服控制系统进行了简单的介绍,然后详细地介绍了永磁同步电机的结构和运行原理,并以正弦波永磁同步电机为例重点阐述了矢量控制的电流控制方法和控制系统的搭建,最后介绍了 PWM 控制技术的实现方法。

本章的核心内容是正弦波永磁同步电机矢量控制的电流控制方法(包括 $i_d=0$ 控制、最大转矩控制、弱磁控制、$\cos\varphi=1$ 控制和最大效率控制等),详细介绍了这些控制方法的原理和应用场合。PWM 控制技术即脉宽调制控制技术,由于其具有调速性能良好、电机转矩波动小、响应速度快等优点,在交流伺服调速中得到了广泛应用。

7.7 课后习题

1. 填空题:永磁同步电机伺服控制系统的基本部分由永磁同步电机(PMSM)、电压型 PWM 逆变器、_____、_____、_____、_____等部分构成。
2. 填空题:永磁同步电机由定子和转子两部分构成。定子主要包括_____和_____。
3. 填空题:永磁同步电机矢量控制的电流控制方法主要有_____控制、_____控制、弱磁控制、_____控制、_____控制等。
4. 填空题:采用 SVPWM 控制时,逆变电路输出线电压的峰值为直流母线电压,这比一般的 SPWM 逆变电路输出电压提高了_____。
5. 简答题:对比说明交流永磁同步电机和无刷直流伺服电机在结构、运行原理、运行特性、控制方法等方面的不同点。
6. 简答题:简述正弦波脉宽调制的基本原理。

第8章 步进电机及其驱动控制技术

步进电机是将电脉冲信号转变为角位移或线位移的开环控制电机,又称为脉冲电机。在非超载的情况下,步进电机的转速、停止的位置只取决于脉冲信号的频率和脉冲数,而不受负载变化的影响。步进电机工作时的位置和速度信号不反馈给控制系统,如果步进电机工作时的位置和速度信号反馈给控制系统,那么它就属于伺服电机。相对于伺服电机,步进电机的控制相对简单,但其不适用于精度要求较高的场合。步进电机的优点是控制简单、精度高、没有累积误差、结构简单、维修方便,制造成本低,缺点是噪声大、震动强和效率低,有时会"失步"。步进电机带动负载惯量的能力大,适用于中小型机床和速度精度要求不高的地方。

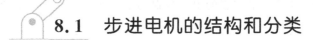 8.1 步进电机的结构和分类

8.1

步进电机种类繁多,按其运动形式可分为旋转式步进电机和直线式步进电机两大类;按其工作原理又可分为反应式步进电机、永磁式步进电机和混合式步进电机三类。下面主要从工作原理分类出发分别介绍反应式步进电机、永磁式步进电机和混合式步进电机的典型结构。

8.1.1 反应式步进电机

反应式步进电机亦称为磁阻式步进电机,是目前应用最广泛的一种步进电机。它的定子铁芯均由硅钢片叠压制成,定子上有多相绕组,利用磁导的变化产生转矩。反应式步进电机的相数一般为三、四、五、六相。按照绕组排列方式的不同,反应式步进电机可分为单段反应式步进电机和多段反应式步进电机。

1. 单段反应式步进电机

单段反应式步进电机又称为径向分相式步进电机,它是目前步进电机中使用最多的一种,其结构如图 8-1 所示。定子绕组的磁极对数 p 通常为相数 m 的两倍,即 $p=2m$。每个磁极上都装有控制绕组,并接成 m 相。在定子磁极的极面上开有小齿,转子沿圆周也有均匀分布的小齿,它们的齿形和齿距完全相同。单段反应式步进电机的优点是制造简便,精度易于保证,步距角(转子每步转过的机械角度称为步距角)可以做得较小,容易得到较高的启动频率和运行频率(启动频率是利用变频器控制电机调速的频率,运行频率是步进电

机在持续运行情况下的最大频率）；其缺点是在电机的直径较小而相数又较多时，沿径向分相较为困难。此外，电机消耗的功率较大，断电时无定位转矩。

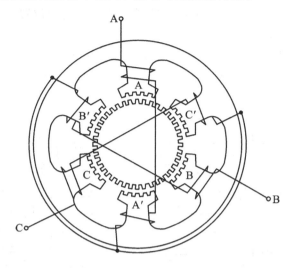

图 8-1　单段反应式步进电机结构示意图

2. 多段反应式步进电机

多段反应式步进电机是指定子铁芯沿电机轴向按相数分成 m 段的反应式步电机。由于各相绕组沿着轴向分布，因此多段反应式步进电机又称为轴向分相式步进电机。多段反应式步进电机磁路的结构有两种：一种是主磁路仍为径向，另一种是主磁路包含有轴向部分。所以按其磁路结构的不同，多段反应式步进电机又可分为轴向磁路多段反应式步进电机和径向磁路多段反应式步进电机两种。

轴向磁路多段反应式步进电机的结构如图 8-2 所示。定、转子铁芯均沿电机轴向按相数 m 分段，每一组定子铁芯中间放置一相环形的控制绕组；定、转子圆周上冲有齿形相近和齿数相同的均匀分布的小齿槽；定子铁芯（或转子铁芯）每相邻两段错开 $1/m$ 齿距。这种结构使电机的定子空间利用率较高，环形控制绕组绕制方便，转子的惯量较小，步距角也可以做得较小，因此电机的启动频率和运行频率较高。但制造时铁芯分段和错位工艺复杂，精度不易保证。

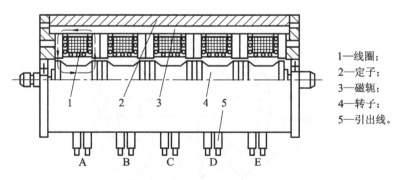

1—线圈；
2—定子；
3—磁轭；
4—转子；
5—引出线。

图 8-2　轴向磁路多段反应式步进电机的结构

径向磁路多段反应式步进电机的结构如图 8-3 所示。定、转子铁芯沿电机径向按相数

m 分段，每段定子铁芯的磁极上均放置一相控制绕组。定子的磁极数是由其结构决定的，最多可与转子齿数相等，少则可为 2 极、4 极、6 极等。定、转子圆周上有齿形相近并且齿距相同的齿槽。每一段铁芯上的定子齿都和转子齿处于相同的位置。转子齿沿圆周均匀分布，且其齿数为定子齿数的倍数。定子铁芯（或转子铁芯）每相邻两段错开 $1/m$ 齿距。这种结构对于相数多而直径和长度又有限制的反应式步进电机来说，在磁极的布置上更灵活。径向磁路多段反应式步进电机的步距角同样可以做得较小，并使电机的启动频率和运行频率较高，但铁芯分段和错位工艺较复杂。

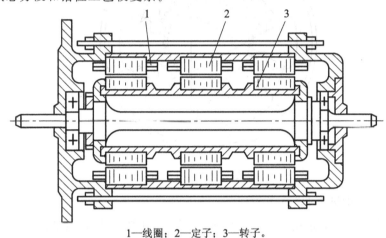

1—线圈；2—定子；3—转子。

图 8-3 径向磁路多段反应式步进电机的结构

8.1.2 永磁式步进电机

与反应式步进电机一样，永磁式步进电机的定子铁芯也由硅钢片叠压而成，磁极上也套有线圈并将它们连接组成二相或多相绕组。与反应式步进电机不同的是，永磁式步进电机的定子磁极为凸极，不开小齿，其转子为凸极式星形磁钢。永磁步进电机转子的极数与每相定子绕组的极数相同。

图 8-4 中所示的是一种典型的永磁式步进电机结构示意图。该类永磁式步进电机的定子具有二相二对极的绕组（AO、BO），转子为二对极的磁钢。

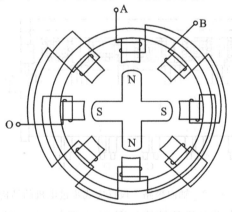

图 8-4 永磁式步进电机结构示意图

这种电机的步距角较大，启动频率和运行频率较低，一般需要采用正、负脉冲供电，但它所需的控制功率较小，效率高，且在断电情况下具有定位转矩。

8.1.3 混合式步进电机

混合式步进电机的典型结构如图8-5所示。混合式步进电机的定子结构与反应式步进电机的定子结构基本相同，即分成若干极，极上有小齿及集中式绕组。转子由环形磁钢及多段铁芯组成，环形磁钢在转子的中部，轴向充磁，铁芯分别装在磁钢的两端，转子铁芯上也有如反应式步进电机那样的小齿，但磁钢两端铁芯上的小齿相互错开半个齿距。定、转子小齿的齿距通常相同。

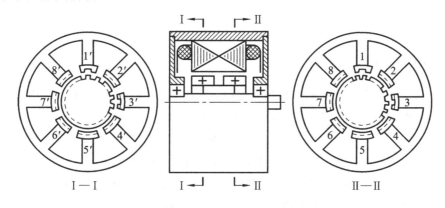

图8-5 混合式步进电机的结构示意图

混合式步进电机的工作原理与反应式步进电机的类似，两者的最大的不同之处在于混合式步进电机内部具有永磁磁钢。混合式步进电机可以有不同的相数，除三相外，还可以做成四相、五相、九相和十五相等。不同相数的混合式步进电机的工作原理基本相同。

混合式步进电机可以像反应式步进电机一样做成较小步距角，因而其既有启动频率和运行频率较高的特点，又具有永磁式步进电机的效率高，具有定位转矩，需有正、负脉冲供电的特点。但是，该种步进电机的缺点是在电机制造工艺上较复杂。

8.2 步进电机的运行原理

8.2

反应式步进电机是利用磁阻转矩使转子转动的，是我国目前使用最广泛的步进电机。本节以反应式步进电机为例说明步进电机的工作原理。反应式步进电机利用磁通总是沿着磁阻最小的路径闭合的原理，产生磁拉力形成磁阻性质的转矩而步进的，所以也称为磁阻式步进电机。

图8-6是一台三相反应式步进电机的原理图。定子铁芯为凸极式，共有6个磁极，每个磁极上都绕有一个线圈，每两个相对的磁极上的线圈串联组成一相绕组。转子用软磁性材料制成，也是凸极结构，有4个齿，齿宽等于定子的极靴宽。下面通过几种基本的运行方式来说明三相反应式步进电机的工作原理。

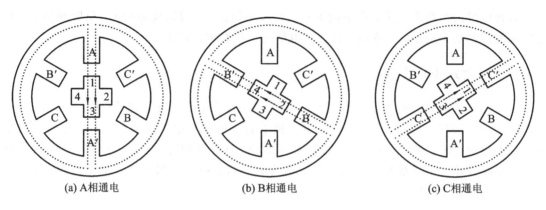

(a) A相通电　　　　　　　(b) B相通电　　　　　　　(c) C相通电

图 8-6　三相反应式步进电机的原理图

8.2.1　三相单三拍

当 A 相绕组通电时，B 相和 C 相都不通电，此时仅有 A 相定子极产生磁场。由于磁场具有沿着磁阻最小路径"流过"的特点，因此转子齿 1 和齿 3 的轴线与定子 A 相绕组的磁极轴线对齐，如图 8-6(a)所示。此时转子只受径向力而无切向力，故使得转子停在此位置形成自锁。如果此时将 A 相断电，B 相通电，使得仅有 B 相定子极产生磁场，则转子将沿顺时针方向转过 30°，使转子齿 2 和齿 4 的轴线与定子 B 相绕组的磁极轴线对齐，即转子走了一步，如图 8-6(b)所示。将 B 相断电，仅将 C 相通电，转子再按顺时针方向转过 30°，转子齿 1 和齿 3 的轴线与 C 相绕组的磁极轴线对齐，如图 8-6(c)所示。如此按 A→B→C→A→…顺序不断将各相绕组通电和断电，转子就会一步一步地按顺时针方向转动，相应的电机的转速取决于绕组通电和断电的频率（即输入脉冲的频率），旋转方向取决于绕组轮流通电的顺序。若电机通电次序改为 A→C→B→A→…，则通过上述方法可知电机将按逆时针方向旋转。

上述的控制方式称为三相单三拍。"三相"指步进电机具有三相绕组；"单"指每次只有一相绕组通电；绕组每改变一次通电方式称为一拍，"三拍"指三次轮流通电为一个循环，第四拍就重复第一拍通电情况。

通常将每一拍转子转过的角度称为步距角，常用 θ_b（单位为机械角度）表示。步进电机以三相单三拍运行时，步距角 $\theta_b=30°$。

8.2.2　三相双三拍

三相双三拍运行是指每次有两相绕组通电，三拍为一个循环，绕组的通电方式为 AB→BC→CA→AB 或 AB→CA→BC→AB。下面以 AB→BC→CA→AB 通电方式为例说明三相双三拍运行下步进电机的原理。当 A、B 两相绕组同时通电时，A、B 相定子极会同时产生磁场，转子齿的位置应同时考虑到两对定子极的作用，即只有当 A 相极和 B 相极对转子齿所产生的磁拉力相平衡时，才是转子最终的平衡位置，如图 8-7(a)所示。下一拍时为 B、C 两相同时通电，此时 A 相极失磁而 C 相极产生磁场，C 相极的磁场会吸引转子齿 1、3，即转子按顺时针方向转过 30°到达新的平衡位置,如图 8-7(b)所示。下一拍 C、A 两相通电时,转子亦按顺时针方向旋转 30°,如图 8-7(c)所示。可见,双三拍运行时的步距角仍是 30°,但双三拍运行时每一拍总有一相绕组持续通电。例如,由 A、B 两相通电变为 B、C 两相通电时,B 相保持持续通电状态,C 相磁拉力力图使转子按顺时针方向转动,而 B 相磁拉力却起阻止转子继续向前转动的作用,即起到一定的电磁阻尼作用,所以电机工作比较平稳。而在三相单三拍运行时不存在这种电磁阻尼作用,所以转子达到新的平衡位置时容易产生振荡,运行稳定性不如三相双三拍运行方式。

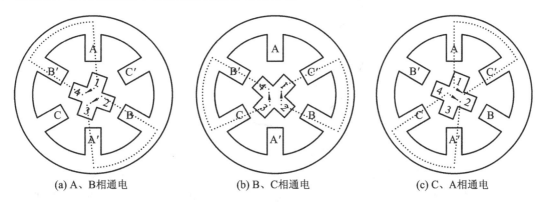

(a) A、B 相通电　　　　　　(b) B、C 相通电　　　　　　(c) C、A 相通电

图 8-7　三相反应式步进电机原理图

8.2.3　三相单双六拍

三相单双六拍运行中的"单"即一相通电,"双"即两相通电,"单双"指的是一相通电和两相通电交替进行,绕组的通电方式为 A→AB→B→BC→C→CA→A 或 A→AC→C→CB→B→BA→A,完成一个循环需要改变六次通电状态。下面以 A→AB→B→BC→C→CA→A 通电方式为例说明三相单双六拍运行下步进电机的原理。当 A 相绕组通电时和单三拍运行的情况相同,如图 8-6(a)所示。当 A、B 两相同时通电时和双三拍运行的情况相同,如图 8-7(a)所示。对比图 8-6(a)和图 8-7(a)可以得出,转子只按顺时针方向转过 15°,当断开 A 相使 B 相单独接通,转子继续按顺时针方向又转过 15°,如图 8-6(b)所示。依次类推,若继续按 BC→C→CA→A 的顺序通电,步进电机就一步一步地按顺时针方向转动。若通电顺序变为 A→AC→C→CB→B→BA→A,则步进电机按逆时针方向旋转。可见六拍运行时,步距角为 15°,即 $\theta_b=15°$,比三拍运行时减小一半。因此,对于同一台步进电机,采用不同的通电方式,可以有不同的拍数,对应运行时的步距角也不同。

此外,六拍运行方式下每一拍也总有一相绕组持续通电,也具有类似双三拍运行时的电磁阻尼作用,电机工作也比较平稳。

对于上述结构的反应式步进电机,它的步距角较大,常常满足不了系统精度的要求。实际采用的步进电机的步距角多为 3°和 1.5°,步距角小,电机加工的精度高。为产生小步距角,定、转子都做成多齿的,如图 8-8 所示。图 8-8 中定子每个极面上有 5 个齿,转子上均匀分布 40 个齿,定、转子的齿宽和齿距都相同。转子齿距对应的机械角度(空间几何

角度)等于 360°/40=9°,齿槽和齿宽分别为 4.5°。定子相邻磁极间的转子齿数为

$$\frac{Z_r}{2pm} = \frac{40}{2\times1\times3} = 6\frac{2}{3} \tag{8-1}$$

式中,Z_r 为转子齿数,p 为定子绕组的磁极对数,m 为相数。

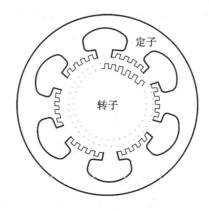

图 8-8 小步距角步进电机结构示意图

由于定子相邻磁极间的转子齿数不是整数,因此当 A 相绕组通电时,转子受到磁阻转矩的作用,使转子齿的轴线和定子齿的轴线对齐。这时,B 相的转子齿轴线和定子齿轴线必然错开 1/3 齿距,机械角度为 3°;C 相的转子齿轴线和定子齿轴线错开 2/3 齿距,机械角度为 6°,如图 8-9 所示。

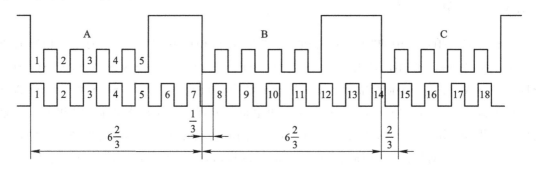

图 8-9 小步距角步进电机原理图(展开)

由图 8-9 可知,当 A 相断电,B 相通电时,B 相绕组的磁通总是沿着磁阻最小路径闭合,使转子受到磁阻转矩的作用而转动,直到使 B 相的定子齿轴线、转子齿轴线一一对齐,即转子按逆时针方向转动 1/3 齿距(即 3°)。这时 C 相的定子齿轴线、转子齿轴线相距 1/3 齿距,A 相的定子齿轴线、转子齿轴线相距 12/3 齿距,所以在 B 相断电而 C 相通电时,转子又按逆时针方向转动 1/3 齿距。即每一拍转子转动 1/3 齿距,也就是一个步距角 θ_b。按此顺序连续不断地通电,转子便连续不断地一步步转动。

若运行方式改为三相单双六拍,则同样步距角也要减少一半,即每通一个脉冲,转子只转 1.5°。步进电机的转动方向仍由通电顺序决定。

由上面分析可知:

(1) 转子齿数 Z_r 与相数 m 和一相绕组通电时在圆周上形成的磁极对数 p 之间有确定

关系，不能任意选取。定子圆周上属于同一相的极总是成对出现的，所以转子齿数应是偶数。另外，为了获得连续不断的步进运动，要求在不同相的磁极下，定子齿和转子齿的相对位置应依次错开 $1/m$ 齿距，即

$$\frac{Z_r}{2pm} = k \pm \frac{1}{m} \tag{8-2}$$

式中，k 为正整数。

（2）步进电机定子绕组通电一个循环，定子磁场旋转过 360°，而转子仅转动一个齿距，相当于空间上转过 $360°/Z_r$ 机械角度。那么假设 N 为运行拍数，每运行一拍，转子转过的角度只是齿距的 $1/N$，因此步距角 θ_b 为

$$\theta_b = \frac{360°}{Z_r N} \quad (\text{机械角度}) \tag{8-3}$$

式中，$N = Cm$，C 为通电状态系数。当采用单拍或双拍运行方式时，$C = 1$；当采用单双拍运行方式时，$C = 2$。

（3）反应式步进电机可以按特定指令旋转某一角度而进行单步步进控制，也可以连续不断地转动而实现速度控制。步进控制时，每输入一个脉冲，定子绕组就换接一次，输出轴就转过一个角度，其步数与脉冲数一致，输出轴转动的角位移量与输入脉冲数成正比。速度控制时，步进电机绕组中送入的是连续脉冲，各相绕组不断地轮流通电，步进电机连续运转，它的转速与脉冲频率成正比。由式(8-3)可知，每输入一个脉冲，转子转过的角度是整个圆周角的 $\frac{1}{Z_r N}$，也就是转过 $\frac{1}{Z_r N}$ 转，因此转子转速（每分钟所转过的圆周数）为

$$n = \frac{60f}{Z_r N} \tag{8-4}$$

式中，f 为脉冲频率，即每秒输入的脉冲数。

由式(8-4)可见，反应式步进电机的转子转速取决于脉冲频率、转子齿数和运行拍数。当转子齿数一定时，转子转速与脉冲频率成正比，或者说转子转速和脉冲频率同步，改变脉冲频率可以改变转速，进行无级调速，其调速范围很宽广。另外，若改变通电顺序，即改变定子磁场旋转方向，则可以控制正反转。

反应式步进电机的转子转速还可以用步距角来表示，将式(8-4)进行变换，可得

$$n = \frac{60f}{Z_r N} = \frac{60f}{Z_r N} \times \frac{360°}{360} = \frac{f}{6} \theta_b \tag{8-5}$$

（4）步进电机具有自锁能力。当控制脉冲停止输入，而保持最后一个脉冲控制的绕组继续通电时，步进电机将保持在固定位置上，即具有自锁能力。

8.3 步进电机的运行特性

步进电机的工作状态包括静态、稳态和过渡状态。静态是指定子绕组中通以直流电流且改变绕组通电方式的状态。稳态包括低频的步进状态和高频脉冲下的连续运行状态，一

般限定脉冲频率低于连续运行的极限频率。如果连续运行频率与运行极限频率相等,则称电机处于极限频率状态。过渡状态主要出现于所施加的脉冲有突然变化时,电机介于两种相对稳定状态之间的运行状态。典型的过渡状态包括电机的启动、制动与反转过程的中间状态。下面以反应式步进电机为例说明步进电机的运行特性。

8.3.1 静态转矩特性

步进电机的静态运行是指通电状态不变,电机处于稳定状态时的运行。静态转矩特性是分析步进电机运行性能的基础,它包括电机的矩角特性、最大静转矩特性及矩角特性族等。

1. 矩角特性

矩角特性是指不改变通电状态(也就是控制绕组的电流不变)时,步进电机的静转矩 T 与转子失调角 θ 的关系,即 $T=f(\theta)$。失调角是指步进电机偏离初始稳定平衡位置(步进电机在空载情况下,控制绕组中通以直流时转子的最后稳定平衡位置)的电角度。在反应式步进电机中,转子一个齿距所对应的电角度应为 2π。

静转矩的正方向取 θ 增大的方向。当一相通电,该极下定、转子正好对齐,即 θ 等于 0 时,静转矩 T 等于 0,如图 8-10(a)所示;当转子齿正对定子槽中间,即 θ 等于 π 时,静转矩 T 也为 0,如图 8-10(b)所示;当 θ 大于 0 时,静转矩 T 大于 0,如图 8-10(c)所示;同理亦可推出当 θ 小于 0 时,静转矩 T 小于 0。

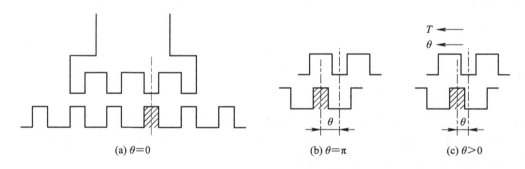

图 8-10 不同失调角时的静转矩状态

反应式步进电机的静转矩可由电机的机电能量转换原理得出。若不计电机磁路铁芯部分磁场能量变化的影响,则只需考虑气隙磁场能量的变化;若忽略定、转子铁芯中的磁位降,则每极控制绕组的磁动势即是电机单边气隙磁动势;若忽略气隙比磁导中谐波的影响,则可得出步进电机的静转矩与失调角的关系(即矩角特性)为

$$T=-Z_s Z_r L F_\delta^2 \lambda_1 \sin\theta \tag{8-6}$$

式中,Z_s 为定子每极齿数,Z_r 为转子齿数,L 为步进电机铁芯长度,F_δ 为单边气隙磁动势,λ_1 为气隙比磁导中的基波分量。

由式(8-6)可知,单相通电时矩角特性为正弦波形,如图 8-11 所示。由图 8-11 可知,在静转矩的作用下,转子有一定的稳定平衡点。若电机空载,则稳定平衡点对应于 $\theta=0$ 处,

而 $\theta=\pm\pi$ 处为步进电机的不稳定平衡点。两个不稳定平衡点之间的区域(即 $-\pi<\theta<\pi$)构成静稳定区。

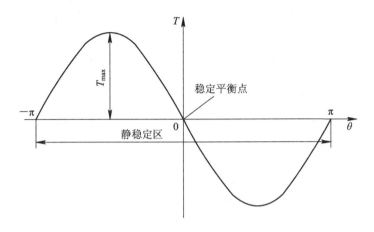

图 8-11 步进电机的矩角特性

2. 最大静转矩特性

在矩角特性中，静转矩(绝对值)的最大值称为最大静转矩。由图 8-11 可知，当一相控制绕组通电时，在 $\theta=\pm\pi/2$ 时有最大静转矩 T_{max}，即

$$T_{max} = Z_s Z_r L F_\delta^2 \lambda_1 \tag{8-7}$$

当多相控制绕组同时通电时，最大静转矩为

$$T_{max} = K Z_s Z_r L F_\delta^2 \lambda_1 \tag{8-8}$$

式中，K 为转矩增大系数。当两相控制绕组同时通电时，$K=2\cos(\pi/m)$；当三相控制绕组同时通电时，$K=1+\cos(\pi/m)$。

在一定通电状态下，最大静转矩与控制绕组内电流的关系，即 $T_{max}=f(I)$，称为最大静转矩特性，由式(8-8)可看出，当电机磁路不饱和时，最大静转矩 T_{max} 与控制绕组中电流 I 的二次方成正比。当电流稍大时，由于受到磁路饱和的影响，单边气隙磁动势 F_δ 增加变慢，最大静转矩 T_{max} 的上升就低于电流的二次方；当电流很大时，由于磁路过饱和，F_δ 增加很少，T_{max} 也就基本不变，呈饱和状态。最大静转矩特性如图 8-12 所示。

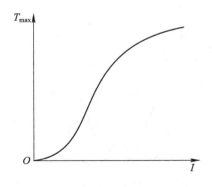

图 8-12 最大静转矩特性

3. 矩角特性族

不同通电状态的矩角特性的总和称为步进电机的矩角特性族。如果将一台转子齿数 $Z_r=2$ 的三相反应式步进电机（如图 8-13(a) 所示）的失调角 θ 的坐标轴统一取在 A 相磁极的中心线上，电机以三相单三拍方式（A→B→C→A 通电方式）运行，那么 A 相通电时矩角特性如图 8-13(b) 中的曲线 a 所示，稳定平衡点为 O_A 点；B 相通电时，转子空载时的稳定平衡点为 O_B 处，即 $\theta=2/3\pi$，矩角特性如图 8-13(b) 中的曲线 b 所示；C 相通电时的矩角特性如图 8-13(b) 中的曲线 c 所示。同理，可以得到电机以三相单双六拍方式（A→AB→B→BC→C→CA→A 通电方式）运行时的矩角特性族，如图 8-13(c) 所示。

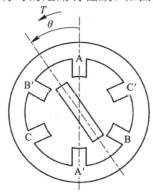

(a) 转子齿数为 2 的三相反应式步进电机示意图

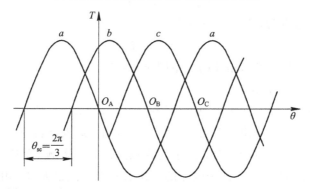

(b) 电机以三相单三拍方式运行时的矩角特性族（θ_{se} 为用电角度表示的步距角）

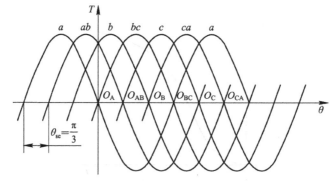

(c) 电机以三相单双六拍方式运行时的矩角特性族

图 8-13 步进电机和其对应不同通电状态下的矩角特性族

由图 8-13 可知,在通电相数相同的各状态下,矩角特性族中每一曲线的波形一样,并有同样的最大静转矩值;而在通电相数不同的状态之间,曲线中的最大静转矩值可能相近,也可能有明显的差别。

8.3.2 单脉冲运行

步进电机的单脉冲运行是指步进电机在单相或多相通电状态下,仅改变一次通电状态的运行方式,或输入脉冲频率非常低,以至于加第二脉冲之前,前一步已经走完,转子运行已经停止的运行方式。下面介绍单脉冲运行时的相关性质。

1. 动稳定区

动稳定区是指步进电机输入单脉冲时,电机从一种通电状态切换到另一种通电状态时,不致引起失步的区域,如图 8-14 所示。步进电机初始状态时的矩角特性如图 8-14 中曲线"0"所示。若电机空载,则转子处于稳定平衡点 O_0 处。输入一个脉冲,电机的通电状态改变后,矩角特性变为图 8-14 中曲线"1",转子新的稳定平衡点为 O_1。在改变通电状态时,只有当转子起始位置位于 a、b 之间时才能使它向 O_1 点运动,达到稳定平衡位置。因此,区间 (a,b) 称为电机空载时的动稳定区,用失调角表示为

$$-\pi + \theta_{se} < \theta < \pi + \theta_{se} \tag{8-9}$$

式中,θ_{se} 为用电角度表示的步距角,$\theta_{se}=Z_r\theta_b$。

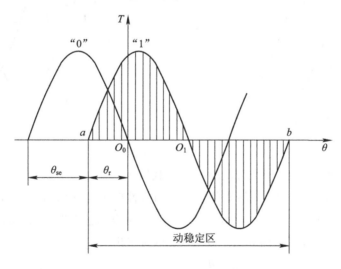

图 8-14 动稳定区

动稳定区的边界 a 点到初始稳定平衡位置 O_0 点的区域称为裕量角,记为 θ_r。裕量角越大,电机运行越稳定。若裕量角的值趋于零,则电机不能稳定工作,也就没有带负载的能力。裕量角用电角度表示为

$$\theta_r = \pi - \theta_{se} = \pi - \frac{2\pi}{mC} = \frac{\pi}{mC}(mC-2) \tag{8-10}$$

由式(8-10)可知,当通电状态系数 $C=1$ 时,正常结构的反应式步进电机最少的相数

必须是 3。电机的相数越多，步距角越小，相应的裕量角越大，电机运行的稳定性也就越好。

2. 最大负载转矩（启动转矩）T_{st}

步进电机在负载情况下，若负载转矩为 T_{L1}，则初始状态时电机的稳定平衡位置对应于图 8-15(a)中曲线"0"上的 O'_0 点。当输入一个脉冲时，在通电状态改变的瞬间，转子位置还来不及改变，这时对应于新的矩角特性曲线"1"上 b' 点的电磁转矩值大于负载转矩 T_{L1}，使转子加速并向 θ 增大的方向运动，最终达到新的稳定平衡位置 O'_1 点处。

若负载转矩相当大，值为 T_{L2}，初始状态时电机的稳定平衡位置对应于图 8-15(b)中曲线"0"上的 O''_0 点。当输入一个脉冲时，在通电状态改变的瞬间，转子位置来不及改变，这时对应于新的矩角特性曲线"1"上 b'' 点的电磁转矩值小于负载转矩 T_{L2}，这样，转子便不能达到新的稳定平衡位置 O''_1 点处，而是向失调角 θ 减小的方向滑动。也就是说，尽管这时电机的最大静转矩 T_{max} 比负载转矩 T_{L2} 要大，电机能在静态情况下保持稳定，但它却不能带动负载转矩 T_{L2} 做步进运动。

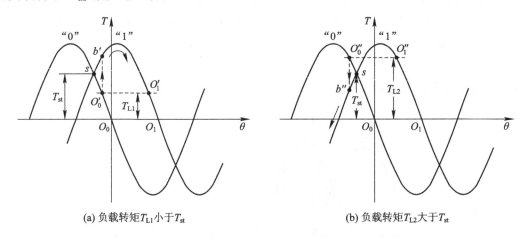

(a) 负载转矩 T_{L1} 小于 T_{st} (b) 负载转矩 T_{L2} 大于 T_{st}

图 8-15 最大负载转矩

由以上分析可知，步进电机能带动的最大负载转矩要比最大静转矩 T_{max} 小。从图 8-15 可以看出，电机能带动的最大负载转矩值可由矩角特性族上相邻的两条矩角特性曲线的交点决定，即图 8-15 中的 s 点。T_{st} 是最大负载转矩，有时也称它为步进电机的启动转矩。

若矩角特性曲线为幅值相同的正弦波形时，则可得出

$$T_{st} = T_{max} \sin \frac{\pi - \theta_{se}}{2} = T_{max} \cos \frac{\theta_{se}}{2} = T_{max} \cos \frac{\pi}{mC} \quad (8-11)$$

T_{st} 是步进电机能带动的负载转矩极限值。在实际运行时，电机具有一定的转速，因此，最大负载转矩值还将有所减小，通常应使折合到电机轴上的负载转矩 $T_L = (0.3 \sim 0.5) T_{max}$。

8.3.3 连续脉冲运行

步进电机的连续脉冲运行和连续的单脉冲运行类似，其主要特点如下：

1. 启动频率

步进电机的启动频率 f_{st} 是指在一定负载转矩下能够不失步地启动脉冲的最高频率,它是步进电机的一项重要技术指标。影响步进电机启动频率的因素有以下几个。

(1) 电机能启动的最短脉冲间隔时间。电机能启动的最短脉冲间隔时间 t_f 可决定电机的启动频率,且

$$f_{st} = \frac{1}{t_f} \tag{8-12}$$

(2) 电机的步距角。电机的相数及运行的拍数越多,步距角就越小,进而使裕量角越大,进入动稳定区越容易,电机的启动频率也就越高。

(3) 最大静转矩。电机的最大静转矩越大,作用于电机转子上的电磁转矩也越大,使加速度越大,转子达到动稳定区所需时间也就越短,启动频率越高。

(4) 转子齿数。转子齿数增多,步距角就减小,故启动频率也随之增高。

(5) 转动惯量。电机转动部分的转动惯量(包括转子本身及负载)越小,同样的电磁转矩下产生的角加速度就越大,越容易进入动稳定区,启动频率也越高。

(6) 负载转矩。负载转矩增大时,使作用在转子上的加速转矩减小,启动频率也将降低。

(7) 电路时间常数。电路时间常数增大,控制绕组中电流的上升速度变慢,使电磁转矩变小,启动频率也有所降低。

(9) 电机的内部或外部阻尼转矩。电机的内部或外部阻尼转矩增大时,相当于负载转矩有所增加,相应地使启动频率降低。

2. 启动特性

步进电机的启动特性和一般电机的不同,它的启动特性是与不失步联系在一起的。启动特性主要包含启动矩频特性和启动惯频特性。

1) 启动矩频特性

当转动惯量 J 为常数时,启动频率 f_{st} 和负载转矩 T_L 之间的关系,即 $f_{st}=f(T_L)$,称为启动矩频特性,如图 8-16 中的曲线 1 所示。

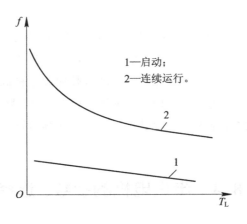

图 8-16 步进电机的矩频特性

2) 启动惯频特性

当负载转矩 T_L 为常数时,启动频率 f_{st} 和转动惯量 J(主要是负载转动惯量)之间的关系,即 $f_{st}=f(J)$,称为启动惯频特性,如图 8-17 所示。

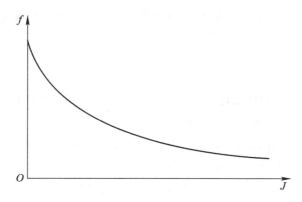

图 8-17 步进电机的启动惯频特性

启动惯频特性表明了负载转动惯量的大小对步进电机的启动频率有很大的影响,这正是步进电机比一般电机特殊的地方。在实际使用时,为了正确选用步进电机,必须考虑负载转动惯量的大小对电机启动过程的影响。

3. 连续运行特性

步进电机启动后,当控制脉冲频率连续上升时,能不失步运行的最高频率 f_{suc} 称为该电机的连续运行频率。连续运行频率与输出转矩之间的关系称为电机连续运行时的矩频特性,如图 8-16 中的曲线 2 所示。连续运行时的矩频特性为一条下降的曲线。

在一定的负载转矩下,提高连续运行频率的主要方法是减小控制绕组中的电流。为了提高连续运行频率,通常采用以下两种方法:一是在控制绕组电路中串入电阻,并相应提高电源的电压;二是采用高、低压驱动电路。第二种方法是在电压脉冲的起始部分提高电压,能够有效地改善电流波形的前沿,从而使控制绕组中电流的上升加快,故可以大大提高电机的连续运行频率。

步进电机的连续运行频率要比启动频率高得多。这是因为步进电机在启动时除了要克服负载转矩,还要满足电机加速的要求,即要保证一定的加速转矩。在启动时,电机的角加速度较大,它的负载远比连续运行时的重。若启动时脉冲频率稍高,电机转速就不易跟上,会在启动过程中发生失步。而连续运行时,电机处于稳态,随着脉冲频率的升高,电机的角加速度甚小,电机便能随之正常升速。所以步进电机的连续运行频率要高于启动频率。

8.4 步进电机的参数、选择与使用

1. 步进电机的参数与产品

步进电机的参数除了相数、相绕组的额定电压及电流,还包括以下几种。

(1) 步距角及步距角误差。步距角为转子每拍转过的机械角度,步距角误差反映步距的理论值与实际值的偏差。

(2) 最大静转矩。最大静转矩是静态转角特性上的最大转矩值,在很大程度上影响着电机的负载能力与运行稳定性。

(3) 分配方式。分配方式是规定的电机通电运行方式,步进电机产品性能指标一般指规定通电方式下的指标。

(4) 极限启动频率和运行频率。极限启动频率和运行频率分别反映电机能够不失步地启动和运行时所能施加的最高脉冲频率值。

(5) 矩频特性和惯频特性。矩频特性和惯频特性分别反映电机的转动惯量和转矩与脉冲频率之间的关系,在启动状态和运行状态时相应的矩频特性和惯频特性都会发生变化。

在常用的步进电机产品中,BF 为反应式步进电机,BY 为永磁式步进电机,BYG 为感应子式(混合式)步进电机,其中 BF 和 BYG 应用较多。

2. 步进电机的选择与使用

选择步进电机时,应首先结合其不同类型的特点及所驱动负载的要求进行选择。反应式步进电机的步距角较小,启动频率和运行频率较高;但断电时无定位力矩,需带电定位。永磁式步进电机步距角较大,启动频率和运行频率较低,断电后有一定的定位力矩,但需要双极性脉冲励磁。感应子式永磁步进电机的结构较复杂,需双极性脉冲供电,兼有反应式步进电机和永磁式步进电机的优点。

确定所选用的步进电机类型后需要确定以下项目:

(1) 步距角。结合每个脉冲负载需要的转角或直线位移及传动比加以考虑。

(2) 最大静转矩。考虑步进电机的带负载运行能力和运行的稳定性,一般选择的最大静转矩不小于负载转矩的 2~3 倍。

(3) 启动频率与运行频率。结合负载启动与运行的条件选择步进电机的启动频率与运行频率。

(4) 电机的电压、电流、机座号与安装方式。

(5) 驱动电源。根据所选步进电机的产品型号选择驱动电源。

步进电机使用中需注意的事项如下:

(1) 电机的启动频率与运行频率均不能超出对应的极限频率,启动与停止时需要渐进地升降频率,防止失步或滑动制动。

(2) 负载应在电机的负载能力范围之内,电机运行中尽量使负载均衡,避免由于突变而引起动态误差。

(3) 注意电机静态工作时的情况。步进电机静态时电流较大,发热也比较严重,应注意避免电机过热。

(4) 步进电机运行中出现失步现象时,应仔细查找具体故障的原因。负载过大或负载波动、驱动电源不正常、步进电机自身故障、工作方式不当及工作频率偏高或偏低均有可能导致失步。

拓展学习

8.3　　　　　8.4

8.5　本章小结

步进电机是将控制脉冲信号变换为角位移或线位移的一种特殊电机。反应式步进电机的工作原理是磁力线力图通过磁阻最小的路径产生磁阻转矩来驱动转子转动。输出的角位移或线位移量与脉冲数成正比，转向取决于控制绕组中的通电顺序。

步进电机每相绕组中的通电是脉冲式的，每输入一个控制脉冲信号，转子转过的角度称为步距角。步距角的大小由转子齿数和运行拍数所决定。由于同一台步进电机既可以单相通电方式运行，又可以两相通电方式运行，所以步进电机一般有两个步距角。

步进电机静止时，静转矩与转子失调角 θ 的关系称为矩角特性。在 $\theta = \pm \pi/2$ 时，有最大静转矩，它表示步进电机承受负载的能力，一般增加通电相数能提高它的数值。

相邻两矩角特性的交点所对应的转矩是电机做单步运行所能带动的极限转矩，也称为极限启动转矩。

步进电机在动态时的主要特性和性能指标是启动矩频特性和运行矩频特性，启动频率和运行频率。尽可能地提高电机转矩，减小电机和负载的惯量，是改善步进电机动态性能的有效途径。

由于控制绕组中电感的影响，绕组中的电流不能突变，致使步进电机的转矩随频率的增高而减小。值得注意的是，在步进电机启动时所能施加的最高频率（称为启动频率）比连续运行频率低很多。

除反应式步进电机外，步进电机还有永磁式步进电机和感应子式（混合式）步进电机。尤其是混合式步进电机，由于其性能较好，发展较快。它的原理大致和反应式步进电机的相似，所不同的是混合式步进电机的转子也有磁极，工作时两个磁动势共同作用在磁路上。

8.6　课后习题

1. 简答题：怎样确定步进电机转速的大小？与负载转矩大小有关吗？怎样改变步进电机的转向？

2. 简答题：反应式步进电机、永磁式步进电机和混合式步进电机在原理方面有什么共同点和差异？步进电机与同步电机有什么共同点和差异？

3. 简答题：何为反应式步进电机的步距角？它与哪些因素有关？六相十二极步进电机在单六拍、双六拍及单双十二拍通电方式下，步距角各为多少？

4. 简答题：当步进电机的负载转矩小于最大静转矩时，电机能否正常步进运动？为什么？

5. 简答题：为什么步进电机的连续运行频率比启动频率要高得多？

6. 简答题：步进电机在哪些情况下会发生失步、振荡？

7. 简答题：如果一台步进电机的负载转动惯量较大，则它的启动频率有何变化？

第 9 章 机器人液压与气压传动控制

任何机器上的传动装置都是将能量或动力由原动机向工作机构进行传递的装置。传动装置通过各种不同的传动方式使原动机的能量转变为工作机构的各种运动形式，如车轮的转动、转台的回转、挖掘机动壁的升降等，因此，传动装置就设在原动机和工作机构之间，起传递动力和进行控制的作用。传动的类型有很多，按照传动所采用的机件或工作介质的不同，传动可分为机械传动、电力传动、气压传动和液体传动等。

(1) 机械传动。机械传动是通过齿轮、齿条、皮带、链条等机件传递动力和进行控制的一种传动方式。它是最早的、应用最为普遍的传动方式。

(2) 电力传动。电力传动是一种利用电力设备，通过调节电参数来传递动力和进行控制的传动方式。

(3) 气压传动。气压传动是一种以压缩空气为工作介质进行能量传递和控制的传动方式。

(4) 液体传动。液体传动是一种以液体为工作介质进行能量传递和控制的传动方式。按其能量传递形式的不同，液体传动又可分为液力传动和液压传动。液力传动基于流体力学的动量矩原理，主要利用液体动能传递动力，故又称为动力式液体传动；液压传动基于流体力学的帕斯卡原理，主要利用液体静压能传递动力，故也称为容积式液体传动或静液传动。

下面首先介绍液压传动系统，该系统具有动力大、力(或力矩)与惯量比大、响应快、易于实现直接驱动等特点，适于在承载能力大、惯量大以及在防焊环境中工作的机器人中应用。

9.1 液压传动概述

9.1.1 液压传动系统的工作原理

液压传动是以液体为工作介质，并以压力能进行动力(或能量)传递、转换与控制的液体传动。现以图 9-1 所示的液压千斤顶为例，说明液压传动系统的工作原理。

当提起杠杆手柄 1 时，小活塞 3 上升，小油缸 2 下腔的工作容积增大，形成局部真空，于是油箱 8 中的油液在大气压力的作用推开单向阀 4，进入小油缸 2 的下腔(此时单向阀 7 关闭)；当压下杠杆手柄 1 时，小活塞 3 下降，小油缸 2 下腔的工作容积缩小，油液的压力升高，打开单向阀 7(此时单向阀 4 关闭)，小油缸 2 下腔的油液进入大油缸 12 的下腔(此时截止阀9关闭），使大活塞11向上运动，将重物顶起一段距离。如此反复提压杠杆手柄1，就可以使重物不断上升，达到顶起重物的目的。工作完毕，打开截止阀9，使大油缸12下腔的油液通过管路直接流回油箱，大活塞11在外力和自重的作用下实现回程。

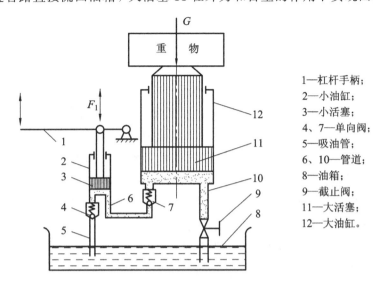

1—杠杆手柄；
2—小油缸；
3—小活塞；
4、7—单向阀；
5—吸油管；
6、10—管道；
8—油箱；
9—截止阀；
11—大活塞；
12—大油缸。

图 9-1　液压千斤顶工作原理图

从液压千斤顶的工作原理可以看出：小油缸 2 和单向阀 4、7 一起完成了吸油和排油，将杠杆手柄的机械能转换为油液的压力能并输出，称此过程为手动液压泵。大油缸 12 将油液的压力能转换为机械能并输出，抬起重物，称此过程为举升液压缸。在这里，大、小油缸组成了最简单的液压传动系统，实现了力和运动的传递。

为实现力和运动的传递，液压传动系统的工作介质——液压油应具有两个重要的性质：其一，液压油几乎是不可压缩的；其二，液压油具有力的放大作用。

1. 力的传递

在图 9-1 中，假设小油缸 2 的活塞面积为 A_1，驱动力为 F_1，液体压力为 p_1，大油缸 12 的活塞面积为 A_2，负载力为 G，液体压力为 p_2。

稳态时，小油缸 2 的活塞和大油缸 12 的活塞静压力平衡方程式分别为

$$F_1 = p_1 A_1$$
$$G = p_2 A_2$$

若不考虑管道的压力损失，则 $p_1 = p_2 = p$，液压泵的排油压力又称为系统压力。

为了克服负载力而使液压缸活塞运动，作用在液压泵活塞上的驱动力 F_1 应该为

$$F_1 = p_1 A_1 = p_2 A_2 = pA = A_1 G / A_2 \tag{9-1}$$

由式(9-1)可知，负载力 G 越大，系统中的压力 p 也就越大，所需的驱动力 F_1 也就越大，即系统压力与外负载密切相关。

由此得出液压传动系统工作原理的第一种重要特征：液压传动系统中工作压力取决于外负载。

2. 运动的传递

如果不考虑液体的可压缩性、漏损等其他损失，小油缸 2 排出的液体体积必然等于进

入大油缸 12 的液体体积。设小油缸 12 活塞的位移为 S_1，大油缸活塞的位移为 S_2，则有

$$S_1 A_1 = S_2 A_2 \tag{9-2}$$

式(9-2)两边同除以运动时间 t 得

$$q_1 = v_1 A_1 = v_2 A_2 = q_2 \tag{9-3}$$

式中，v_1、v_2 分别为小油缸活塞和大油缸活塞的平均运动速度，单位为 m/s；q_1、q_2 分别为小油缸输出的平均流量和输入大油缸的平均流量，单位为 m³/s 或 L/min。

由上述可看出，液压传动是靠密封工作容积变化相等的原则实现运动传递的。调节进入液压缸的流量即可调节活塞的运动速度，由此得出液压传动系统工作原理的第二个重要特征：活塞的运动速度只取决于输入流量的大小，而与外负载无关。

从上面讨论还可以看出，与外负载力相对应的流体参数是流体压力，与运动速度相对应的流体参数是流体流量。因此压力和流量是液压传动中两个最基本的参数。

通过分析可知，液压传动系统具有如下特点：

(1) 液压传动的液体为传递能量的工作介质；

(2) 液压传动必须在密闭的系统（或容器）中进行，且密封的容积必须发生变化；

(3) 液压传动系统是一种能量转换系统，而且液压传动过程中有两次能量转换；

(4) 工作液体只能承受压力而不能承受其他应力，所以液压传动是通过静压力进行能量传递的。

9.1.2 液压传动系统的组成

下面以图 9-2 所示的机床工作台液压传动系统为例，说明液压传动系统的组成和各种元件在系统中的作用。当液压泵 3 由电机驱动旋转时，从油箱 1 经过过滤器 2 吸油，油液进入液压泵 3，液压泵 3 输出的压力油经管路 14、管路 13、换向阀 7 和管路 11 进入液压缸 9 的左腔，推动活塞杆及工作台 10 向右运动。液压缸 9 右腔的油液经管路 8、换向阀 7、管路 6、管路 4 排回油箱，通过扳动换向手柄 12 切换换向阀 7 的阀芯，使之处于左端工作位置，则液压缸活塞反向运动；切换换向阀 7 的阀芯使其工作位置处于中间位置，则液压缸 9 可在任意位置停止运动。

调节和改变流量控制阀 5 的开度大小来调节进入液压缸 9 的流量，从而调节液压缸活塞及工作台的运动速度。液压泵 3 排出的多余油液经管路 15、溢流阀 16 和管路 17 流回油箱。液压缸 9 的工作压力取决于负载。液压泵 3 的最大工作压力由溢流阀 16 调定，其调定值应为液压缸的最大工作压力及系统中油液经各类阀和管路的压力损失之和。因此，系统的工作压力不会超过溢流阀的调定值，溢流阀对系统还有超载保护作用。

从机床工作台液压传动系统的工作过程可以看出，一个完整的、能够正常工作的液压传动系统应该由以下几个主要部分组成：

(1) 动力元件。动力元件是供给液压传动系统压力油，把原动机的机械能转化成液压能的装置。常见的动力元件是各类液压泵。

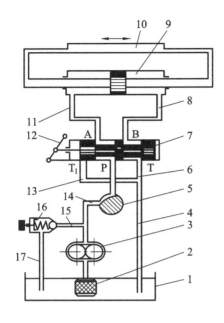

1—油箱;
2—过滤器;
3—液压泵;
4、6、8、11、13、14、15、17—管路;
5—流量控制阀;
7—换向阀;
9—液压缸;
10—工作台;
12—换向手柄;
16—溢流阀。

图 9-2 机床工作台液压传动系统的结构示意图

（2）执行元件。执行元件是把液压能转换为机械能的装置。常见的执行元件是做直线运动的液压缸和做旋转运动的液压马达。

（3）控制调节元件。控制调节元件用来完成对液压传动系统中工作液体的压力、流量和流动方向的控制和调节，这类元件主要包括各种液压阀，如溢流阀、节流阀及换向阀等。

（4）辅助元件。辅助元件是指油箱、蓄能器、油管、管接头、过滤器、压力表及流量计等，它们分别起储油、蓄能、输油、连接、过滤、测量压力和测量流量等作用，以保证系统正常工作，是液压传动系统不可缺少的组成部分。

（5）工作介质。工作介质在液压传动及控制中起传递运动、动力及信号的作用，包括液压油或其他合成液体，它直接影响液压传动系统的工作性能。

9.1.3 液压传动系统的图形符号

图 9-1、图 9-2 所示的液压传动系统图是一种半结构式的原理图，其直观性强、容易理解，但难于绘制。为了便于阅读、分析、设计和绘制液压传动系统，在工程实际中，国内外都采用液压元件的图形符号来表示。按照规定，这些图形符号只表示元件的功能，不表示元件的结构和参数，并以元件的静止状态或零位状态来表示。当液压元件无法用图形符号表述时，仍允许采用半结构式的原理图表示。流体传动系统及元件图形符号和回路图（摘自 GB/T 786.1—2009）见附录。图 9-3 所示即为用图形符号表示的机床工作台液压传动系统的工作原理图。

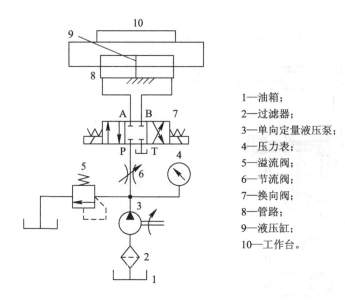

图 9-3 用图形符号表示的机床工作台液压系统的工作原理图

9.1.4 液压传动的特点

和其他的传动方式相比,液压传动有其独特的优点,但是也有它的缺点。

1. 液压传动的优点

液压传动的优点具体如下:

(1) 液压传动系统中的各种元件可根据需要进行方便、灵活的布置。

(2) 单位功率的重量轻、体积小、传动惯性小、反应速度快。

(3) 液压传动系统的控制调节比较简单,操纵方便、省力,可实现大范围的无级调速(调速比可达 2000)。当机、电、液配合使用时,易于实现自动化工作循环。

(4) 能比较方便地实现系统的自动过载保护。

(5) 一般采用矿物油为工作介质,完成相对运动部件的润滑,延长零部件的使用寿命。

(6) 很容易实现工作机构的直线运动或旋转运动。

(7) 当采用电、液联合控制后,可实现更高程度的自动控制和遥控。

(8) 液压元件已实现标准化、系列化和通用化,因此液压传动系统的设计、制造和使用都比较方便。

2. 液压传动的缺点

液压传动的缺点具体如下:

(1) 由于液体流动的阻力损失和泄漏较大,因此液压传动的效率较低。如果处理不当,泄漏的液体不仅污染场地,而且还可能引起火灾和爆炸事故。

(2) 工作性能易受温度变化的影响,因此液压传动系统不宜在很高的温度或者很低的温度条件下工作。

(3) 液压元件的制造精度要求很高,因而液压传动系统的价格较高。

(4) 由于液体介质的泄漏及可压缩性的影响,因此不能得到严格的定比传动。液压传动出故障时不易找出原因,使用和维修要求具有较高的技术水平。

(5) 在高压、高速、大流量的环境下,液压元件和液压传动系统的噪声较大。

总之,随着科学技术的不断进步,液压传动的缺点会得到克服,液压技术会日臻完善,液压技术与电子技术及其他传动技术的相互配合会更加紧密,其发展前景很好。

9.1.5 液压传动技术的发展和应用

液压传动技术以其独特的优势成为现代机械工程、机电一体化技术中的基本构成技术和现代控制工程中的基本技术,在各行业得到了广泛的应用。表 9-1 和图 9-4 列举了液压传动技在机械工程设备中的一些应用。

表 9-1 液压传动在机械工程设备中的应用

行业名称	应用举例
工程机械	挖掘机、装载机、推土机、铲运机等
矿山机械	凿岩机、开掘机、提升机、液压支架等
建筑机械	平地机、液压千斤顶、打桩机等
冶金机械	轧钢机、压力机等
机械制造	机床、数控加工中心、模锻机、空气锤、压铸机等
轻工机械	打包机、食品包装机、织布机、印染机、造纸机等
汽车工业	自卸式汽车、平板车、高空作业车、汽车转向器、减振器等
水利工程	水坝、闸门、船用机械船舵液压操纵等
农林机械	联合收割机、拖拉机、农具悬挂系统等
国防工业	飞机、坦克、舰艇、火炮、导弹发射架、雷达、大型液压机等
智能机械	折臂式小汽车装卸器、数字式体育锻炼机、模拟驾驶舱、机器人等

(a) 挖掘机 (b) 压力机

图 9-4 液压传动的应用示例

我国的液压传动技术是 20 世纪 50 年代开始发展的,最初只应用于机床和锻压设备上。70 多年来,我国的液压传动技术从无到有,发展很快,从最初的引进国外技术到现在进行产品自主研制,我国开发了一系列国产液压产品,这些产品的性能、种类和规格与国际先进新产品的接近。

随着世界工业水平的不断提高,各类液压产品的标准化、系列化和通用化也使液压传动技术得到了迅速发展,液压传动技术开始向高压、高速、大功率、高效率、低噪声、低能耗、长寿命、高度集成化等方向发展。同时,新型液压元件和液压系统的计算机辅助设计(CAD)、计算机辅助测试(CAT)、计算机直接控制(CDC)、机电一体化技术、计算机仿真技术和优化设计技术、可靠性技术等方面也在不断地发展和研究。可以预见,液压传动技术在现代化生产中将发挥越来越重要的作用。

9.2 典型的液压传动系统

为了使液压传动设备实现特定的运动循环或工作,将实现各种不同运动的执行元件及其液压回路拼集、汇合起来,用液压泵组集中供油,形成一个网络,就构成了设备的液压传动系统,简称液压系统。分析一个比较复杂的液压传动系统可以从以下几步进行:

(1) 了解设备的工况对液压传动系统的要求,尤其是了解工作循环中的各个工况对力、速度和方向这三方面的要求。

(2) 以执行元件为中心,将系统分解为若干个子系统,弄清各个子系统所包含的各类元件。

(3) 根据执行元件的动作要求对每个子系统进行分析,了解执行元件与相应的阀和泵之间的关系,并弄清楚每个子系统由哪些基本回路组成。

(4) 根据设备对各执行元件间互锁、同步、顺序动作和防干扰等要求,分析各子系统之间的联系。

(5) 归纳、总结整个系统的特点。

本小节将介绍几种实际生产中常见的液压传动系统,其目的是让学生进一步掌握分析复杂的液压传动系统的方法和步骤,更好地理解和掌握液压元件的结构和原理、液压基本回路以及它们在液压传动系统中的作用。

9.2.1 YT4543型组合机床动力滑台的液压传动系统

组合机床是由按系列化、标准化、通用化原则设计的通用部件以及按工件形状和加工工艺要求而设计的专用部件组成的高效专用机床。动力滑台是组合机床上用以实现进给运动的一种通用部件,其运动是靠液压缸驱动的。组合机床主要由通用滑台和辅助部分的液压传动系统组成,滑台台面上可安装动力箱、多轴箱及各种专用切削头等工作部件。滑台与床身、中间底座等通用部件可组成各种组合机床,完成钻、扩、铰、镗、铣、车、刮端面、攻螺纹等工序的机械加工,并能按多种进给方式实现半自动工作循环。组合机床一般为多刀加工,切削负荷变化大,快慢速度差异大,故其液压传动系统应满足以下要求:切削时速度低而平稳;空行程进退速度快;快慢速度转换平稳;系统效率高,发热少,功率利用合理。

1. YT4543型组合机床动力滑台液压传动系统的工作原理

下面以YT4543型组合机床动力滑动台为例,分析液压传动系统的工作原理及特点。图9-5所示为YT4543型组合机床动力滑台的液压传动系统图,其进给速度范围为6.6~600 mm/min,最大进给力为45 kN,它完成的工作循环如下:快进→第一次工作进给→第二次工作进给→止位钉停留→快退→原位停止。电磁铁和行程阀的动作顺序见表9-2。

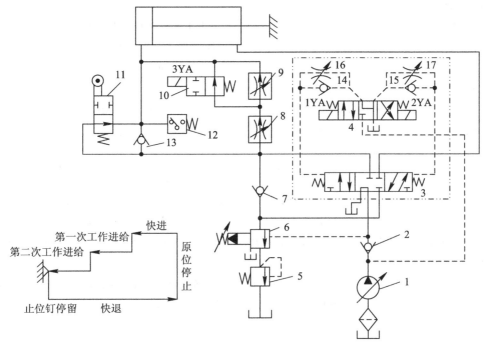

1—变量泵；2、7、13、14、15—单向阀；3—液动换向阀；4、10—电磁换向阀；5—背压阀；
6—液控顺序阀；8、9—调速阀；11—行程阀；12—压力继电器；16、17—节流阀。

图9-5 YT4543型组合机床动力滑台的液压传动系统图

表9-2 电磁铁和行程阀的动作顺序

动作顺序	信号来源	电磁铁			压力继电器12	行程阀11
		1YA	2YA	3YA		
快进	按下启动按钮	+	−	−	−	导通
第一次工作进给	挡块压下行程阀	+	−	−	−	切断
第二次工作进给	挡块压下行程开关	+	−	+	−	切断
止位钉停留	止位钉和压力继电器	+	−	+	+	切断
快退	时间继电器	−	+	−	−	切断→导通
原位停止	挡块压下终点开关	−	−	−	−	导通

1）快进

当滑台快进时，由于负载小、压力低，因此液控顺序阀6关闭，液压缸左右腔形成差动连接，变量泵1输出最大流量，滑台快进。

按下启动按钮，电磁铁1YA通电，电磁换向阀4左位接入系统，液动换向阀3在控制压力油作用下也将左位接入系统工作,其油路如下。

(1) 控制油路。

进油路:变量泵 1→电磁换向阀 4(左)→单向阀 1_14→液动换向阀 3(左)。

回油路:液动换向阀 3(右)→节流阀 17→电磁换向阀 4(左)→油箱。

可知,液动换向阀 3 的阀芯右移,其左位接入系统(换向时间由节流阀 17 调节)。

(2) 主油路。

进油路:变量泵 1→单向阀 2→液动换向阀 3(左)→行程阀 11→缸左腔。

回油路:缸右腔→液动换向阀 3(左)→单向阀 7→行程阀 11→缸左腔。

2) 第一次工作进给

当滑台快进结束时,滑台上的挡块压下行程阀 11,切断快速运动的进油路。这时压力油只能通过调速阀 8 和二位二通电磁换向阀 10(右位)进入液压缸左腔。油液流经调速阀而使系统压力升高,液控顺序阀 6 开启,单向阀 7 关闭,液压缸右腔的油液经液控顺序阀 6 和背压阀 5 流回油箱。同时,变量泵 1 的流量也自动减小。滑台实现由调速阀 8 调速的第一次工作进给,其主油路如下。

进油路:变量泵 1→单向阀 2→液动换向阀 3(左)→调速阀 8→电磁换向阀 10(右)→缸左腔。

回油路:缸右腔→液动换向阀 3(左)→液控顺序阀 6→背压阀 5→油箱。

3) 第二次工作进给

第二次工作进给与第一次工作进给时的控制油路和主油路的回油路相同,不同之处是主油路的进油路。当第一次工作进给结束,挡块压下行程开关,使电磁铁 3YA 通电,电磁换向阀 10 左位接入系统使其油路关闭时,压力油须通过调速阀 8 和 9 进入液压缸左腔。由于调速阀 9 的通流面积比调速阀 8 的通流面积小,因而滑台实现由调速阀 9 调速的第二次工作进给,其主油路的进油路如下。

进油路:变量泵 1→单向阀 2→液动换向阀 3(左)→调速阀 8→调速阀 9→缸左腔。

4) 止位钉停留

滑台完成第二次工作进给后,液压缸碰到滑台座前端的止位钉(可调节滑台行程的螺钉)后停止运动。这时液压缸左腔压力升高,当压力升高到压力继电器 12 的开启压力时,压力继电器动作,向时间继电器发出电信号,由时间继电器控制滑台停留时间。这时的油路同第二次工作进给的油路,但实际上系统内油液已停止流动,液压泵的流量已减至很小,仅用于补充泄漏油。

5) 快退

滑台停留时间结束时,时间继电器发出信号,使电磁铁 2YA 通电,电磁铁 1YA、3YA 断电。这时电磁换向阀 4 右位接入系统,液动换向阀 3 也换为右位工作,主油路换向。因滑台返回时为空载,系统压力低,变量泵 1 的流量自动增至最大,因此动力滑台快速退回,其油路如下。

(1) 控制油路。

进油路:变量泵 1→电磁换向阀 4(右)→单向阀 15→液动换向阀 3(右)。

回油路:液动换向阀 3(左)→节流阀 16→电磁换向阀 4(右)→油箱。

可知,液动换向阀 3 由控制油路使其换为右位(换向时间由节流阀 16 调节)。

(2) 主油路。

进油路：变量泵 1→单向阀 2→液动换向阀 3(右)→缸右腔。

回油路：缸左腔→单向阀 13→液动换向阀 3(右)→油箱。

6) 原位停止

当滑台快速退回到其原始位置时，挡块压下终点开关，使电磁铁 2YA 断电，电磁换向阀 4 恢复中位，液动换向阀 3 也恢复中位，液压缸两腔油路被封闭，液压缸失去动力，滑台被锁紧在起始位置上而停止运动。这时液压泵则经单向阀 2 及液动换向阀 3 的中位卸荷，其油路如下。

(1) 控制油路。

回油路：液动换向阀 3(左)→节流阀 16→电磁换向阀 4(中)→油箱。

液动换向阀 3(右)→节流阀 17→电磁换向阀 4(中)→油箱。

(2) 主油路。

进油路：变量泵 1→单向阀 2→液动换向阀 3(中)→油箱。

回油路：液压缸左腔→单向阀 15。

可知，单向阀 15 中堵塞(液压缸停止并被锁住)。单向阀 15 的作用是使滑台在原位停止时，控制油路仍保持一定的控制压力(低压)，以便能迅速启动。

2. YT4543 型组合机床动力滑台液压传动系统的特点

动力滑台的液压传动系统是能完成较复杂工作循环的典型的单缸中压系统，其有以下几个特点。

(1) 采用容积节流调速回路。该系统采用了"限压式变量叶片泵＋调速阀＋背压阀"式容积节流调速回路。用变量泵供油可使空载时获得较快的速度(泵的流量最大)，工作给进时，负载增加，泵的流量会自动减小，且无溢流损失，因而功率的利用合理。用调速阀调速可保证工作进给时获得稳定的低速，有较好的速度刚性。调速阀设在进油路上，便于利用压力继电器发信号以实现动作顺序的自动控制。回油路上加背压阀能防止负载突然减小时产生前冲现象，并能使工作进给速度平稳。

(2) 采用液动换向阀实现的换向回路。采用反应灵敏的小规格电磁换向阀作为先导阀控制，能通过大流量的液动换向阀实现主油路的换向，发挥了电液联合控制的优点。而且由于液动换向阀阀芯移动的速度可由节流阀 16、17 调节，因此能使流量较大、速度较快的主油路平稳换向，且无冲击。

(3) 采用液压缸差动连接的快速回路。主换向阀采用了三位五通阀，因此换向阀左位工作时能使缸右腔的回油又返回缸左腔，从而使液压缸两腔同时通压力油，实现差动快进。这种回路简便、可靠。

(4) 采用行程控制的速度转换回路。系统采用行程阀和液控顺序阀配合动作实现快进与工作进给速度的转换，使速度转换平稳、可靠且位置准确。采用两个串联的调速阀及用行程开关控制的电磁换向阀实现两种工作进给速度的转换。由于工作进给速度较低，故亦能保证换接精度和平稳性的要求。

(5) 采用压力继电器控制动作顺序。滑台工作进给结束时，液压缸碰到止位钉，缸内工作压力升高，因而采用压力继电器发出信号，使滑台反向退回方便、可靠。采用止位钉还能提高滑台工进结束时的位置精度及进行刮端面、锪孔、镗台阶孔等工序的加工。

9.2.2　YB32-200 型四柱万能液压机的液压传动系统

液压机是在锻压、冲压、冷挤、校直、弯曲、粉末冶金、成形、打包等加工工艺中广泛应用的压力加工机械设备，是最早应用液压传动技术的机械之一。YB32-200 型四柱万能液压机主缸的最大压制力为 2000 kN，其液压传动系统的最高工作压力为 32 MPa。现以 YB32-200 型四柱万能液压机为例，分析其液压传动系统的工作原理及特点。该液压机有上、下两个液压缸，安装在四个立柱之间。上液压缸为主缸，驱动上滑块实现"快速下行→慢速加压→保压延时→泄压换向→快速退回→原位停止"的工作循环。下液压缸为顶出缸，驱动下滑块实现"向上顶出→停留→向下退回→原位停止"的工作循环。

图 9-6 所示为 YB32-200 型四柱万能液压机的液压传动系统原理图。该液压机的液压传动系统由主缸、顶出缸（轴向柱塞式）、变量泵、安全阀、远程调压阀、溢流阀、电磁换向阀、液动换向阀、顺序阀、预泄换向阀、电液换向阀、压力继电器、单向阀、液控换向阀等元件组成。该系统采用变量泵与液压缸式容积调速回路，工作压力范围为 10～32 MPa，其主油路的最高工作压力由安全阀 2 限定，实际工作压力可由远程调压阀 3 调整，控制油路的压力由溢流阀 4 调整，液压泵的卸荷压力可由顺序阀 7 调整。电磁铁的动作顺序见表 9-3。

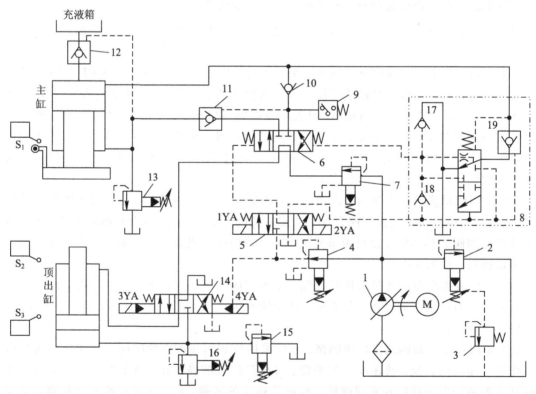

1—变量泵；2、13、16—安全阀；3—远程调压阀；5—电磁换向阀；6—液动换向阀；7—顺序阀；8—预泄换向阀；9—压力继电器；10、17、18—单向阀；11、12、19—液控单向阀；14—电液换向阀；4、15—溢流阀。

图 9-6　YB32-200 型四柱万能液压机的液压传动系统原理图

表 9-3 电磁铁的动作顺序表

动作顺序		信号来源	压力继电器	电磁铁			
				1YA	2YA	3YA	4YA
主缸	快速下行	按下启动按钮	−	+	−	−	−
	慢速加压	上滑块压住工件	−	+	−	−	−
	保压延时	压力继电器发出信号	+	−	−	−	−
	泄压换向	时间继电器发出信号	−	−	+	−	−
	快速退回	预泄换向阀换下位	−	−	+	−	−
	原位停止	行程开关 S_1	−	−	−	−	−
顶出缸	向上顶出	行程开关 S_1 或按钮	−	−	−	−	+
	停留	上位开关 S_2	−	−	−	−	−
	向下退回	时间继电器发出信号	−	−	−	+	−
	原位停止	下位开关 S_3	−	−	−	−	−

1. 主缸运动

1) 快速下行。

按下启动按钮,电磁铁 1YA 通电,电磁换向阀 5 左位接入系统,控制油进入液动换向阀 6 的左端,阀右端回油,故液动换向阀 6 左位接入系统。主油路中压力油经顺序阀 7、液动换向阀 6 及单向阀 10 进入主缸上腔,并将液控单向阀 11 打开,使主缸下腔回油,上滑块快速下行,缸上腔压力降低,主缸顶部充液箱中的油经液控单向阀 12 向主缸上腔补油。快速下行的油路如下。

(1) 控制油路。

进油路:变量泵 1→溢流阀 4→电磁换向阀 5(左)→液动换向阀 6 左端。

回油路:液动换向阀 6 右端→单向阀 18→电磁换向阀 5(左)→油箱。

可知,液动换向阀 6 左位接入系统。

(2) 主油路。

进油路:变量泵 1→顺序阀 7→液动换向阀 6(左)→液控单向阀 11。

液动换向阀 6(左)→单向阀 10→缸上腔。

充液箱→液控单向阀 12→缸上腔。

回油路:缸下腔→液控单向阀 11→液动换向阀 6(左)→电液换向阀 14→油箱。

2) 慢速加压

当主缸的上滑块接触到被压制的工件时,主缸上腔压力升高,液控单向阀 12 关闭,且液压泵流量自动减小,滑块下移速度降低,慢速压制工件。这时除充液箱不再向液压缸上腔供油外,其余油路与快速下行的油路完全相同。

3) 保压延时

当主缸上腔油压升高至压力继电器 9 的开启压力时，压力继电器发出信号，使电磁铁 1YA 断电，电磁换向阀 5 换为中位。这时液动换向阀 6 两端油路均通油箱，因而液动换向阀 6 在两端弹簧力作用下换为中位，主缸上、下腔油路均被封闭保压；液压泵则经液动换向阀 6 中位、电液换向阀 14 中位卸荷。同时，压力继电器还向时间继电器发出信号，使时间继电器开始延时。保压时间由时间继电器在 0~24 min 范围内调节。保压延时的油路如下。

(1) 控制油路。

回油路：液动换向阀 6 左端→电磁换向阀 5(中)→油箱。

液动换向阀 6 右端→单向阀 18→电磁换向阀 5(中)→油箱。

可知，液动换向阀 6 换为中位。

(2) 主油路。

进油路：变量泵 1→顺序阀 7→液动换向阀 6(中)→电液换向阀 14(中)→油箱(泵卸荷)。

回油路：主缸上腔→单向阀 10(闭)。

主缸上腔→液控单向阀 19(闭)。

主缸下腔→液控单向阀 11(闭)。

也可利用行程控制使系统由慢速加压阶段转为保压延时阶段，即当慢速加压，上滑块下移至预定的位置时，由与上滑块相连的运动件上的挡块压下行程开关(图中未画出)而发出信号，使电磁换向阀 5、液动换向阀 6 换为中位停止状态，同时向时间继电器发出信号，使系统进入保压延时阶段。

4) 泄压换向

保压延时结束后，时间继电器发出信号，使电磁铁 2YA 通电，电磁换向阀 5 换为右位。控制油经电磁换向阀 5 进入液控单向阀 19 的控制油腔，顶开其卸荷阀芯(液控单向阀 19 带有卸荷阀芯)，使主缸上腔油路的高压油经液控单向阀 19 卸荷阀芯上的槽口及预泄换向阀 8 上位(图示位置)的孔道与油箱连通，从而使主缸上腔油泄压。泄压换向的油路如下。

(1) 控制油路。

进油路：变量泵 1→溢流阀 4→电磁换向阀 5(右)→液控单向阀 19(使液控单向阀 19 卸荷阀芯开启)。

(2) 主油路。

回油路：主缸上腔→液控单向阀 19(卸荷阀芯槽口)→预泄换向阀 8(上)→油箱(主缸上腔泄压)。

5) 快速退回

主缸上腔泄压后，在控制油压作用下，预泄换向阀 8 换为下位，控制油经预泄换向阀 8 进入液动换向阀 6 右端，液动换向阀 6 左端回油，因此液动换向阀 6 右位接入系统。在主油路中，压力油经液动换向阀 6、液控单向阀 11 进入主缸下腔，同时将液控单向阀 12 打开，使主缸上腔油返回充液箱，上滑块则快速上升，退回至原位。快速退回的油路如下。

(1) 控制油路。

进油路：变量泵 1→溢流阀 4→电磁换向阀 5(右)→预泄换向阀 8(下)→液动换向阀 6 右端。

回油路：液动换向阀 6 左端→电磁换向阀 5(右)→油箱。

(2) 主油路。

进油路：变量泵 1→顺序阀 7→液动换向阀 6(右)→液控单向阀 11→主缸下腔。

液控单向阀 11→液控单向阀 12 控制口。

回油路：主缸上腔→液控单向阀 12→充液箱。

6) 原位停止

当上滑块返回至原始位置，压下行程开关 S_1 时，使电磁铁 2YA 断电，电磁换向阀 5 和液动换向阀 6 均换为中位(预泄换向阀 8 复位)，主缸上、下腔封闭，上滑块停止运动。安全阀 13 为上缸安全阀，起平衡上滑块重量作用，可防止与上滑块相连的运动部件在上位时因自重而下滑。

2. 顶出缸运动

1) 向上顶出

当主缸返回原位，压下行程开关 S_1 时，除使电磁铁 2YA 断电，主缸原位停止外，还使电磁铁 4YA 通电，电液换向阀 14 换为右位。压力油经电液换向阀 14 进入顶出缸下腔，其上腔回油，下滑块上移，将压制好的工件从模具中顶出。这时系统的最高工作压力可由溢流阀 15 调整。向上顶出的主油路如下。

进油路：变量泵 1→顺序阀 7→液动换向阀 6(中)→电液换向阀 14(右)→缸下腔。

回油路：缸上腔→电液换向阀 14(右)→油箱。

2) 停留

当下滑块上移到其活塞碰到缸盖时，便可停留在这个位置上。同时碰到上位开关 S_2，使时间继电器动作，延时停留。停留时间可由时间继电器调整。这时的油路未变。

3) 向下退回

当停留结束时，时间继电器发出信号，使电磁铁 3YA 通电(电磁铁 4YA 断电)，电液换向阀 14 换为左位。压力油进入顶出缸上腔，其下腔回油，下滑块下移。向下退回的油路如下。

进油路：变量泵 1→顺序阀 7→液动换向阀 6(中)→电液换向阀 14(右)→缸上腔。

回油路：缸下腔→电液换向阀 14(左)→油箱。

4) 原位停止

当下滑块退至原位时，挡块压下下位开关 S_3，使电磁铁 3YA 断电，电液换向阀 14 换为中位，运动停止。

3. 浮动压边

1) 上位停留

先使电磁铁 4YA 通电，电液换向阀 14 换为右位，顶出缸下滑块上升至顶出位置，由行程开关或按钮发出信号以使 4YA 再断电，电液换向阀 14 换为中位，使下滑块停在顶出位置上。这时顶出缸下腔封闭，上腔通油箱。

2) 浮动压边

浮动压边时主缸上腔进压力油(主缸油路同慢速加压油路)，主缸下腔油进入顶出缸上腔，顶出缸下腔油可经溢流阀 15 流回油箱。

主缸上滑块下压薄板时，下滑块也在此压力下随之下行。这时溢流阀 15 能保证顶出缸下腔有足够的压力。安全阀 16 能在溢流阀 15 堵塞时起过载保护作用。浮动压边时的油路如下。

进油路：主缸下腔→液控单向阀 11→液动换向阀 6(左)→电液换向阀 14(中)→顶出缸上腔。

油箱→顶出缸上腔。

回油路：顶出缸下腔→溢流阀 15→油箱。

YB32-200 型四柱万能液压机的液压传动系统具有以下特点：

(1) 系统采用了变量泵-液压缸式容积调速回路。所用液压泵为恒功率斜盘式轴向柱塞泵，它的特点是空载快速时，油压低而供油量大；压制工件时，压力高，泵的流量能自动减小，可实现低速。系统中无溢流损失和节流损失，效率高，功率利用合理。在压制不同材质、不同规格的工件时，系统中的远程调压阀可对系统的最高工作压力进行调节，以获得最理想的压制力，使用很方便。

(2) 两液压缸均使用液动换向阀换向。系统采用小规格的、反应灵敏的电磁阀控制高压、大流量的液动换向阀，使主油路换向。一般在需要低压的支路上控制油路时采用串有减压阀的减压回路，减压回路的工作压力比主油路的低而平稳，既能减少功率消耗，降低泄漏损失，还能使主油路平稳换向。

(3) 采用两主换向阀中位串联的互锁回路。当主缸工作时，顶出缸油路断开，停止运动；当顶出缸工作时，主缸油路断开，停止运动。这样能避免操作不当而出现事故，保证了安全生产。当两缸的主换向阀均为中位时，液压泵卸荷，其油路上串接一个顺序阀，它的调整压力约为 2.5 MPa，可使泵的出口保持低压，以便于快速启动。

(4) 液压机是大功率立式设备，压制工件时需要很大的力，因而主缸直径大，上滑块快速下行时需要很大的流量，但顶出缸工作时却不需要很大的流量。因此，该系统使用顶置充液箱，在上滑块快速下行时直接从缸的上方向主缸上腔补油。这样既可使系统采用流量较小的泵供油，又可避免在长管道中有高速、大流量的油流过而造成能量的损耗和故障，还减小了下置油箱的尺寸(顶置充液箱与下置油箱有管路连通，顶置充液箱的油量超过一定量时可溢回下置油箱)。此外，两立式液压缸各有一个安全阀，构成平衡回路，能防止上、下滑块在上位停止时因自重而下滑，起支撑作用。

(5) 在保压延时阶段时，由多个单向阀、液控单向阀组成主缸保压回路。利用管道和油液本身的弹性变形实现保压，方法简单。由于单向阀密封好，结构尺寸小，工作可靠，因而使用和维护也比较方便。

(6) 系统中采用了预泄换向阀，使主缸上腔泄压后才能换向。这样可使换向平稳，无噪声和液压冲击。

拓展学习

9.1

9.2

9.3 气压传动基础知识

气压传动与液压传动一样,都是利用流体作为工作介质来传动的,它们在工作原理、系统组成、元件结构及图形符号等方面存在着相似处,但是也有不同之处。

9.3.1 气压传动系统的工作原理

图 9-7(a)所示为气动剪切机的工作原理简图(图示位置为工料被剪前的情况)。当工料由上料装置(图中未画出)送入剪切机并到达规定位置时,行程阀 8 的顶杆受压而使阀内通路打开,气控换向阀 9 的控制腔便与大气相通,阀芯受弹簧力作用而下移。由空气压缩机 1 产生且经后冷却器 2、分水排水器 3 并经过初次净化处理后储藏在气罐 4 中的压缩空气,经空气过滤器 5、减压阀 6 和油雾器 7 及气控换向阀 9,进入气缸 10 的下腔;同时,压缩空气也进入行程阀 8 的右腔,阀芯左移,压紧工料 11。此时,气缸活塞向上运动,带动剪刃将工料切断。工料剪下后,即与行程阀 8 脱开,行程阀 8 在弹簧的作用下复位,所在的排气通道被封死,气控换向阀 9 的控制腔气压升高,迫使阀芯上移,气路换向,气缸活塞带动剪刃复位,准备下一次工作循环。由此可以看出,剪切机克服阻力切断工料的机械能是由压缩空气的压力能转换后得到的。同时,由于换向阀的控制作用使压缩空气的通路不断改变,气缸活塞带动剪切机频繁地实现剪切与复位的交替动作。

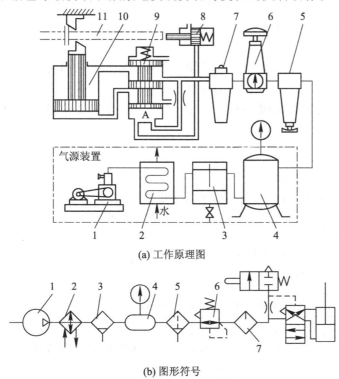

1—空气压缩机;
2—后冷却器;
3—分水排水器;
4—储气罐;
5—空气过滤器;
6—减压阀;
7—油雾器;
8—行程阀;
9—气控换向阀;
10—气缸;
11—工料。

图 9-7 气动剪切机的工作原理图

图 9-7(b)所示为该系统的图形符号。可以看出，某些气压传动的图形符号和液压传动的图形符号有一定的相似性，但也存在很多不同之处。例如，气动元件向大气排气的表示方法就不同于液压元件回油接入油箱的表示方法。

9.3.2 气压传动系统的组成

1. 气压传动系统的基本构成

气压传动系统主要由以下 5 个部分组成。

(1) 气源装置。气源装置将原动机供给的机械能转变为气体的压力能，为各类气动设备提供动力。气源装置包括气压发生装置、净化与储存压缩空气装置和气源处理装置等。为了方便管理并向各用气点输送压缩空气，用气量较大的厂矿企业都专门建立了压缩空气站。

(2) 气动执行元件。气动执行元件是将气体的压力能转变为机械能，带动工作部件做功的元件，包括各种气缸和气动马达。

(3) 气动控制元件。气动控制元件是用以控制压缩空气的压力、流量和流动方向及气动执行元件的工作程序，以便使气动执行元件完成预定运动规律的元件。气动控制元件包括各种阀体，如各种压力阀、方向阀、流量阀、逻辑元件等。在实际工作中，可以使用 PLC 控制各个阀，从而实现自动控制。

(4) 气动辅助元件。气动辅助元件是使压缩空气净化、润滑、消声及用于元件间连接等所需的元件。例如，各种冷却器、分水排水器、气罐、干燥器、油雾器及消声器等都是气动辅助元件，它们对保持气压传动系统可靠、稳定和持久工作起着十分重要的作用。

(5) 工作介质。工作介质即为具有一定压力的气体，气压传动系统是通过压缩空气实现运动和动力传递的。

由以上五部分组成的气压传动系统是为了驱动用于各种不同目的的机械装置，其最重要的三个控制内容是压力大小、运动方向和运动速度。在气压传动系统中，靠压力控制阀控制气缸输出的压力大小，靠方向控制阀控制气缸的运动方向，靠速度控制阀控制气缸的运动速度。

2. 气动元件的基本类型

表 9-4 中列出了气动元件的基本类型。

表 9-4 气动元件的基本类型

类别	品种	说明
气源装置	空气压缩机	作为气压传动与控制的动力源
	气罐	稳压和蓄能
气源处理元件	后冷却器	清除压缩空气中的固态、液态污染物
	过滤器	清除压缩空气中的固态、液态和气态污染物，以获得洁净干燥的压缩空气；提高气动元件的使用寿命和气压传动系统的可靠性
	干燥器	进一步清除压缩空气中的水分
	自动排水器	自动排出冷凝水

续表一

类别	品种		说明
气动执行元件	气缸		推动工件做直线运动
	摆动气缸		推动工件在一定角度范围内做摆动
	气马达		推动工件做旋转运动
	气爪		抓起工件
	复合气缸		实现复合运动,如直线运动加摆动的伸摆气缸
气动控制元件	压力阀	减压阀	降压并稳压
		增压阀	增压
		比例阀	输出压力或流量与输入信号成比例关系
	流量阀	速度阀	控制气缸的运动速度
		缓冲阀	装在换向阀的排气口,用来控制气缸的运动速度
		快速排气阀	可使气动元件和装置迅速排气
	方向阀	电磁阀	能改变气体的流动方向或通断,其控制方式有电磁控制、气压控制、人力控制和机械控制等
		气控阀	
		手控阀	
		机控阀	
		单向阀	控制气流只能正向流动,不能反向流动
		梭阀	控制两个进口中只要有一个输入,便有输出
		双压阀	控制两个进口都有输入时才有输出
气动辅助元件	润滑元件	油雾器	将润滑油雾化,随压缩空气流入所需润滑的部位
		集中润滑元件	可供多点润滑的油雾器
	消声器		降低排气噪声
	排气洁净器		降低排气噪声,并能分离掉排出空气中所含的油雾和冷凝水
	压力开关		当气压达到一定值时,便能接通或断开电触点;用于检查和确认流体的压力
	管道及管接头		连接各种气动元件
	气液转换器		将气体压力转换成相同压力的液体压力,以便实现气压控制液压驱动
	气动传感器		将待测物理量转换成气信号,供后续系统进行判断和控制
	流量开关		确认和检测流体的流量

续表二

类别	品种	说明
真空元件	真空发生器	利用压缩空气的流动形成一定真空度的元件
	真空吸盘	利用真空直接吸吊物体的元件
	真空压力开关	用于检测真空压力的电触点开关
	真空过滤器	过滤掉从大气中吸入的灰尘等,保证真空系统不受污染

9.3.3 气压传动的特点

常用的各种传动和控制方式包括气压传动、液压传动、机械传动、电气传动、电子传动等。在自动化、省力化设计时,应对各种方式进行比较,选择最合适的方式或组合进行运用,以做到更可靠、更经济、更安全和更简单。表 9-5 列出了气压传动与其他传动方式的比较。

表 9-5 气压传动与其他传动方式的比较

传动项目		比较项目									
		操作力大小	动作快慢	工作环境	负载变化影响	操纵距离	无级调速	工作寿命	维护	构造	价格
气压传动		中等	较快	适应性强	较大	中距离	较好	较长	简单	简单	便宜
液压传动		最大	较慢	要求较高	较小	短距离	良好	一般	要求高	复杂	稍贵
电传动	电气传动	中等	快	要求高	基本没有	远距离	良好	较短	要求高	复杂	稍贵
	电子传动	最小	快	要求高	没有	远距离	良好	短	要求更高	最复杂	最贵
机械传动		较大	一般	一般	没有	短距离	困难	一般	简单	简单	便宜

1. 气压传动的优点

气压传动的优点如下:

(1) 空气来源方便,用后直接排出,无污染。

(2) 空气黏度小,气体在传输中摩擦力较小,故可以集中供气和远距离输送。

(3) 气压传动系统对工作环境适应性好。特别在易燃、易爆、多尘埃、强磁、辐射、振动等恶劣工作环境中工作时,气压传动系统的安全性和可靠性优于液压传动、电子传动和电气传动系统的。

(4) 气动动作迅速、反应快、调节方便，可利用气压信号实现自动控制。

(5) 气动元件结构简单、成本低且寿命长，易于标准化、系列化和通用化。

2. 气压传动的缺点

气压传动的缺点如下：

(1) 运动平稳性较差。因空气的可压缩性较大，其工作速度受外负载变化影响大。

(2) 工作压力较低(0.3~1 MPa)，输出力或转矩较小。

(3) 空气净化处理较复杂。气源中的杂质及水蒸气必须净化处理。

(4) 因空气黏度小，润滑性差，需设置单独的润滑装置。

(5) 有较大的排气噪声。

9.4 气动基本回路和气压传动系统实例

气压传动系统与液压传动系统一样，都是由具有各种不同基本功能的回路组成的，而且可以相互参考和借鉴。了解气压传动系统常用回路的类型和功能，合理选择各种气动元件并根据其功能组合成气动回路，以实现预定的方向控制、压力控制、位置控制等功能。

9.4.1 换向控制回路

气动执行元件的换向主要是利用方向控制阀来实现的。方向控制阀按照通路数可分为二通阀、三通阀、四通阀、五通阀等，利用这些方向控制阀可以构成单作用执行元件和双作用执行元件的各种换向控制回路，如单作用气缸换向回路和双作用气缸换向回路。

1. 单作用气缸换向回路

图9-8(a)所示为二位三通电磁阀控制的单作用气缸换向回路。电磁铁通电时，气缸杆向上；反之，气缸杆向下。

图9-8(b)所示为三位四通电磁阀控制的单作用气缸换向回路，其可以控制气缸上、下、停止。三位四通电磁阀在两电磁铁都断电时自动对中，能使气缸停止在任何位置，但定位精度不高，并且定位时间不长。

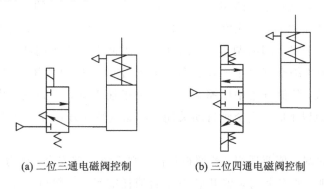

(a) 二位三通电磁阀控制　　(b) 三位四通电磁阀控制

图9-8　单作用气缸换向回路

2. 双作用气缸换向回路

图 9-9 所示为不同的双作用气缸换向回路，在实际中，可以根据执行元件的动作与操作方式等，对这些回路进行灵活选用和组合。图 9-9(a)、(b) 所示为简单换向回路。图 9-9(c) 所示为双稳换向回路，双稳换向回路具有"记忆"功能。当有置位（或复位）信号作用后，系统输出某一工作状态。在该信号取消后，其他复位（或置位）信号作用前，原输出状态一直保持不变。

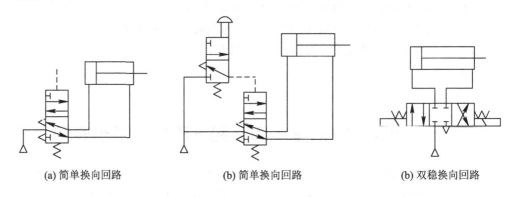

(a) 简单换向回路　　　　(b) 简单换向回路　　　　(b) 双稳换向回路

图 9-9　双作用气缸换向回路

9.4.2　压力控制回路

对系统压力进行调节和控制的回路称为压力控制回路。压力控制回路是使气压传动系统中有关回路的压力保持在一定的范围内，或者根据需要使回路得到高、低不同的空气气体压力的基本回路。压力控制回路可分为一次压力控制回路，二次压力控制回路，高、低压选择回路，压力控制顺序回路和过载保护回路。

1. 一次压力控制回路

一次压力控制是指把空气压缩机的输出压力控制在一定值以下。一般情况下，空气压缩机的输出压力为 0.8 MPa 左右，并在压力控制回路中设置储气罐，储气罐上装有压力表、安全阀等。气源的选取可根据使用单位的具体条件，采用压缩空气站集中供气或小型空气压缩机单独供气，只要它们的储量能够与用气系统压缩空气的消耗量相匹配即可。当空气压缩机的容量选定以后，在正常向系统供气时，储气罐中压缩空气的压力由压力表显示出来，其值一般低于安全阀的调定值，因此安全阀通常处于关闭状态。当系统用气量明显减少，储气罐中的压缩空气过量而使储气罐压缩空气的压力值超过安全阀的调定值时，安全阀自动开启溢流，使储气罐中压缩空气的压力迅速下降，当储气罐中压缩空气的压力降至安全阀的调定值以下时，安全阀自动关闭，使储气罐中压缩空气的压力保持在规定范围内。

可见，安全阀的调定值要适当，若调得过高，则系统不够安全，压力损失和泄漏也要增加；若调得过低，则会使安全阀频繁开启溢流而消耗能量。一般可根据气压传动系统的工作压力范围，将安全阀的调定值调整在 0.7 MPa 左右。安全阀用于控制空气压缩站的储气罐,使其压力不超过规定压力。一次压力控制回路如图9-10所示。在该回路中,常采用外控式溢流阀1控制空气压缩机电机的启、停,也可用带电触点压力表2代替溢流阀1来控制。此回路结构简单,工作可靠。

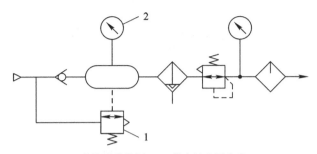

1—外控式溢流阀;2—带电触点压力表。

图 9-10 一次压力控制回路

2. 二次压力控制回路

二次压力控制回路是指利用每台气动设备的气源进口处的压力进行调节的回路。二次压力控制是指把空气压缩机输送出来的压缩空气,经一次压力控制后作为减压阀的输入压力 p_1(称为供气压力),再经减压阀减压稳压后所得到的输出压力 p_2(称为二次压力)作为气动控制系统的工作气压使用。可见,气源的供气压力 p_1 应高于二次压力 p_2 所必需的调定值。在选用图9-11所示的二次压力控制回路时,可以用三个分离元件(即空气过滤器1、减压阀2和油雾器3)组合而成,也可以采用气动三联件的组合件。在组合时,三个元件的相对位置不能改变。由于空气过滤器的过滤精度较高,因此,在它的前面还要加一级粗过滤装置。若控制系统不需要加油雾器,则可省去油雾器或在油雾器之前用三通接头引出支路即可。

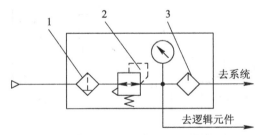

1—空气过滤器;2—减压阀;3—油雾器。

图 9-11 二次压力控制回路

3. 高、低压力选择回路

图9-12所示为利用减压阀控制高、低压力输出的回路。在实际应用中,某些气动控制系统需要有高、低压力的选择。例如,在加工塑料门窗的三点焊机的气动控制系统中,用于控制工作台移动的回路的工作压力为0.25~0.3 MPa,而用于控制其他执行元件的回路的工作压力为0.5~0.6 MPa。对于这种情况,若采用调节减压阀的办法来解决,则非常麻

烦。因此可采用图 9-12 所示的高、低压力选择回路，只要在该回路中分别调节两个减压阀，就能得到所需的高、低压力的输出，该回路适用于负载差别较大的场合。

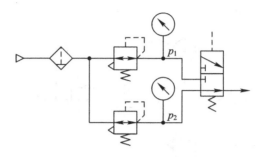

图 9-12　高、低压力选择回路

4. 压力控制顺序回路

图 9-13 所示为压力控制顺序回路。手控换向阀 1 动作后，气控换向阀 2 换向，A 缸活塞杆伸出以完成 A_1 动作；A 缸左腔中压力升高，顺序阀 3 动作以推动气控换向阀 4 换向，B 缸活塞杆伸出以完成 B_1 动作，同时使气控换向阀 2 换向以完成 A_0 动作。最后 A 缸右腔压力升高，顺序阀 5 动作，使气控换向阀 4 换向以完成 B_0 动作。此处的顺序阀 3 和 5 调整至一定压力后动作。

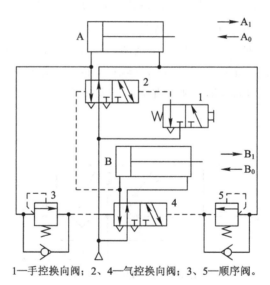

1—手控换向阀；2、4—气控换向阀；3、5—顺序阀。

图 9-13　压力控制顺序回路

5. 过载保护回路

在如图 9-14 所示的过载保护回路中，按下机械控制控向阀 1，当工作缸伸出时，若遇到障碍物，使气缸过载，则无杆腔压力升高，打开顺序阀 4，使二位三通手控换向阀 2 换向，二位四通气控换向阀 3 复位，从而使活塞杆立即缩回。

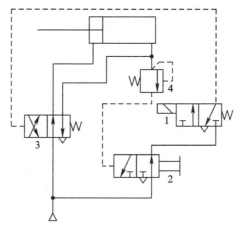

1—机械控制换向阀；2—二位三通手控换向阀；3—二位四通气控换向阀；4—顺序阀。

图 9-14 过载保护回路

9.4.3 速度控制回路

控制气动执行元件运动速度的一般方法是控制进入或排出执行元件的气体流量。因此，利用流量控制阀改变进气管、排气管的有效截面积，就可以实现速度控制。

1. 单作用气缸速度控制回路

单作用气缸速度控制回路中常用节流阀、快排气阀等进行调速。

（1）节流阀调速。升降均通过节流阀调速如图 9-15(a)所示，通过调节各单向节流阀的开度大小，可以调节气体流量，从而可以分别控制活塞杆伸出和退回的运动速度。该回路的运动平稳性和速度刚度都较差，易受外负载变化的影响，用于对速度稳定性要求不高的场合。

（2）快排气阀调速。图 9-15(b)所示为气缸的活塞杆上升时可以利用节流阀调速，活塞杆下降时利用快排气阀排气，从而实现快速退回。

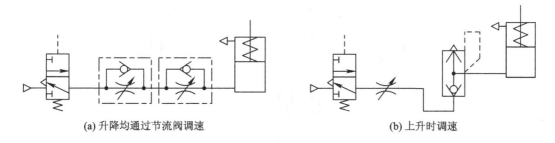

(a) 升降均通过节流阀调速　　　　　　　　(b) 上升时调速

图 9-15 单作用气缸速度控制回路

2. 双作用气缸速度控制回路

在气压传动系统中，采用排气节流调速的方法控制气缸运动的速度，活塞的运动速度比较平稳，振动小，比进气节流调速效果要好。

图 9-16(a)、(b)所示的双作用气缸速度控制回路在原理上没有什么区别，只是图 9-16(a)所示的是换向阀前节流控制回路，采用单向节流阀；图 9-16(b)所示的为换向阀后节流控制回路，采用排气节流阀。这两种速度控制回路的调速效果基本相同，都属于排气节流调速。从成本上考虑，图 9-16(b)所示的回路要经济一些。

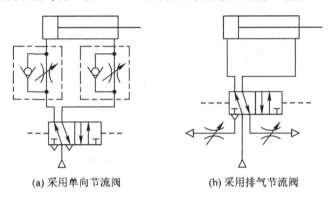

(a) 采用单向节流阀　　(b) 采用排气节流阀

图 9-16　双作用气缸速度控制回路

3. 快速往复动作回路

快速往复动作回路如图 9-17 所示。该回路通过两个快速排气阀控制气缸伸缩的速度。若想实现气缸单向快速运动，则可去掉图中的一个快速排气阀。

4. 速度换接回路

速度换接回路如图 9-18 所示。该回路主要由两个二位二通阀和单向节流阀并联组成。当挡块压下行程开关时，该系统发出电信号，使二位二通阀换向，改变排气通路，从而改变气缸速度。行程开关的位置可根据需要而定。

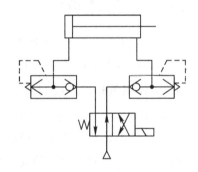

图 9-17　快速往复动作回路

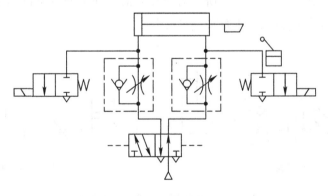

图 9-18　速度换接回路

5. 缓冲回路

在图 9-19 所示的缓冲回路中，当活塞行至行程末端时，其左腔压力已经打不开顺序阀 2，余气只能经节流阀 1 排出，因此活塞得到缓冲。此回路适用于气缸行程末端要求获得缓冲的场合,如行程长、速度快、惯性大的场合。

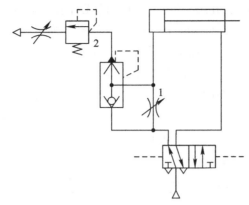

1—节流阀;2—顺序阀。

图 9-19 缓冲回路

9.4.4 气压传动系统实例

由于气压传动系统使用安全、可靠,可以在高温、震动、易燃易爆、多尘、强磁和多辐射等恶劣的环境下工作,所以应用比较广泛。本节介绍气压传动系统在机械行业中的几个应用实例。

1. 拉门自动启闭气压传动系统

拉门自动启闭装置通过连杆机构将气缸活塞杆的直线运动转换成拉门的启闭运动,利用超低压气动换向阀检测行人的踏板动作,其气压传动系统如图 9-20 所示。在拉门内外装踏板 11 和 12,踏板下方装有完全封闭的橡胶管,橡胶管的一端与超低压气动换向阀 10 和 13 的控制口连接。当人站在踏板上时,橡胶管里压力上升,超低压气动换向阀动作。

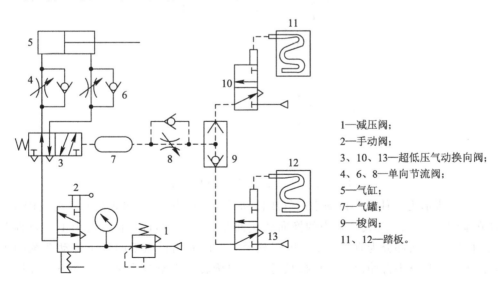

1—减压阀;
2—手动阀;
3、10、13—超低压气动换向阀;
4、6、8—单向节流阀;
5—气缸;
7—气罐;
9—梭阀;
11、12—踏板。

图 9-20 拉门自动启闭气压传动系统

该气压传动系统的具体工作过程：首先使手动阀 2 上位接入工作状态，压缩空气通过超低压气动换向阀 3 与单向节流阀 4 进入气缸 5 的无杆腔，将活塞杆推出（门关闭）。当人站在踏板 11 上时，超低压气动换向阀 10 动作，压缩空气通过梭阀 9、单向节流阀 8 和气罐 7 使超低压气动换向阀 3 换向，压缩空气进入气缸 5 的有杆腔，活塞杆退回（门打开）。

当行人经过门后踏上踏板 12 时，超低压气动换向阀 13 动作，使梭阀 9 上面的通口关闭，下面的通口接通，气罐 7 中的压缩空气经单向节流阀 8、梭阀 9 与超低压气动换向阀 13 放气，经过延时后超低压气动换向阀 3 复位，气缸 5 的无杆腔进气，活塞杆伸出（门关闭）。减压阀 1 可使关门的力自由调节，十分方便。

2. 气动机械手气压传动系统

机械手是自动化生产设备和生产线上的重要装置之一，它可以根据各种自动化设备的工作需要，模拟人手的部分动作，按着预定的控制程序、轨迹和工艺要求实现自动抓取、搬运，完成工件的上料、卸料和自动换刀。因此，它在机械加工、冲压、锻造、铸造、装配和热处理等生产过程中被广泛应用，以减轻工人的劳动强度。气动机械手是机械手的一种，它具有结构简单，重量轻，动作迅速、平稳、可靠，节能和不污染环境等优点。

图 9-21 所示为气动机械手的结构示意图。该系统由 A、B、C、D 四个气缸组成，能实现手指夹持、手臂伸缩、立柱升降和立柱回转四个动作。其中，A 缸为抓取工件的松紧缸；B 缸为可实现手臂伸出与缩回的长臂伸缩缸；C 缸为立柱升降缸；D 缸为立柱回转缸，该缸为齿轮齿条缸，在带有齿条的活塞杆两端有两个活塞，齿条的往复运动带动立柱上的齿轮旋转，从而实现立柱及手臂的回转。

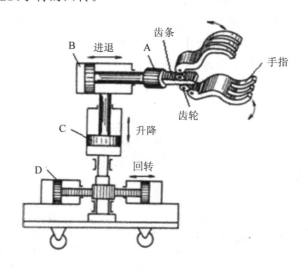

图 9-21 气动机械手的结构示意图

图 9-22 所示为一种通用机械手的气压传动系统。其中，三位四通双电控换向阀 1、2、7 和单向节流阀 3、4、5、6 组成气缸中的换向调速回路，各气缸的行程位置均由电气行程开关控制。此机械手手指部分为真空吸头，即无松紧缸。该通用机械手的气压传动系统的工作循环为：立柱上升→手臂伸出→立柱按顺时针方向旋转→真空吸头吸取工件→立柱按逆时针方向旋转→手臂缩回→立柱下降。该气压传动系统的气压传动回路由换向回路和调速回路组成。

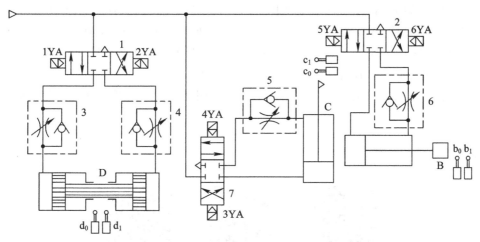

1、2、7—三位四通双电控换向阀；3、4、5、6—单向节流阀。

图 9-22 通用机械手的气压传动系统

该机械手电磁铁动作顺序表见表 9-6。对气动机械手工作循环的分析如下。

(1) 按下启动按钮，电磁铁 4YA 通电，三位四通双电控换向阀 7 处于上位，压缩空气进入垂直的立柱升降缸 C 下腔，活塞杆上升。

(2) 当垂直位置的立柱升降缸 C 活塞杆上的挡块碰到电气行程开关 c_1 时，电磁铁 4YA 断电，电磁铁 5YA 通电，三位四通双电控换向阀 2 处于左位，水平位置的长臂伸缩缸 B 活塞杆(手臂)伸出，带动真空吸头进入工作点吸取工件。

(3) 当水平位置的长臂伸缩缸 B 活塞杆上的挡块碰到电气行程开关 b_1 时，电磁铁 5YA 断电，电磁铁 1YA 通电，三位四通双电控换向阀 1 处于左位，立柱回转缸 D(立柱)按顺时针方向回转，使真空吸头进入卸料点卸料。

(4) 当立柱回转缸 D 活塞杆上的挡块压下电气行程开关 d_1 时，电磁铁 1YA 断电，电磁铁 2YA 通电，三位四通双电控换向阀 1 处于右位，立柱回转缸 D 复位。主柱回转缸 D(立柱)复位时，它上面的挡块碰到电气行程开关 d_0，电磁铁 6YA 通电，电磁铁 2YA 断电，三位四通双电控换向阀 2 处于右位，水平位置的长臂伸缩缸 B 活塞杆(手臂)缩回。

表 9-6 电磁铁动作顺序表

动 作	电 磁 铁					
	1YA	2YA	3YA	4YA	5YA	6YA
立柱上升				+		
手臂伸出				−	+	
立柱转位	+				−	
立柱复位	−	+				
手臂缩回		−				+
立柱下降			+			−

（5）水平位置的长臂伸缩缸 B 活塞杆（手臂）缩回时，挡块碰到电气行程开关 b_0，电磁铁 6YA 断电，电磁铁 3YA 通电，三位四通双电控换向阀 7 处于下位，垂直位置的立柱升降缸 C 活塞杆（立柱）下降，达到原位时，碰到电气行程开关 c_0，使电磁铁 3YA 断电，此时完成一个工作循环。重新加载启动信号，可进行重复的工作循环。

通过调整电气行程开关的位置和调节单向节流阀的开度，就可以改变各个气缸的行程和运行速度。

拓展学习

9.3　　　　　　　9.4　　　　　　　9.5

 9.5　本章小结

液压传动是一种以液体为工作介质进行能量传递和控制的传动方式。根据其能量传递形式不同，液体传动又分为液力传动和液压传动。气压传动技术是一种以压缩空气为动力源来驱动和控制各种机械设备，以实现生产过程机械化和自动化的技术。随着工业机械化、自动化的发展，气压传动技术越来越广泛地应用于各个领域。本章节主要内容包括液压传动概述、典型的液压系统、气压传动基础知识、气动基本回路和气压传动系统实例。本章内容以液压传动为主，气动传动为辅，注重内容的实用性与针对性。

 9.6　课后习题

1. 填空题：机器人的液压传动以有压力的_____作为传递的工作介质。
2. 单选题：液压传动系统的主要设备是（　　）和液压控制阀。
   A. 控制调节装置　　B. 油泵　　C. 安全阀　　D. 液压缸
3. 判断题：YT4543 型组合机床动力滑台液压传动系统的动力输入元件为液压泵，它以恒定的压力向系统供油。（　　）
4. 判断题：液压传动技术不适于在承载能力大、惯量大以及在防焊环境中工作的机器人中应用。（　　）
5. 多选题：液压缸是将液压能转变为（　　）的液压执行元件。
   A. 脉冲运动　　B. 机械能　　C. 做直线往复运动　　D. 做摆动运动

第10章 机器视觉

10.1 机器视觉概述

机器视觉是指用机器代替人眼进行目标对象的测量、识别、判定，主要研究用计算机模拟人的视觉功能。机器视觉系统主要由视觉感知单元、图像信息处理单元、结果显示单元以及视觉系统控制单元组成。视觉感知单元获取被测目标对象的图像信息，并传送给图像信息处理单元；图像信息处理单元经过对图像的灰度分布、亮度以及颜色等信息进行各种运算处理，从中提取出目标对象的相关特征，从而对目标对象进行测量、识别和通过（not good，NG）判定，并将其判定结果提供给结果显示单元和视觉系统控制单元；视觉系统控制单元根据判定结果控制现场设备，实现对目标对象的相应控制操作。

机器视觉技术是一项综合技术，涉及视觉传感器技术、光源照明技术、光学成像技术、数字图像处理技术、模拟与数字视频技术、计算机软硬件技术和自动控制技术等。机器视觉技术的特点不仅在于模拟人眼功能，更重要的是它能完成人眼所不能胜任的某些工作。随着视觉传感技术、计算机技术和图像处理技术等的快速发展，机器视觉技术日臻成熟，已成为现代加工制造业中不可或缺的核心技术，广泛应用于食品、制药、化工、建材、电子制造、包装以及汽车制造等各种行业，对提升传统制造装备的生产竞争力与企业现代化生产管理水平具有重要的作用。

在工业生产过程中，相对于传统测量检验技术，机器视觉技术的最大优点是快速、准确、可靠与智能化，对提高产品检验的一致性、产品生产的安全性，降低工人劳动强度以及实现企业的高效、安全生产和自动化管理具有不可替代的作用。

1. 机器视觉技术的发展现状

人类感知外部世界主要通过视觉、触觉、听觉和嗅觉等感觉器官，其中约80%的信息是通过视觉器官获取的。视觉器官感知环境信息的效率很高，它不仅指对光信号的感受，还包括对视觉信息的获取、传输、处理、存储与理解的全过程。对人类而言，视觉信息传入大脑之后，由大脑根据已有的知识进行信息处理，进而判定和识别。机器视觉系统就是通过相机和计算机来对外部环境进行测量、识别和判定的。但是，机器视觉和人类视觉有着本质不同，机器视觉主要应用于不适合人工作业或者人类视觉无法达到要求，以及高速大批量工业产品制造自动生产流水线的一些场合。由于机器视觉技术较易实现信息集成，因此其成为实现计算机集成制造的基础技术。

机器视觉技术是计算机视觉理论在具体问题中的应用。20世纪70年代，David Marr 提出了视觉计算理论，该理论从信息处理的角度系统概括了当时解剖学、心理学、生理学、神经学等方面已取得的成果，明确规定了视觉研究体系。计算机视觉理论以视觉计算理论为基础，为视觉研究提供了统一的理论框架。由于实际中的视觉问题常常是具体的，包含丰富的先验知识，因此将计算机视觉理论应用于解决具体实际问题就产生了机器视觉。

20世纪80年代以来，机器视觉一直是非常活跃的研究领域，并经历了从实验室走向实际应用的发展阶段，从简单的二值图像处理到高分辨率、多灰度的图像处理以至于彩色图像处理，从一般的二维信息处理到三维视觉模型和算法的研究都取得了很大进展。作为一种先进的检测技术，机器视觉技术已经在工业产品检测、自动化装配、机器人视觉导航、虚拟现实以及无人驾驶等许多领域的智能测控系统中得到了广泛应用。

目前，发展最快、使用最多的机器视觉技术主要集中在欧洲各国、美国、日本等发达国家和地区。发达国家在针对工业现场的实际情况开发机器视觉硬件产品的同时，对软件产品的研究也投入了大量的人力和财力。机器视觉技术的应用主要集中在半导体和电子行业，其中40%～50%集中在半导体制造行业，如印制电路板（PCB）组装工艺与设备、表面贴装工艺与设备、电子生产加工设备等。此外，机器视觉技术在其他领域的产品质量检测方面也得到了广泛应用，如在线产品尺寸测量、产品表面质量判定等。

在国内，由于半导体及电子行业属于新兴领域，机器视觉产品普及还不够深入，导致机器视觉技术在相关行业的应用十分有限。值得一提的是，借助于国际电子、半导体制造业向我国珠三角、长三角等地区的延伸和转移，这些地区已成为机器视觉技术应用最前沿和最优质的集聚地。我国制造业的快速发展给机器视觉技术的广泛应用创造了条件，许多致力于机器视觉专门应用系统研发与推广的企业也相继诞生。相信随着我国配套基础建设的完善以及技术、资金的积累，各行各业对机器视觉技术的应用需求将快速增长。目前，国内许多高等院校、研究所和企业单位都在图像和机器视觉技术领域进行着积极探索和实验，逐步开展机器视觉技术在工业现场和其他领域的应用。

国内在机器视觉产品（包括视觉软件、相机系统、光源等）研发方面虽然取得了一些成果，但与国外先进的机器视觉产品相比，还有较大的差距。目前，国内在机器视觉产品研发方面主要存在技术水平较低、应用面窄、开发成本高、效率低等问题，基本处于软硬件定制的专用视觉系统研究和应用阶段；在机器视觉算法研究方面，我国仍采用经典的数字图像处理算法和通用软件编程开发，组态集成开发能力弱；在产品方面，具有自主知识产权的机器视觉技术与系统产品较少，不利于批量生产和广泛推广。在我国高等院校，机器视觉科研领域与教学方面也有喜有忧，在科研领域，涌现出大量机器视觉科研机构和学者，在机器视觉算法研究方面取得了长足进步；但在机器视觉应用，特别是机器视觉教学方面，与工业应用不相适应，有的高等院校没有开设相应课程，有的高等院校没有开设相应实验，有的高等院校甚至认为机器视觉属于科学前沿，未能将机器视觉应用技术列入教学计划和课程体系，这些问题和不足主要是我们的教学与实际生产严重脱节造成的。因此，加快发展我国具有自主知识产权的机器视觉产品是当务之急,在高等院校自动化专业、计算机专业、机电一体化专业开设机器视觉应用技术与系统实验也迫在眉睫。

2. 机器视觉技术的应用

机器视觉技术正在被广泛地应用于各种生产活动,可以说需要人类视觉的场合几乎都有机器视觉技术的应用,特别是在许多人类视觉无法感知的场合。例如,在精确定量感知、高速检测判定、危险场景感知和不可见物体感知等情况下,机器视觉技术更显示出其无可比拟的优越性。机器视觉技术的应用主要包括如下几个方面。

1) 在工业检测中的应用

工业检测是指在工业生产中运用一定的测试技术和手段对生产环境、工况、产品等进行测试和检验,其检测结果是对生产过程进行控制的重要指标,直接影响着生产效率和质量。在现代自动化大生产中,视觉检测往往是不可缺少的重要环节。例如,汽车零件结构尺寸、药品包装正误、集成电路(integrated circuit,IC)字符印刷质量、电路板焊接好坏等,都需要工人通过卡尺、量规或者显微镜等工具进行检测。人工检测的弊端很多,主要体现在以下6个方面。

(1) 人工检测劳动强度大、生产效率低。

(2) 人工检测没有严格统一的质量标准,直接影响产品的检验一致性。

(3) 在一些高速的生产环节,人工检测无法实现实时全检,只能对部分产品进行抽检。

(4) 在高精度检测要求下,人工检测很难达到精度要求,而且检测成本居高不下。

(5) 在某些高温或有毒生产现场,无法通过人工方式对产品质量进行检测。

(6) 人工检测的数据无法及时、准确地纳入质量管理系统,不利于测控管理系统的集成。

随着现代工业的发展和进步,特别是在一些高精度加工产业,传统的检测手段已远远不能满足生产的需要。机器视觉技术则因其具备在线检测、实时分析、实时控制的能力以及高效、经济、灵活的优点,成为现代检测技术中一种重要的技术。

机器视觉技术在微尺寸、大尺寸、复杂结构尺寸测量中具有突出的优势和特点:对于微尺寸测量,机器视觉技术不仅具有非接触的特点,还可以通过调节摄像系统的分辨率和放大倍数方便地实现不同测量范围内的高精度测量;对于大尺寸测量,机器视觉技术可以通过拼接零件不同部位的图像,分析得到零件的完整结构尺寸;对于复杂结构尺寸(如齿轮、螺纹、凸轮等)测量,机器视觉技术只需要一幅或多幅图像就可以获得复杂结构的轮廓信息。

机器视觉工业检测就其检测性质和应用范围而言,分为定量检测和定性检测两大类,每类又分为不同的子类。除了对各种零件几何尺寸进行测量,机器视觉技术在工业在线检测中的应用还包括印制电路板检查、钢板表面自动探伤、大型工件平行度和垂直度测量、容器容积或杂质检测、机器零件的自动识别和分类等。

2) 在医学图像诊断中的应用

目前,医学图像已经广泛用于医学诊断,成像方法包括传统的X射线成像、显微成像、

B超、红外、层析成像(CT)和核磁共振成像(MRI)等，主要通过人眼对图像中的信息进行分析和判断，从而对病情、病因做出诊断。

机器视觉技术在医学图像诊断方面有两类应用：一是对图像进行增强、标记、染色等，帮助医生诊断疾病，并协助医生对感兴趣的区域进行测量和比较；二是利用专家知识系统对图像进行分析和解释，给出建议诊断结果。此外，三维机器视觉技术可以分析物体的三维信息与运动参数。例如，计算机辅助外科手术(computer-aided surgery，CAS)技术的基本原理就是用CT或MRI图像对体内物体进行三维定位并引导自动手术刀或辐射源实行手术或治疗。

3) 在智能交通中的应用

机器视觉技术在智能交通中可以完成自动导航和交通状况监测等任务。在自动导航中，机器视觉可以通过双目立体视觉等检测方法获得场景中的路况信息，然后利用这些信息进行道路识别、障碍识别等。自动导航装置可以将立体图像和运动信息组合起来，与周围环境进行自主交互，这种装置已用于无人汽车、无人机和无人战车等。机器视觉技术可以用于交通状况监测，如交通事故现场勘察、车场监视、车牌识别、车辆识别与"可疑"目标跟踪等。在许多大中城市的交管系统中，机器视觉系统担任了"电子警察"的角色，其"电子眼"功能在识别车辆违章、监测车流量、检测车速等方面都发挥着越来越重要的作用。

10.1.1 机器视觉系统的组成

机器视觉系统是指通过机器视觉产品(图像采集装置)获取图像，然后将获取的图像传送至处理单元，通过数字化图像处理进行目标尺寸、形状、颜色等的判别，进而根据判别的结果控制现场设备。一个典型的机器视觉系统涉及多个领域的技术交叉与融合，包括光源照明技术、光学成像技术、传感器技术、数字图像处理技术、模拟与数字视频技术、机械工程技术、控制技术、计算机软硬件技术、人机接口技术等。

机器视觉系统包括获取图像信息的图像测量子系统与决策分类或跟踪对象的控制子系统。图像测量子系统又可分为图像获取和图像处理两大部分。图像测量子系统主要由照相机、摄像系统和光源设备等组成。例如，观测微小细胞的显微图像摄像系统、考察地球表面的卫星多光谱扫描成像系统、在工业生产流水线上的工业机器人监控视觉系统、医学层析成像(CT)系统等都是图像测量子系统。图像测量子系统使用的光波段可以从可见光、红外线、X射线、微波、超声波到γ射线等。从图像测量子系统获取的图像可以是静止图像，如文字、照片等，也可以是运动图像，如视频图像等；可以是二维图像，也可以是三维图像。图像处理是指利用数字计算机或其他高速、大规模集成数字硬件设备，对从图像测量子系统获取的图像进行数字运算和处理，进而得到人们所要求的效果。决策分类或跟踪对象的控制子系统主要由对象驱动和执行机构组成，它根据对图像信息处理的结果实施决策控制。

机器视觉系统主要由硬件与软件两部分组成。

1. 硬件

目前，市场上的机器视觉系统可以按结构分为两大类，即基于个人计算机(PC)的机器视觉系统和嵌入式机器视觉系统。基于 PC 的机器视觉系统是传统的机器系统，其硬件包括 CCD 相机、图像采集卡和计算机等，目前居于市场应用的主导地位，但价格高，对工业环境的适应性较弱。嵌入式机器视觉系统将所需要的大部分硬件(如电荷耦合器件(CCD)、内存、处理器以及通信接口等)压缩在一个"黑箱"式的模块里，故又称之为智能相机。嵌入式机器视觉系统的优点是结构紧凑、性价比高、使用方便、对环境的适应性强，是机器视觉系统的发展趋势。

典型的机器视觉系统硬件结构如图 10-1 所示。

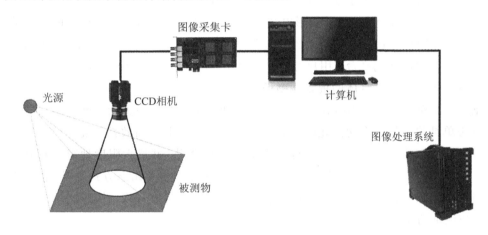

图 10-1 典型的机器视觉系统的硬件结构

在机器视觉系统中，好的光源与照明方案往往是整个系统成败的关键。光源与照明方案的配合应尽可能地突出物体特征参量，在增加图像对比度的同时，应保证足够的整体亮度，同时物体位置的变化不应该影响成像的质量。选择的光源必须符合所需的几何形状、照明亮度、均匀度、发光的光谱特性等，同时还要考虑光源的发光效率和使用寿命。照明方案应充分考虑光源和光学镜头的相对位置、物体表面的纹理、物体的几何形状以及背景等要素。

CCD 相机和图像采集卡共同完成对目标图像的采集与数字化，是整个系统成功与否的又一关键所在。高质量的图像信息是系统正确判断和决策的原始依据。在当前的机器视觉系统中，CCD 相机以其体积小巧、性能可靠、清晰度高等优点得到了广泛使用。CCD 相机按照其使用的 CCD 器件可以分为线阵式和面阵式两大类。

图像处理系统是机器视觉系统的核心，它决定了如何对图像进行处理和运算，一般由计算机和嵌入式处理器组成，是开发机器视觉系统的重点和难点。随着计算机技术、微电子技术和大规模集成电路技术的快速发展，为了提高系统的实时性，可以借助 DSP、专用图像信号处理卡等硬件完成一些成熟的图像处理算法，而软件则主要完成那些复杂的、尚需不断探索和改进的算法。

执行机构通常是指根据机器视觉系统的输出结果执行相应任务的设备或机器人，它们可以根据任务的不同而有所区别。常见的执行机构包含机械臂、传送带、自动化生产线以及自动导航驾驶等，其根据机器视觉系统的处理结果执行相应的操作任务。

2. 软件

作为机器视觉系统的重要组成部分，机器视觉软件主要通过对图像的分析和处理来实现对待测目标特定参数的检测和识别。机器视觉软件主要完成图像增强、图像分割、特征抽取、模式识别、图像压缩与传输等，有些还具有数据存储和网络通信功能。机器视觉系统可以根据图像处理结果和一定的判决条件方便地实现产品自动化检测与管理。

根据软件规模和功能的不同，现有的机器视觉软件可以分为单任务专用软件和集成式通用组态软件两大类。单任务专用软件是专门针对某一测试任务研制开发的，其待测目标已知，测量算法不具有通用性，如投影电视会聚特性检测系统和电子枪扭弯曲度智能检测系统。集成式通用组态软件是将众多通用的图像处理与模式识别算法编制成函数库，并向用户提供一个开放的通用平台，用户可以在这种平台上选择并组合自己需要的函数，快速、灵活地通过组态完成一个具体的视觉检测任务。

目前，机器视觉软件主要向高性能与可组态两方面发展。一方面，机器视觉软件的竞争已从过去单纯追求软件多功能化转向对检测算法的准确性、高效性的竞争。优秀的机器视觉软件可以对图像中的目标特征进行快速而准确的检测，并最大限度地减少对硬件的依赖性。另一方面，机器视觉软件正由定制方式朝着通用、可视化组态方式发展。由于图像处理算法具有一定通用性，用户可以在通用平台上进行二次组态开发，快速实现多种工业测量、检测和识别功能。

机器视觉系统中常用的软件包括 Halcon、Opencv、Python、Labview 以及 MATLAB 等。其中 Halcon 在工业机器人方面应用的比例是相当高的，所以下面以 Halcon 为例讲解机器视觉的相关应用。

Halcon 其实就是一个算法开发包，里面集成了很多丰富的算子，包括二维的和三维的，方便开发人员快速进行设计。而且 Halcon 有自己的开发环境和语言，用户可以在开发环境下进行程序设计，它所支持的算子也是很丰富的，包括数组操作、一维码（二维码）识别、模板匹配、相机标定、三维重建、OCR 字符识别、光度立体、特征检测提取、测量、通信、文件操作、形态学处理等；所涉及的领域也是非常广的，包括半导体、机械、化工、医疗、航空、监控安防、食品、印刷、制药等各行业。在实际项目开发中，Halcon 可以导出丰富的语言，方便用户项目集成，如导出 C++、C#、VB 等各种编程语言，然后在用户的开发环境下进行集成开发以及用户界面（UI）设计。Halcon 支持多种操作系统，如 Windows、Linux 等，同时对相机设备接口也提供了丰富的支持，对以太网接口、USB 接口、Gige 接口都有良好的支持。另外，Halcon 开发环境提供了很多助手工具，如测量工具、相机标定工具、相机图像实时采集工具、OCR 训练工具等，可以使开发人员方便地进行快速仿真。

Halcon 在实际应用中涉及以下六个方面。

（1）连通域（指图像中的具有相似颜色、纹理等特征所组成的一块连通区域）分析，这是很多处理中经常使用的，主要是确定阈值大小以及选取特征，从而从图像中分割出感兴趣的区域。

（2）模板匹配，主要是基于在图像中选取的模板进行灰度、轮廓、相关性等多种方式的全局或者局部匹配定位，从而得到目标的位置坐标以及角度值。

(3) 一维码、二维码以及光学字符识别(optical character recognition, OCR)系列。
(4) 机器人双目以及多目立体视觉的标定、三维重建、三维匹配等系列。
(5) 基于 Halcon 在工业上的同心、并行处理、错误处理等。
(6) 激光三角测量以及光度立体法。

10.1.2 视觉传感器

视觉传感器是利用光学元件和成像设备获取外部环境图像信息的仪器，其作用是将通过镜头聚焦于像平面的光线生成图像。视觉传感器包含镜头、信号处理器、通信接口以及最核心的部分——图像传感器。图像传感器的主要作用是将光子转换成电子，通常使用的图像传感器主要有电荷耦合器件(CCD)传感器和互补金属氧化物半导体(complementary metal-oxide semiconductor, CMOS)传感器两种。两者的主要区别是从芯片中读出数据的方式不同。

CCD 传感器由一行对光线敏感的光电探测器组成，光电探测器一般为光栅晶体管或光电二极管。光电探测器是将光子转为电子并将电子转为电流的设备。图像曝光时，光电探测器累积电荷，通过转移门电路，电荷被转移到串行读出寄存器，并通过电荷转换器和放大器读出。CCD 传感器分为线扫描传感器和面扫描传感器。对于线扫描传感器，光电探测器通常为光电二极管。在面扫描传感器中，电荷是一行一行按顺序转移到读出寄存器的。

CMOS 传感器通常采用光电二极管作为光电探测器，与 CCD 传感器不同的是，光电二极管中的电荷不是按顺序读出的，而是每一行都可以通过行和列选择电路直接选择并读出。CMOS 的每个像素都有自己的独立放大器，可以实现比 CCD 更高的帧率。CMOS 可以在传感器上实现并行模数转换，而且可以在每个像素上集成模/数转换电路，从而进一步提高读出速度。

视觉传感器是整个机器视觉系统信息的直接来源，由一个或两个图像传感器组成，有时还要配以光投影设备或其他辅助设备，其主要功能是获取足够的机器视觉系统要处理的原始图像，通常用图像分辨率描述视觉传感器的性能。

视觉传感器将相机的图像采集功能与计算机的处理能力相结合，能够对元件或产品的位置、质量和完整性做出决策。视觉传感器包含一个软件工具库，可执行不同类型的检测，甚至可以通过所采集的单一图像执行多种类型的检测。视觉传感器可以处理每个目标的多个检测点，还可以通过图案、特征和颜色来检测目标。视觉传感器首先定位图像中的元件，然后寻找该元件上的具体特征，以执行检测。视觉传感器通常无需编程，并通过使用方便的视觉软件界面引导用户完成设置。大多数视觉传感器都提供内置以太网通信，能集成到较大型的系统，这使得用户能够与其他系统交换数据，以传输检测结果和触发后续的检测或机械执行阶段。

合适的机器视觉解决方案的选择通常取决于应用需求，包括开发环境、功能、架构和成本。在有些情况下，视觉传感器和视觉系统都能满足操作需求，不同的型号可满足不同的价格和性能要求。视觉传感器在先进的视觉算法、独立的工业级硬件及高速的图像采集和处理方面与机器视觉系统相似。它们都能够执行检测，但它们是为执行不同的任务而设计的。机器视觉系统可以执行引导和对位、光学字符识别、代码读取及计量和测量,而视觉传感器则是专门为确定元件的存在和缺失而设计的,只提供简单的通过和未通过结果,并且具有易用性和快速部署的特性,因此,视觉传感器比视觉系统更经济实惠,需要更少的专业知识来运行。

10.2 机器视觉算法与图像处理

图像采集卡的主要作用是将一幅幅的图像传送给计算机,虽然这些硬件设备能在机器视觉过程的不同环节中起到重要作用,但它们并不会真正地"看",也就是说,它们并不能提取出图像中人们感兴趣的信息。这与人类的视觉过程类似,没有眼睛不能看东西,但即使有了眼睛,如果没有大脑将看见的事物进行分析、理解,人们也不能做到真正意义上的"看"。因此,在图像信息被传送到计算机后,对这些图像信息的处理才是机器视觉的关键所在。机器视觉算法主要是指对采集的图像信息进行处理的方法。常用的机器视觉算法有图像增强、灰度值变换、几何变换、图像分割、特征提取、形态学处理和边缘提取等。在深入研究机器视觉算法前,还必须了解机器视觉应用中涉及的基本数据结构。

10.2.1 数据结构

在机器视觉里,图像是基本的数据结构,它所包含的数据通常是由图像采集卡传送到计算机的内存中的。一个像素可以看成对能量的采样结果,此能量是在曝光过程中由传感器上一个感光单元累积得到的,它累积了在传感器光谱响应范围内的所有光能。黑白相机会返回每个像素所对应的一个能量采样结果,这些结果组成了一幅单通道图像。而彩色相机则返回每个像素对应的三个采样结果,这些结果组成了一幅三通道图像。直观来看,数字图像可以简单地看作一个二维数组,每一个元素具有一个特定的坐标(r, c)和幅值$g(r, c)$,这些元素就称为图像的像素,如图10-2所示。

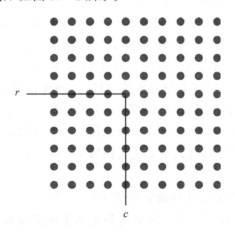

图10-2 图像像素的坐标

图像采样卡不但在空间坐标上把图像离散化,而且把灰度值离散化到某一个固定的灰度级范围内。将图像的连续灰度值转换为离散的等价量的过程称为量化。多数情况下,灰度值被量化为 8 位,则所有灰度值的集合为 $G_8 = \{0, 1, \cdots, 255\}$。一般来说,如果用 b 位表示像素的灰度值,则一幅单通道图像可以视为某个函数 $f: R \to G_8$,此处,R 是离散二维平面的一个矩形子集,$R = \{1, 2, \cdots, h\} \times \{1, 2, \cdots, w\}$,$h$ 是矩形的高,w 是矩形的宽;G_b 是位深为 b 时的灰度值集合,$G_b = \{0, 1, \cdots, 2^b - 1\}$。

10.2.2 灰度值变换

本节中讨论的图像灰度值变换基于以下式子:

$$g(x, y) = T[f(x, y)] \quad (10-1)$$

式中,$f(x, y)$ 是输入图像,$g(x, y)$ 是输出图像,T 是在点 (x, y) 的一个邻域内定义的针对 f 的算子。

在灰度变换中,最常使用的 3 种基本函数为线性函数(反转变换和恒等变换)、对数函数(对数变换和反对数变换)和幂函数(n 次幂变换和 n 次根变换),如图 10-3 所示。恒等变换是输入灰度与输出灰度相同的一种情况。

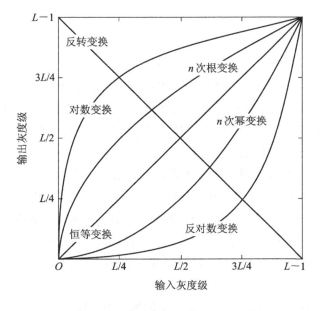

图 10-3 灰度变换中常用的函数

1. 反转变换

使用图 10-3 中所示的反转变换,得到灰度级在区间 $[0, L-1]$ 内的反转图像的形式为

$$s = L - 1 - r \quad (10-2)$$

式中,r 和 s 分别代表图像处理前后的像素值。采用这种方式反转图像的灰度级时,会得到类似于照片底片的结果。这种类型的处理可用于增强图像暗色区域中的白色或灰色细节,暗色区域的尺寸很大时这种增强效果更好。乳房 X 射线图像及灰度反转图像如图 10-4 所

示。原图像是一幅数字乳房 X 射线图像，其中显示有一小块病变，如图 10-4(a)所示。灰度反转图像如图 10-4(b)所示。尽管两幅图在视觉内容上都一样，但应注意，在这种特殊情况下，分析乳房组织时使用反转图像会容易得多。

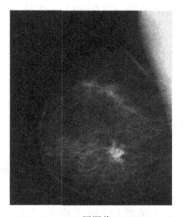 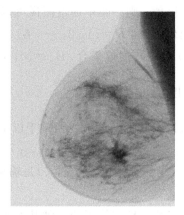

(a) 原图像　　　　　　　　　　(b) 反转图像

图 10-4　乳房 X 射线图像及灰度反转图像

2. 对数变换

图 10-3 中的对数变换的通用形式为

$$s = c\log(1+r) \tag{10-3}$$

式中，c 是一个常数，并假设 $r \geqslant 0$。图 10-3 中对数曲线的形状表明，该变换将输入中范围较窄的低灰度级映射为输出中范围较宽的高灰度级。相反地，输入中的高灰度级被映射为输出中范围较窄的低灰度级。使用这种类型的变换可扩展图像中暗像素的值和压缩更高灰度级的值。反对数变换的作用与此相反。

具有图 10-3 所示对数变换的一般形状的任何曲线，都能完成图像灰度级的扩展/压缩，但是，下面讨论的幂变换更为通用。对数变换有个重要特征，即它压缩像素值变化较大的图像的动态范围。现在，我们只关注图像的频谱特征。通常，频谱值的范围为 $0 \sim 10^6$，甚至更大。尽管计算机能毫无问题地处理这一范围内的数字，但图像的显示系统通常不能如实地再现如此大范围的灰度级。因而，最终结果是许多重要的灰度细节在典型的傅里叶频谱的显示中丢失了。

作为对数变换的说明，图 10-5(a)显示了值域为 $0 \sim 1.5 \times 10^6$ 的傅里叶频谱。当这些值在一个 8 bit 显示系统中被线性地缩放显示时，最亮的像素将支配该显示，频谱中的低值(恰恰是重要的)将损失掉。图 10-5(a)中相对较小的图像区域鲜明地体现了这种支配性的效果，而频谱中的低值作为黑色则观察不到。替代这种显示数值的方法，如果我们先对这些频谱值应用式(10-3)(此时 $c=1$)，那么得到的值的范围就变为 $0 \sim 6.2$。图 10-5(b)显示了线性地缩放这个新值域并在同一个 8 bit 显示系统中显示频谱的结果。由这些图片可以看出，与未改进显示的频谱相比，这幅图像中可见细节的丰富程度是很显然的。

 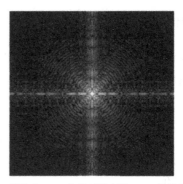

(a) 傅里叶频谱　　　　　　　(b) 应用式(10-3)中的对数变换($c=1$)的结果

图 10-5　灰度图像对数变换对比

3. 幂变换

幂变换的基本形式为

$$s = cr^\gamma \tag{10-4}$$

式中，c 和 γ 为正常数。若考虑偏移量（即输入为 0 时的一个可度量输出），则式(10-4)也写为 $s=c(r+\varepsilon)^\gamma$，其中 ε 为偏移量。然而，偏移量一般显示标定问题，因而作为一个结果，通常在式(10-4)中忽略不计。对于不同的 γ 值，s 与 r 的关系曲线如图 10-6 所示。与对数变换的情况类似，部分 γ 值的幂曲线将较窄范围的暗色输入值映射为较宽范围的输出值，相反地，对于输入高灰度级时也成立。然而，与对数变换不同的是，随着 γ 值的变化，将得到一簇可能的变换曲线。正如所预期的那样，在图 10-6 中，$\gamma>1$ 的值所生成的曲线和 $\gamma<1$ 的值所生成的曲线完全相反。且当式(10-4)中 $c=\gamma=1$ 时，幂变换简化成了恒等变换。

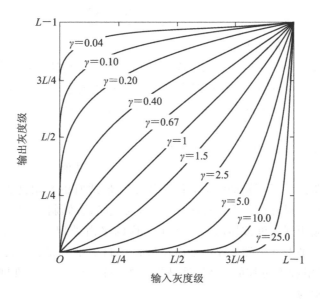

图 10-6　不同 γ 值的 $s=cr^\gamma$ 曲线

10.2.3 图像平滑

每幅图像都包含某种程度的噪声。噪声是由多种原因造成的灰度值的随机变化,例如由于光子通量的随机性而产生的噪声。在多数情况下,图像中的噪声必须通过图像平滑处理进行抑制。

一般来说,若噪声被视为一种叠加在灰度值上的平稳随机过程,则位置(r,c)处的实际灰度值为$\hat{g}_{r,c}=g_{r,c}+n_{r,c}$,其中,$n_{r,c}$为叠加在每个像素值上均值为0、方差为$\sigma^2$的随机变量,$g_{r,c}$是灰度值的真值。平稳是指噪声与图像上像素的位置无关,即噪声对每个像素都是同分布的。

噪声抑制可以被视为随机估计问题,也就是说,用实测到的包含噪声的灰度值$\hat{g}_{r,c}$来估计灰度值的真值$g_{r,c}$。一个最明显的降噪方法就是采集同一场景的多幅图像并对这些图像进行平均。由于多幅图像是在不同时间采集的,因此将该方法称为时域平均法。如果采集了n幅图像,则时域平均值的计算公式为

$$g_{r,c}=\frac{1}{n}\sum_{i=1}^{n}\hat{g}_{r,c;i}$$

式中,$\hat{g}_{r,c;i}$代表第i幅图像上位置(r,c)处的灰度值。

由概率论的知识可以知道,平均值$g_{r,c}$的方差降低为原来的$1/n$,噪声的标准差相应地降低为原来的$1/\sqrt{n}$。时域平均法的缺点之一就是必须采集多幅图像才能进行噪声抑制。因此,大多数情况下,需要其他的降噪方法。理想情况下,仅仅在一幅图像上就可以对灰度值的真值进行估计。如果随机过程是遍历的,时域平均法就可以被空间域平均法代替。假设随机过程是遍历的,那么空间均值可以通过像素数是$(2n+1)(2m+1)$的一个窗口(或掩码)按如下公式计算:

$$g_{r,c}=\frac{1}{(2n+1)(2m+1)}\sum_{i=-n}^{n}\sum_{j=-m}^{m}\hat{g}_{r-i,c-j}$$

此空间域平均法也称为均值滤波。

但是,利用空间域平均法平滑后的边缘不如利用时域平均法平滑后的锐利。这是因为,一般而言,图像并不是遍历的,只有在图中亮度一致的区域才是遍历的。因此,均值滤波使得图像的边缘变得模糊。对于图像来说,均值滤波器可表示为

$$h_{r,c}=\begin{cases}\frac{1}{(2n+1)(2m+1)}, & |r|\leqslant n \text{ 且 } |c|\leqslant m \\ 0, & \text{其他}\end{cases}$$

尽管均值滤波器提供了不错的结果,但它还不是最适宜的平滑滤波器,因为均值滤波器的频率响应不是旋转对称的,或者各向异性的。这意味着倾斜方向上的结构与水平或垂直方向上的结构在应用同一滤波器时会经历不一样的平滑处理。在所有平滑滤波器中,高斯滤波器是最理想的平滑滤波器。理想平滑滤波器的自然准则是:滤波器应该是线性可分的,各向同性的,平滑程度可控的。高斯滤波器是唯一符合全部自然准则的平滑滤波器。二维高斯滤波器可表示为

$$g_{r,c}=\frac{1}{2\pi\sigma^2}e^{-\frac{r^2+c^2}{2\sigma^2}}$$

以上讨论的都是空间域的线性滤波器，同样能抑制噪声的还有一种非线性滤波器——中值滤波器。中值被定义为这样一个值，在样本概率分布中，50%的值要小于此值，而另外50%的值要大于此值。如果样本包含 n 个值 $g_i(i=0,1,\cdots,n-1)$，以升序对 g_i 进行排序后得到新的序列 s_i，那么 g_i 的中值 $\mathrm{median}(g_i)=s_{n/2}$。这样，通过计算当前窗口内覆盖像素的中值而不是平均值，就得到一个中值滤波器。用 W 表示窗口，此时中值滤波器可以表示为

$$g_{r,c} = \mathrm{median}\ \hat{g}_{r-i,c-j} \quad (i,j) \in W$$

中值滤波器是不可分的。与线性滤波器不同的是，中值滤波器能保留边缘的锐利程度。但是，使用中值滤波器时，处理后图像所包含的边缘位置是否会产生变化，变化程度是多少并不能预先估计到。而且，同线性滤波器相比，人们也不能估计出中值滤波器抑制噪声的程度。因此，对于高精度的测量任务，仍应采用高斯滤波器。

10.2.4 傅里叶变换

许多用于图像处理和分析的过程都基于频域或者空间域。在空间域中，操作的对象是单个像素。在频域处理中，不再使用单个像素信息，而是对整幅图像的频率进行处理。虽然二者处理方式不同，但它们之间相互关联，在不同情况下有各自的应用。傅里叶变换能将函数从空间域转换到频域，傅里叶逆变换则是将函数从频域转换到空间域。

一维函数 $h(x)$ 的傅里叶变换是将位置在 x 的函数 $h(x)$ 转换为频率 f 的函数 $H(f)$，变换公式为

$$H(f) = \int_{-\infty}^{+\infty} h(x) \mathrm{e}^{2\pi \mathrm{i} f x} \mathrm{d}x$$

从频域到空间域的傅里叶逆变换为

$$h(x) = \int_{-\infty}^{+\infty} H(f) \mathrm{e}^{-2\pi \mathrm{i} f x} \mathrm{d}f$$

$H(f)$ 通常是复数，精确描述了不同频率复指数函数的叠加，叠加相同频率的正弦波和余弦波即得到一个相位移动的正弦波。

对于二维连续函数，其傅里叶变换及傅里叶逆变换为

$$H(u,v) = \sum_{r=0}^{M-1} \sum_{c=0}^{N-1} h(r,c) \mathrm{e}^{2\pi \mathrm{i} \left(\frac{ur}{M} + \frac{vc}{N}\right)}$$

$$h(r,c) = \frac{1}{MN} \sum_{u=0}^{M-1} \sum_{v=0}^{N-1} H(u,v) \mathrm{e}^{-2\pi \mathrm{i} \left(\frac{ur}{M} + \frac{vc}{N}\right)}$$

在傅里叶变换的众多性质中，最有趣的一个性质是傅里叶变换在空间域的卷积等价于在频域的相乘。因此，通过将图像及使用的滤波器变换到频域，将两者在频域的结果相乘，再将乘积转换回空间域就实现了空间域的卷积操作，也就实现了空间域的滤波。

均值滤波器的傅里叶变换结果为

$$H(u,v) = \frac{uv}{(2n+1)(2m+1)} \mathrm{sinc}(2n+1)\mathrm{sinc}(2m+1)$$

式中，$\mathrm{sinc}(x) = \frac{\sin \pi x}{\pi x}$。

同理，高斯滤波器的傅里叶变换结果为

$$H(u,v) = \mathrm{e}^{-2\pi^2 \sigma^2 (u^2 + v^2)}$$

可见，高斯滤波器的傅里叶变换还是一个高斯函数，只是方差变成了自身的倒数。若增加以上两种滤波器自身的尺寸，则滤波器的频率响应将变窄。一般来说，空间域和频率域的对应关系为

$$h(x/a) \Leftrightarrow |a| H(af)$$

式中，a 为高斯滤波器的尺寸。

10.2.5 几何变换

在许多应用中，并不能保证被测物在图像中总是处于同样的位置和方向。所以，检测算法需要能应对位置的变化。首先要解决的问题就是检测出被测物的位置和姿态，即位姿，并将它调整到标准的位姿，再进行检测。因此，我们将探讨一些常用的几何变换方法。

1. 仿射变换

如果在测量装置上物体的位置和旋转角度不能保持恒定，那么必须对物体进行平移和旋转角度的修正，这时使用到的变换称为仿射变换。仿射变换是一种线性变换，指平面内的平移、旋转及缩放。线性变换可用如下齐次坐标描述：

$$\begin{bmatrix} \tilde{r} \\ \tilde{c} \\ 1 \end{bmatrix} = \begin{bmatrix} a_{11} & a_{12} & a_{13} \\ a_{21} & a_{22} & a_{23} \\ 0 & 0 & 1 \end{bmatrix} \begin{bmatrix} r \\ c \\ 1 \end{bmatrix}$$

式中，$\begin{bmatrix} a_{11} & a_{12} \\ a_{21} & a_{22} \end{bmatrix}$ 是线性部分，a_{13} 和 a_{23} 表示在横坐标和纵坐标两个方向上的平移。

2. 投影变换

投影变换是指物体与其在投影面上的像之间的变换，也就是说，投影前的面和投影后的面不是同一个面。如果物体是二维的，则可以通过二维投影变换对此物体的三维变换进行模型化，具体由下式给出：

$$\begin{bmatrix} \tilde{r} \\ \tilde{c} \\ \tilde{w} \end{bmatrix} = \begin{bmatrix} a_{11} & a_{12} & a_{13} \\ a_{21} & a_{22} & a_{23} \\ a_{31} & a_{32} & a_{33} \end{bmatrix} \begin{bmatrix} r \\ c \\ w \end{bmatrix}$$

投影变换与仿射变换的区别在于，投影变换是用一个完整的 3×3 矩阵来描述的，并且将仿射变换里第三个坐标从 1 变成 w，因此仿射变换是特殊的投影变换。

3. 图像变换

在了解了如何用仿射变换和投影变换实现坐标变换后，接下来考虑如何对图像进行变换。变换一幅图像的方法是在输出图像内遍历所有像素并计算其在输入图像中相应点的位置，然后再算出输入图像中该点的灰度值并将其作为输出图像的灰度值。这是保证能够对输出图像中所有相关像素进行设定的最简单方法。为了从输出图像得到输入图像的坐标，需要对表示仿射变换或投影变换的矩阵求逆，然后使用逆矩阵进行仿射变换或投影变换求解。

当图像坐标从输出图像变换到输入图像时，不是输出图像中的所有像素都能变换回位于输入图像内的坐标上。我们通过为输出图像计算一个合适的感兴趣区域（region of interest，

ROI)来解决这个问题。而且,输入图像中的结果坐标通常不是整数坐标,因此,输出图像中像素点的灰度值必须由输入图像中像素点的灰度值通过插值得到。

插值方法有许多,常用的一种是最近邻域插值法。假设输出图像的一个像素已经变换回输入图像中,并且位于输入图像中四个像素中心点之间,是一个非整数坐标。最近邻域插值法是先对变换后像素中心的非整数坐标进行取值处理,以找到与此坐标相邻的四个像素点的中心位置中最近的一个,然后将输入图像中的这个最近位置的像素灰度值视为输出图像内相应像素点的灰度值。最近邻域插值法的缺点是精度不高,因为落在整数坐标±0.5的矩形内的每个坐标都被赋值为同一个灰度值。

为了得到更好的插值结果,常常采用双线性插值法。双线性插值是指先计算非整数坐标到四个相邻像素中心点的垂直方向和水平方向的距离,然后根据距离值得到四个相邻像素点灰度值所占权重后进行求和,如图 10-7 所示,该结果为

$$\tilde{g}=b[ag_{11}+(1-a)g_{01}]+(1-b)[ag_{10}+(1-a)g_{00}]$$

式中,g_{00}、g_{10}、g_{01}、g_{11} 为与插值点 $\tilde{g}$ 相邻的四个像素灰度值;a、b、$1-a$ 和 $1-b$ 表示距离,此处作为计算插值点灰度值的权重。

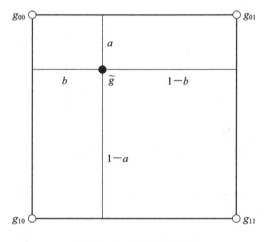

图 10-7 双线性插值

10.2.6 图像分割

1. 阈值分割

为了得到图像中的物体信息,必须将图像进行分割,即提取图像中与感兴趣物体相对应的那些区域。图像分割的输入是图像,输出是一个或多个区域。最简单的分割算法是阈值分割。阈值分割操作被定义为

$$S=\{(r,c)\in R\,|\,g_{\min}\leqslant f_{r,c}\leqslant g_{\max}\}$$

式中,R 是离散二维平面内的矩形图像,$f_{r,c}$ 表示输入图像,$g_{\min}$ 和 $g_{\max}$ 分别为阈值分割的灰度值下限和灰度值上限。

阈值分割将图像 R 内灰度值处于某一指定灰度值范围内的全部点选到输出区域 S 中。只要被分割的物体和背景之间存在非常明显的灰度差,都能使用阈值分割。固定阈值仅在

物体的灰度值和背景的灰度值不变时达到比较好的效果。当照明产生变化时，物体和背景的灰度值就会发生变化。即使保持照明不变，相似物体也会有灰度值分布不固定的情况，采用固定阈值则不能很好地将物体和背景分开。因此，人们希望有一种能自动确定阈值的方法。

一般来说，可以基于图像的灰度直方图确定阈值。其中一种方法就是假设前景的灰度值和背景的灰度值都是正态(高斯)分布，在直方图上拟合两个高斯密度，阈值就选定在两个高斯密度概率相等的灰度值处。还有一种方法是先指定一个像素比其所处的背景亮多少或暗多少，而不是指定一个全局阈值，然后使用均值滤波器、高斯滤波器或中值滤波器进行平滑处理，就可以计算出以当前像素为中心的窗口内的平均灰度值，将这个平均灰度值作为对背景灰度的估计。将图像与其局部背景进行比较的操作称为动态阈值分割。用 $f_{r,c}$ 表示输入图像，用 $g_{r,c}$ 表示平滑后的图像，则对亮物体的动态阈值分割处理为

$$S = \{(r,c) \in R \mid f_{r,c} - g_{r,c} \geq T\}$$

而对暗物体的动态阈值分割处理为

$$S = \{(r,c) \in R \mid f_{r,c} - g_{r,c} < T\}$$

式中，T 为设定的灰度值阈值。

在动态阈值分割中，平滑滤波器的尺寸决定了能被分割出来的物体的尺寸。均值滤波器或高斯滤波器的尺寸越大，滤波后的结果就越能更好地代表局部背景。

2. 连通区域提取

分割算法返回一个区域作为分割的结果，通常情况下，分割后得到的区域中所包含的多个物体在返回结果中应该是彼此独立的。但是，我们感兴趣的物体是由一些相互连通的像素集合而成的。所以，必须计算出分割后所得区域内包含的所有连通区域。

为了计算出连通区域，必须对两个像素连通的规则进行定义。在一个矩形像素网格上，对连通性有两种自然的定义。第一种定义是这两个像素有共同的边缘，即一个像素在另一个像素的上方、下方、左侧或右侧。由于每个像素有四个连通的像素，因此称这种连通为4-连通或4-邻域。第二种定义是第一种定义的扩展，即将对角线上的相邻像素也包括进来，称为8-连通或8-邻域。虽然上面两个定义很容易理解，但当对前景和背景都使用同一个定义时，上面的定义就会产生问题。因此，对前景和背景应使用不同的连通性定义。

10.2.7 特征提取

尽管区域和轮廓包含我们感兴趣的图像部分，但它们只是对分割结果的原始描述。通常，还需要进一步从分割结果中选出某些区域或轮廓，去除分割结果中不想要的部分。在物体测量或者物体分类的应用中，需要从区域或轮廓中确定一个或多个特征量，这些确定的特征量称为特征，它们通常是实数。确定特征的过程称为特征提取。特征有多种不同类型，区域特征是能够从区域自身提取出来的特征，灰度值特征还需要区域内的灰度值。

最简单的区域特征是区域面积：

$$a = |R| = \sum_{(r,c) \in R} 1$$

区域面积就是区域内的像素点的个数。事实上，可以通过求区域的矩来求区域的特征，当 $p \geq 0$，$q \geq 0$ 时，区域的 (p,q) 阶矩定义为

$$m_{p,q} = \sum_{(r,c) \in R} r^p c^q$$

从归一化的矩中得到的特征是区域的重心，即$(n_{1,0}, n_{0,1})$，它可描述区域的位置。还有一些特征是不随图像中区域的位置变化而变化的，可以通过计算相对于区域重心的矩来求得。我们把下面的矩称为归一化的中心矩，即

$$\mu_{p,q} = \frac{1}{a} \sum_{(r,c) \in R} (r - n_{1,0})^p (c - n_{0,1})^q$$

二阶中心矩（$p+q=2$）可以用来定义区域的方位和区域的范围。假设一个区域是椭圆，通过获取区域的一阶矩得到区域的重心，即为椭圆的中心。其次，椭圆的长轴r_1、短轴r_2，以及相对于横轴的夹角θ可由二阶矩计算得到，即

$$r_1 = \sqrt{2 \left[\mu_{2,0} + \mu_{0,2} + \sqrt{(\mu_{2,0} - \mu_{0,2})^2 + 4\mu_{1,1}^2} \right]}$$

$$r_2 = \sqrt{2 \left[\mu_{2,0} + \mu_{0,2} - \sqrt{(\mu_{2,0} - \mu_{0,2})^2 + 4\mu_{1,1}^2} \right]}$$

$$\theta = -\frac{1}{2} \arctan \frac{2\mu_{1,1}}{\mu_{0,2} - \mu_{2,0}}$$

根据椭圆的参数可以推导出另一个非常有用的特征，即各向异性r_1/r_2。此特征在区域缩放时是保持恒定不变的，它可以描述一个区域的细长程度。椭圆的这些参数在确定区域的方位和尺寸时很有用。例如，θ可以用来对经过旋转的文本进行校正。

除了基于矩的特征，还存在许多其他有用的特征，这些特征都基于为区域找到一个外接几何基元。区域的最小平行轴外接矩形可基于区域横、纵坐标的最大值和最小值计算得到。基于矩形的参数，可计算出其他有用的特征，如区域的宽度、高度和宽高比，还可以计算出任意方位的最小外接矩形和最小外接圆，如图10-8所示。首先需计算区域的凸包。在一个特定区域里，一个点集的凸包就是包含了区域中所有点的最小凸集。如果点集中任意两点连成的直线上的所有点都在此点集中，那么这个点集就是凸集。一个区域的凸包通常很有用，基于此区域的凸包，能够定义另一个有用的特征，即凸性。凸性被定义为某个区域的面积和该区域凸包的面积之比，可用来测量区域的紧凑程度。一个凸区域的凸性是1，一个非凸区域的凸性介于0~1之间。

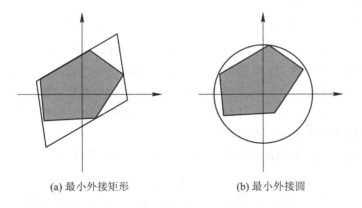

(a) 最小外接矩形　　(b) 最小外接圆

图10-8　区域面积作为特征进行特征提取

10.2.8 形态学

我们已经知道了如何分割区域,但是分割结果中经常包含我们不想要的干扰,或者分割结果中感兴趣物体的形状已经被干扰了,因此需要调整分割后区域的形状以获取我们想要的结果。这是数学形态学领域的课题,可以利用数学形态学的方法来处理这些区域,得到我们想要的形状。

所有的区域形态学处理能根据六个非常简单的操作来定义,即并集、交集、差集、补集、平移和转置。先简单来看一下这些操作。

两个区域 R 和 S 的并集是所有位于这两个区域内的点的集合:

$$R \cup S = \{p \mid p \in R \vee p \in S\}$$

两个区域 R 和 S 的交集是同时位于这两个区域内的点的集合:

$$R \cap S = \{p \mid p \in R \wedge p \in S\}$$

交集和并集有同样的性质,那就是可交换性和可结合性。

两个区域 R 和 S 的差集是位于 R 且不位于 S 内的点的集合:

$$R \backslash S = \{p \mid p \in R \wedge p \notin S\} = R \cap \bar{S}$$

式中,$\bar{S}$ 表示区域 S 的补集。

一个区域 S 的补集是不位于区域 S 内的点的集合:

$$\bar{S} = \{p \mid p \notin S\}$$

除了集合操作,两种基础的集合变换也用于形态学的处理中。将某个区域平移 t 定义为

$$R_t = \{p \mid p - t \in R\} = \{q \mid q = p + t, p \in R\}$$

一个区域 R 的转置定义为关于原点的一个镜像,即

$$\check{R} = \{-p \mid p \in R\}$$

以上六种操作中,转置是唯一需要确定原点的操作,而其他操作都不依赖于坐标系的原点。有了上面的基本知识,就可以开始学习形态学的处理方法了。这些处理需要涉及两个区域:一个是待处理的区域,用 R 表示;另一个区域通常称为结构元,用 S 表示,结构元一般是我们感兴趣的形状。

我们考虑的第一类形态学的操作是闵可夫斯基加法,定义为

$$R \oplus S = \{r + s \mid r \in R, s \in S\} = \{t \mid R \cap (\check{S})_t \neq \varnothing\}$$

对上式中第一个等式的解释为,取出第一个区域 R 中的每个点以及 S 中的每个点,然后计算这些点的矢量和,得到的点的集合即为闵可夫斯基加法的结果。第二个等式可以解释为,在平面内移动转置后的结构元,在任何时刻,当转置后的结构元平移到与区域存在至少一个公共点时,复制此平移后的参考点到输出中。

另外一个和闵可夫斯基加法十分相似的操作叫作膨胀,定义为

$$R \oplus \check{S} = \{t \mid R \cap S_t \neq \varnothing\}$$

需要注意的是,只要结构元相对于原点是对称的,那么闵可夫斯基加法和膨胀的结果是相同的。在许多实际应用中,选择的结构元都是关于原点对称的,因此很多参考资料对闵可夫斯基加法和膨胀操作不加以区分。但实际上,两者从定义上还是有区别的。闵可夫

斯基加法和膨胀将区域扩大，可以用来将区域中彼此分开的几个部分合并成一个整体。

第二类形态学的操作是闵可夫斯基减法，定义为

$$R \ominus S = \{r \mid \forall s \in S : r-s \in R\} = \{t \mid (\check{S})_t \subseteq R\}$$

如果转置后的结构元完全包含在区域 R 中，就将其参考点加入输出结果中。闵可夫斯基加法要求结构元必须与区域存在至少一个公共点，而闵可夫斯基减法要求结构元必须全部包含在区域内。

与闵可夫斯基加法和膨胀的关系类似，也有与闵可夫斯基减法相对应的形态学操作，称为腐蚀，定义为

$$R \ominus S = \{t \mid S_t \subseteq R\}$$

闵可夫斯基减法和腐蚀只有在结构元是关于原点对称时才会输出同样的结果。这两种形态学操作会将输入区域收缩，可以用来将彼此相连的物体分开。腐蚀的另一个用途是模板匹配。

闵可夫斯基加法和减法与膨胀和腐蚀都有一个属性，在进行补集操作时，它们彼此之间是互为对偶的，因此有

$$R \oplus S = \overline{\overline{R} \ominus S}, \quad R \ominus S = \overline{\overline{R} \oplus S}$$

现在再来看这几种基本操作的组合应用。第一种是开运算，即

$$R \circ S = (R \ominus \check{S}) \oplus S$$

开运算先执行一个腐蚀操作，再用同一个结构元执行一个闵可夫斯基加法。与腐蚀操作类似，开运算可以用于模板匹配。与腐蚀操作相比，开运算返回输入区域中能被结构元覆盖的全部点，因此，它保持了要搜索的物体的形状。因为开运算无需考虑参考点的位置，所以它相对于结构元是平移不变的。

第二种是闭运算，即

$$R \cdot S = (R \oplus \check{S}) \ominus S$$

闭运算先执行一个膨胀操作，再用同一个结构元执行一个闵可夫斯基减法。开运算与闭运算是对偶的，对前景的一个闭运算等价于对背景的一个开运算；反之亦然。因此有

$$R \cdot S = \overline{\overline{R} \circ S} \text{ 和 } R \circ S = \overline{\overline{R} \cdot S}$$

与开运算类似，闭运算相对于结构元也是平移不变的。闭运算可以用来合并彼此分开的物体，当这些物体间的缝隙小于结构元时，闭运算能用来填充孔洞及消除比结构元小的缺口。

10.2.9 边缘提取

由于基于阈值的图像分割方法对光照变换十分敏感，因此需要找一个对光照改变时仍然鲁棒的分割算法。鲁棒分割算法的目的是尽可能不受影响地准确找到物体的边界，对应于图像分割算法就是找到图像的边缘。

1. 边缘的定义

边缘实际上也是图像中的一些区域，在这些区域中灰度值的变化非常明显。假设把图像看成一个一维函数 $f(x)$，当其一阶导数与 0 的差距非常大，即 $|f'(x)| \gg 0$ 时，灰度值

就发生了显著的变化。但满足这个条件的点不是唯一的,为了获得一个唯一的边缘位置,必须加入额外的条件,即一阶导数的绝对值$|f'(x)|$是局部最大的。根据积分学的知识知道,$|f'(x)|$局部最大对应的点的二阶导数等于零,即$f''(x)=0$。因此,对于一维函数,边缘定义为一阶导数绝对值最大的点,另一种等价定义为二阶导数等于零的点。

在二维图像中,边缘是一条曲线,在边缘曲线的每个点上与曲线垂直的灰度值剖面都是一张一维边缘剖面。与边缘垂直的方向能通过图像的梯度矢量算出,图像的梯度矢量表明了图像函数的最快上升方向,它由图像的一阶偏导矢量得到,即

$$\nabla f(r,c) = \left[\frac{\partial f(r,c)}{\partial r}, \frac{\partial f(r,c)}{\partial c}\right] = [f_r, f_c]$$

梯度矢量的幅度相当于一维中一阶导数的绝对值$|f'(x)|$,其表达式为

$$\|\nabla f(r,c)\|_2 = \sqrt{f_r^2 + f_c^2}$$

梯度矢量的方向为$\varphi = -\arctan(f_r/f_c)$。有了这些定义,二维图像中边缘可定义为图像中的若干点,这些点在梯度方向上的幅值局部最大。在一维中,一阶导数和二阶导数对边缘的定义是等效的。由于在二维中存在三种二阶偏导,因此二阶导数给出的结果与梯度矢量并不等效。在二维中,一个常用的算子是拉普拉斯算子,定义为

$$\Delta f(r,c) = \frac{\partial^2 f(r,c)}{\partial r^2} + \frac{\partial^2 f(r,c)}{\partial c^2} = f_{rr} + f_{cc}$$

$$\Delta f(r,c) = 0$$

边缘能通过令拉普拉斯算子等于零计算得到。

在二维图像中,一阶算子和二阶算子返回的边缘位置是不一致的。

2. 一维边缘的提取

图像是离散的且包含噪声,如何从一维灰度值剖面中提取边缘呢?首先根据离散一维灰度值剖面上连续灰度值之间的差来计算导数,离散一阶导数和二阶导数的计算公式分别为

$$f'_i = \frac{1}{2}(f_{i+1} - f_{i-1})$$

$$f''_i = \frac{1}{2}(f_{i+1} - 2f_i + f_{i-1})$$

这两个等式可以看成两个线性滤波器,它们的卷积掩码如下:

$$\frac{1}{2}(1, 0, -1) \text{ 和 } \frac{1}{2}(1, -2, 1)$$

由于图像包含噪声,造成了一阶导数绝对值局部最大的位置很多,因此也相应地造成了二阶导数等于零的次数非常多。通过对一阶导数绝对值进行阈值分割来得到更精确的边缘时,需要对边缘进行噪声抑制。一种简单的方法就是,在得到灰度值剖面的那条直线的垂线方向上对多个灰度值进行均值滤波。我们也可以通过先对剖面进行平滑,再从这个平滑后的剖面上求一阶导数来提取边缘。由卷积的性质可以知道,对函数平滑以后再求导得到的结果和先对平滑滤波器求导再与函数卷积得到的结果是一样的。这样,就能将平滑滤波器的一阶导数看作一个边缘滤波器。

那么理想的边缘滤波器是什么呢?Canny 提出了理想边缘滤波器的三个标准:边缘滤

波器产生的输出信噪比要最大化,边缘的定位精度要高,能避免多重响应或者说对虚假响应边缘要有最大抑制。Canny 指出,最理想的边缘滤波器是高斯滤波器的一阶导数。因为最理想的平滑滤波器是最理想的边缘滤波器的积分,而最理想的平滑滤波器是高斯滤波器。人们把最理想的边缘滤波器称为 Canny 滤波器。

3. 二维边缘的提取

我们之前讨论过,对二维边缘存在着一阶导数和二阶导数两种定义,这两种定义得到的边缘并不一致。与在一维中的情况类似,对那些明显边缘的提取需要在梯度矢量的量值基础上进行一个阈值分割处理。

首先,来看一下在二维图像中怎样利用有限差分计算偏导数,即

$$f_{r;i,j} \frac{1}{2}(f_{i+1,j} - f_{i-1,j})$$

$$f_{c;i,j} = \frac{1}{2}(f_{i,j+1} - f_{i,j-1})$$

但是,正如在一维边缘中一样,图像必须被平滑以获得更好的边缘提取结果。通常我们会使用如下的 3×3 的边缘滤波器:

$$\begin{bmatrix} 1 & 0 & -1 \\ a & 0 & -a \\ 1 & 0 & -1 \end{bmatrix}$$

$$\begin{bmatrix} 1 & a & 1 \\ 0 & 0 & 0 \\ -1 & -a & -1 \end{bmatrix}$$

当 $a=1$ 时,得到的是 Prewitt 滤波器。当 $a=2$ 时,得到的是 Sobel 滤波器,此滤波器在垂直于求导数的方向上执行一个相当于高斯平滑的处理。在进一步求梯度矢量的量值(幅值)时,通常用 1-范式,或最大值范式,或 2-范式来求,然后对梯度矢量的量值进行阈值分割。由于阈值分割得到的边缘大于一个像素宽度,因此还要对阈值分割后的边缘进行骨架化处理。

同样,在二维图像中,Canny 滤波器也可由高斯滤波器的偏导数得到。因为高斯滤波器是可分的,所以其导数也是可分的,表示如下:

$$g_r = \sqrt{2\pi} \sigma g'_\sigma(r) g_\sigma(c)$$

$$g_c = \sqrt{2\pi} \sigma g_\sigma(r) g_\sigma(c)$$

式中,σ 决定了平滑程度。

对阈值分割后的边缘进行骨架化,有时不能得出预期的结果。为了获得正确的边缘位置,理想的边缘滤波器往往先采用非最大抑制的方法处理边缘,即沿梯度矢量的方向找到最邻近的两个像素并进行梯度矢量量值的比较,如果是极大值则保留,如果不是极大值则抑制。然而,对角方向的边缘经常仍然是两个像素宽度,因此,非最大抑制的输出仍需要被骨架化处理。简单的阈值分割在很多情况下会造成边缘断开,或者虚假边缘,因此人们基于 Canny 滤波器提出了一种双阈值——高阈值和低阈值的边缘检测和边缘连接方法。边缘幅值比高阈值大的点作为边缘点被保留;边缘幅值比低阈值小的点被去除。对边缘幅值介于高阈值和低阈值之间的点按如下原则处理:只有在这些点能按某一路径与保留的边缘点

相连时，它们才作为边缘点被保留。也就是说，在保留边缘幅值大于高阈值的点时，尽可能地延长边缘。

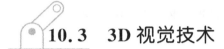 10.3 3D 视觉技术

10.3.1 相机模型和参数

3D 视觉的主要任务包括 3D 位姿识别和 3D 检测，它们使用不同的方法，具有不同的特征，但无论是哪种 3D 视觉任务，进行相机标定是必不可少的环节。由于每个镜头的畸变程度各不相同，通过相机标定就可以校正镜头的畸变。另外在相机标定后，可以得到在世界坐标系中目标物体的实际大小和位姿。为了标定相机，先建立一个模型，该模型由相机、镜头和图像采集卡组成，其可以将世界坐标系中三维空间点投影到二维图像中。以面阵相机模型为例，图 10-9 显示了一个针孔相机模型的透视投影关系。世界坐标系中点 w_P 通过镜头投影中心投射到成像平面上的点 P。如果镜头没有畸变，则点 P 应该在点 w_P 与投影中心连线的延长线上。镜头的畸变使点 P 的位置发生偏移。成像平面位于投影中心后端，与投影中心的距离为主距，用 f 表示。

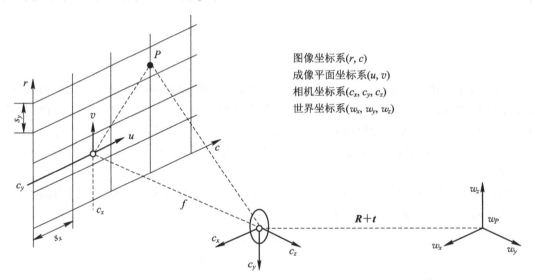

图 10-9 针孔相机模型

为了将世界坐标系中的一点 P 投影到成像平面上，首先需要将它转换到相机坐标系中。相机坐标系的 x 轴和 y 轴分别平行于图像坐标系的 c 轴和 r 轴，z 轴垂直于成像平面。设相机中某像素点 P 在世界坐标系中的坐标为 $[w_x, w_y, w_z]^T$，在相机坐标系中的坐标为 $[c_x, c_y, c_z]^T$，它们之间的坐标转换关系为

$$\begin{bmatrix} c_x \\ c_y \\ c_z \end{bmatrix} = \boldsymbol{R} \begin{bmatrix} w_x \\ w_y \\ w_z \end{bmatrix} + \boldsymbol{t}$$

式中，$t=[t_x, t_y, t_z]^T$ 是一个平移矢量；R 是一个旋转矩阵，由三个旋转角度确定，分别是绕相机坐标系 z 轴的旋转角度 γ，绕 y 轴的旋转角度 β，绕 x 轴的旋转角度 α，且

$$R = \begin{bmatrix} 1 & 0 & 0 \\ 0 & \cos\alpha & -\sin\alpha \\ 0 & \sin\alpha & \cos\alpha \end{bmatrix} \begin{bmatrix} \cos\beta & 0 & \sin\beta \\ 0 & 1 & 0 \\ -\sin\beta & 0 & \cos\beta \end{bmatrix} \begin{bmatrix} \cos\gamma & -\sin\gamma & 0 \\ \sin\gamma & \cos\gamma & 0 \\ 0 & 0 & 1 \end{bmatrix}$$

这里的 6 个参数（α、β、γ、t_x、t_y、t_z）称为相机的外参或相机的位姿，因为它们决定了相机坐标系与世界坐标系之间的相对位置关系。

接着，将空间中的点在相机坐标系中的坐标转换到成像平面坐标系中。对于针孔相机模型，这个变换相当于透视投影，可表示为

$$\begin{bmatrix} u \\ v \end{bmatrix} = \frac{f}{c_z} \begin{bmatrix} c_x \\ c_y \end{bmatrix}$$

式中，$[u, v]^T$ 为像素点在成像平面坐标系中的坐标。

点 P 投影到成像平面后，镜头的畸变导致其在成像平面坐标系中的坐标 $[u, v]^T$ 不在点 w_P 与投影中心的连线上。对于大多数镜头而言，畸变导致的实际平面坐标可以用下面的径向畸变近似代替：

$$\begin{bmatrix} \tilde{u} \\ \tilde{v} \end{bmatrix} = \frac{2}{1 + \sqrt{1 - 4\kappa(u^2 + v^2)}} \begin{bmatrix} u \\ v \end{bmatrix}$$

式中，参数 κ 表示畸变程度，如果 κ 是负数，则畸变为桶形畸变；如果 κ 是正数，则畸变为枕形畸变。

最后，将点从成像平面坐标系转换到图像坐标系中，即

$$\begin{bmatrix} \tilde{u} \\ \tilde{v} \end{bmatrix} = \begin{bmatrix} \dfrac{\tilde{v}}{s_y} + c_y \\ \dfrac{\tilde{u}}{s_x} + c_x \end{bmatrix}$$

式中，s_x 和 s_y 是比例缩放因子，点 $[c_x, c_y]^T$ 是图像的主点。

对针孔相机而言，主点是投影中心在成像平面上的垂直投影，主点与投影中心的连线与成像平面垂直，同时这个点也是径向畸变的中心。针孔相机模型的 6 个参数（f、κ、s_x、s_y、c_x、c_y）称为相机的内参。

10.3.2 相机标定

相机的标定过程就是确定相机外参和内参的过程。为了进行相机标定，必须已知世界坐标系中足够多的三维空间点的坐标，找到这些空间点在图像中的投影点的二维坐标，并建立对应关系。使用标定板可以同时满足这两个要求。标定板是事先精确测量过的、已知尺寸的、具有多个按规定尺寸和形式排列的标志点或网格的平面。例如，一个矩形的标定板有 $m \times n$ 个圆形标志点，在这些标志点外面有一个黑色矩形边框，可以使标定对象的中心部分很容易被提取出来。在矩形边界框的一个角落放置一个小的方向标记，可以利用相机标定算法计算得到标定板的唯一方向。在标定对象表面上使用圆形标志点，主要是因为这样可以非常精确地提取出圆形标志点的中心坐标。所有圆形标志点按矩形阵列排列，这

样可以使利用相机标定算法在图像中提取与这些标志点对应的像素点坐标时更加简便。

由于标定板上的黑色矩形边界框将标定板的内部区域与背景分离开,因此可以利用标定板的这个特点在图像中提取标定板的位置。首先,在图像中通过阈值分割找到标定板的内部区域;然后,利用边缘提取方法得到各个标志点的边缘,将所有提取出的边缘拟合为椭圆。基于拟合得到的椭圆的最小外接四边形可以非常容易地确定标志点与它们在图像中投影之间的对应关系。

在确定了对应关系后,就可以进行相机标定了。将标定标记在世界坐标系中的坐标表示为 M_i,将标定标记中心点的坐标表示为 m_i,最后将相机参数表示为矢量 c,它包含了相机的内参和外参。通过使提取出的标定标记中心点坐标 m_i 与利用投影关系计算得到的坐标 $\pi(M_i, c)$ 之间的距离最小化来确定相机参数,即

$$\mathop{\mathrm{argmin}}\sum_{i=1}^{mn} ||M_i - \pi(M_i, c)||^2$$

式中,mn 是标志点的个数。对距离最小化的求解是个非常复杂的非线性最优化问题。这些参数有一个初始值,相机内参的初始值可以从镜头和传感器的说明手册中得到。

为了解决简并性问题,相机必须使用多幅图像进行标定,在这些图像中标定板的位置要不同。对针孔相机而言,标定对象不能在所有拍摄的标定图像中均相互平行。为了使求得的相机参数更加准确,所有图像中标定板的位置最好能覆盖图像的四个角,这是因为角落处的镜头畸变是最大的,这样就可以得到更准确的径向畸变系数。

10.3.3 双目立体视觉

标定的目的是帮助我们从图像像素点坐标得到物体在三维空间的实际坐标,从而进行后续的测量和定位。标定后的单目相机通常是不能得到三维空间中物体的实际坐标的,这是因为一个相机光心与图像在成像平面上的对应点可以确定一条光线,这一条光线不能唯一确定三维空间中的一点。如果有两个相机,那么两条光线在三维空间中的交点就是图像中相应点的三维位置,这也是三角测量的概念。双目立体视觉进行任意物体的三维重构时,必须包括两个或多个相机,从不同的角度拍摄同一个目标物,通过两幅或多幅图像利用立体匹配的方法获得像素点所对应的目标物的深度信息。

从计算的角度来看,一个双目立体视觉系统必须解决两个问题:第一,匹配问题,也就是一个相机拍摄的场景图像中任意一点在另一个相机拍摄图像中对应的点是哪一个;第二,三维重构问题。人之所以能感知三维世界,是因为大脑能给出成像点在双眼视网膜上的位置差异,也就是视差。所有像素点的视差形成了视差图,如果已知立体系统的几何结构,则可以将视差图还原为 3D 场景图。

假设两个相机都已经经过标定,也就是说两个相机的内参以及两个相机之间的相对位姿关系都已知。立体视觉系统的标定过程与单目相机系统的标定过程类似,在这里不再赘述。

图 10-10 显示了双目立体视觉系统的几何结构。O_1 和 O_2 为相机 1 和 2 的投影中心,C_1 和 C_2 分别是两个成像平面的主点,投影中心到主点的距离是两台相机的主距。世界坐标系中任意一点 w_P 在两个成像平面的投影分别为点 P_1 和 P_2。假设镜头没有畸变,则点 w_P、O_1、O_2、P_1 和 P_2 在同一平面。为了重构三维空间中的点 w_P,必须在两个成像平面

中找到对应点的投影点 P_1 和 P_2。假设已知点 P_1、O_1 和 O_2，我们将点 P_1、O_1 和 O_2 定义的平面称为外极平面。由于点 O_2 在外极平面上，因此外极平面在第二个成像平面上的投影为一条直线，我们称这条直线为外极线。由于点 w_P 在点 P_1 和 O_1 定义的直线上，点 w_P 在第二个成像平面上的投影为点 P_2，因此点 P_2 也位于这条外极线上。通常来说，三维空间中不同的点 w_P 对应不同的外极线，但一幅图像中所有外极线都相交于一点，我们称这个交点为外极点，它是另一个相机的投影中心在当前图像中的投影。由于所有外极平面都包含投影中心 O_1 和 O_2，因此所有外极点都位于 O_1 和 O_2 定义的直线上，我们称这条直线为基线。

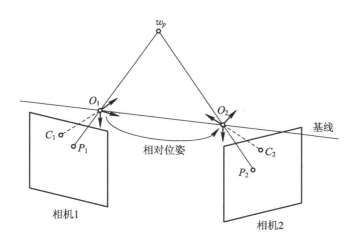

图 10-10 双目立体视觉系统的几何结构

一般来说，为第一幅图像中所有点实时寻找对应的外极线是非常耗时的。通常，需要将立体几何结果图转换成标准的外极几何结构来简化外极线的求取，这个过程也称为几何校正。在标准的外极几何结构中，保持两个投影中心固定不变，旋转两个相机的坐标系，使得它们的成像平面与基线平行，水平对齐并且垂直对齐。忽略镜头的畸变，两个相机的主距相等，两幅图像上的主点行坐标相等，纵坐标轴与基线平行。两个主点与各自投影中心的连线与基线垂直，两个主点的连线与基线平行。在这种几何结构中，一个点的外极线就是与该点横坐标相同的直线，而且所有的外极线都是水平对齐并且垂直对齐的。此时，在一幅图像中寻找对应点的过程就从二维的变成一维的，大大简化了匹配过程。而视差就是点和外极线上对应点纵坐标的差值。

重构空间深度如图 10-11 所示。在图中，假设已经找到点 P 在左右两幅图像中的投影点 P_l 和 P_r，已知两个投影中心的距离 t，令 x_l 和 x_r 为 P_l 和 P_r 的纵坐标，f 为主距，z 为点 P 到基线的距离，根据相似三角形关系，有

$$\frac{t+x_l-x_r}{z-f}=\frac{t}{z}$$

求解得到

$$z=f\frac{t}{d}$$

式中，d 是点 P 在两幅图像中的投影点的视差，并且深度与视差成反比关系，$d=x_r-x_l$。

双目立体视觉技术的优点是，它的场景照明不需要特殊结构的主动照明，而仅仅依赖

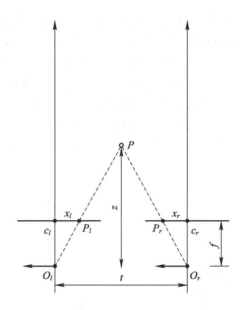

图 10-11 重构空间点深度

于普通的场景照明；缺点是对于缺乏纹理特征的像素点，在不同图像中进行对应点的匹配比较困难。

10.3.4 光片技术

光片技术(sheet-of-light)需要的硬件包括相机、激光投影仪，这种技术的基本思想是投射细的发光直线，一般是将激光产生的直线投射在需要重建的物体表面上，然后将投影线的成像拍摄下来。激光线的投影组成的一个光平面称为光片。光片测距示意图如图 10-12 所示，相机的光轴和光平面形成一个角度 α，称为三角测量角度。激光线和相机视图之间的交点取决于物体的高度。因此，如果激光线投射到物体上，物体的高度不同，则投射线的成像不是直线，而是被测对象的轮廓。使用此轮廓，可以获得激光投射线上的物体的高度差。为了重建物体的整个表面，需要得到更多的高度轮廓，为此，物体必须相对于相机和激光投影仪组成的测量系统移动。物体通常放置在一个能够线性移动的定位系统上，由定位系统来控制物体的位移。如果定位系统是标定过的系统，则定位系统将返回测量点的三维世界坐标值的差异，从而构建出物体的三维模型。

采用光片技术的 3D 相机通常有两种：一种是相机有内置激光器，即相机和激光器集成在一个单元中；另一种是相机配备的激光器单独安装。如果相机和激光器集成在一个单元中，则测量设置仅限于固定的三角测量角度并且需要以确定的方式安装。SIGK 的 Ruler 相机是一款有内置激光器的 3D 相机，在安装 Ruler 相机时，应确保激光投射方向垂直于线性定位系统。对于这种内置激光器的相机，相机和光平面相对于世界坐标系的方向已经标定好了。如果相机和激光器是分开安装的，测量装置是任意配置的，则需要进行相机和光平面的标定。如果使用 SICK 的 Ranger 相机，则需要利用 SICK 提供的软件和单独购买的标定物体来标定整个测量系统。

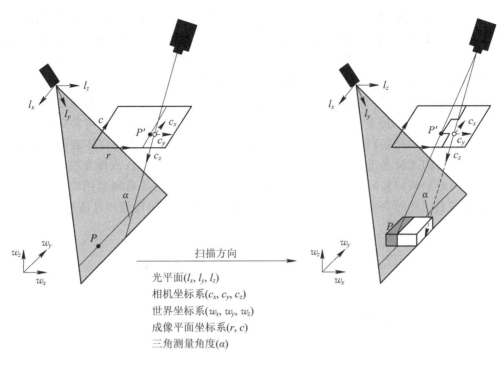

图 10-12 光片测距示意图

10.3.5 结构光技术

与光片技术类似，结构光（structured-light）技术也是一种主动立体视觉技术，不同的是结构光技术通过投影仪将多个已知结构的光平面顺序投射到目标表面上，形成特征点，并由相机从另一位置拍摄投影图像。物体的几何形状会导致投影变形，通过分析失真的投影图像，利用三角测量原理可求得特征点与相机主点之间的距离，即特征点的深度信息。在标定出投影仪与相机在世界坐标系中的位置参数后，就可以得到特征点在世界坐标系中的三维坐标。由相机拍摄的图像中的每个像素点都需要被映射到对应的三维世界坐标系中，这可以通过确定像素点属于哪个光平面或条纹来确定，然后通过三角测量的方法找到像素点对应的目标物体表面点的三维坐标。

根据投影仪投射的光结构的不同，结构光可分为点结构光、线结构光和面结构光，相应地，结构光技术可分为点结构光技术、线结构光技术和面结构光技术。简单的线结构光包含水平线和垂直线；简单的面结构光包含棋盘图案等。复杂的结构光包含光学图案编码。

采用点结构光技术时，投影仪发出的光束投射到被测物体表面上并产生一个光点，光点的部分反射光通过相机镜头成像在位置敏感器件（PSD）或电荷耦合器件（CCD）的像面上。如果被测物体沿着激光束方向发生移位，则 PSD 或 CCD 像面上的像点位置也会随之移动。根据像点的移动距离和经过标定后的激光器与 PSD 或 CCD 之间的相互方向、位置参数，即可求出被测物体面的移动距离。点结构光技术从光源制作到图像算法都比较简单，且点光源是最常见的光源，但由于利用每幅图像只能得到一个点，因此测量效率低，不适合大规模快速测量。如果要得到被测物体的整体三维数据，需要配备复杂的三维扫描装置，才能从多个角度对物体进行测量。

线结构光技术也是基于三角测量原理的,但是用线光源代替点光源,这样可以减少对被测物体表面的扫描时间。利用线结构光技术时,只有一条光线,不存在匹配问题,图像处理算法比较简单,一次能够获取一条光线上所有点的三维信息。与点结构光技术相比,该技术的测量信息量大大增加,而实现的复杂性并没有增加。

面结构光技术是将编码结构光投射到被测物体表面上的技术,这样无需连续扫描就能完成对整个物体表面的测量。根据标定出的相机和激光投射器的内部几何参数以及外部方向、位置参数和结构光编码方式,利用三角测量原理即可测量出被测物体表面各点的三维坐标。利用面结构光技术进行测量时,测量速度快、效率高,但存在成像光线和实际光线的匹配问题,即难以确定实际光线和成像光线的对应关系,特别是遇到遮挡时,某个实际光线可能没有成像,此时会引起匹配错误;同时光源的价格高,图像处理算法非常复杂。

10.4 本章小结

本章首先介绍了机器视觉的基本概念及系统组成,然后介绍了图像的变换与校正、图像增强、图像平滑和去噪,最后介绍了几种 3D 视觉技术。

10.5 课后习题

1. 填空题:常见的图像灰度变换算法包括_____、_____和_____。
2. 填空题:所有的区域形态学处理能根据六个非常简单的操作来定义,即并集、交集、_____、_____、平移和转置。
3. 简答题:分别使用一个 31×31 的均值滤波器和高斯滤波器进行平滑处理,比较它们的结果,并说明哪种滤波器会产生振铃效果。
4. 简答题:分别使用拉普拉斯算子和 Canny 算子进行边缘检测,比较它们的结果。
5. 操作题:视觉系统标定和测量(基于 Halcon 软件)。
(1) 固定相机在测量平面上方,制作标定板,标定相机的内参和外参。
(2) 在测量平面上放置较薄的长方形物体,如直尺,利用标定的相机内参和外参测量物体的尺寸(或直尺刻度之间的距离),并与实际值进行比较(提示:可利用 Halcon 算子 gen_measure_rectangle2、measure_paris、image_points_to_world_plane)。

附 录

流体传动系统及元件图形符号和回路图
（摘自 GB/T 786.1—2009）

附表 1 基本符号、管路及连接

名 称	符 号	名 称	符 号
工作管路	——	管端连接于油箱底部	⊥
控制管路	-----	密闭式油箱	
连接管路	⊥ ⊥	直接排气	
交叉管路	＋	带连接排气	
柔性管路	⌣	带单向阀快换接头	
组合元件线	— · —	不带单向阀快换接头	
管口在液面以下的油箱		单通路旋转接头	
管口在液面以上的油箱		三通路旋转接头	

附表 2 控制机构和控制方法

名　称	符　号	名　称	符　号
按钮式人力控制机构		气压先导控制机构	
手柄式人力控制机构		比例电磁铁机构	
踏板式人力控制机构		加压或泄压控制机构	
顶杆式机械控制机构		内部压力控制机构	
滚轮式机械控制机构		外部压力控制机构	
弹簧控制机构		液压先导控制机构	
单作用电磁控制机构		电-液先导控制机构	
双作用电磁控制机构		电磁-气压先导控制机构	

附表 3 泵、马达和缸

名　称	符　号	名　称	符　号
单向定量液压泵		单向变量液压泵	
双向定量液压泵		双向变量液压泵	
单向定量马达		摆动马达	
双向定量马达		单作用弹簧复位缸	
单向变量马达		单作用伸缩缸	
双向变量马达		双作用单活塞杆缸	
定量液压泵—马达		双作用双活塞杆缸	
变量液压泵—马达		液压油源	
压力补偿变量泵		单向缓冲缸（可调）	
双作用伸缩缸		双向缓冲缸（可调）	

附表 4 压力控制元件

名 称	符 号	名 称	符 号
直动型溢流阀		直动型减压阀	
先导型溢流阀		先导型减压阀	
先导型比例电磁溢流阀		溢流减压阀	
双向溢流阀		直动顺序阀	
卸荷阀		先导顺序阀	
压力继电器	详细符号 一般符号	行程开关	详细符号 一般符号
不可调节流阀		可调节流阀	详细符号 简化符号
温度补偿调速阀	详细符号 简化符号	带消声器调速阀	

续表

名　称	符　号	名　称	符　号
调速阀	详细符号　　简化符号	旁通型调速阀	详细符号　　简化符号
二位二通换向阀	(常闭)	二位四通换向阀	
二位三通换向阀		二位五通换向阀	
三位四通换向阀		三位五通换向阀	
单向阀	详细符号　　简化符号	液控单向阀	弹簧可以省略
液压锁		快速排气阀	

附表 5　辅 助 元 件

名称	符号	名称	符号
过滤器		蓄能器（一般符号）	
污染指示过滤器		蓄能器（气体隔离式）	
磁芯过滤器		压力计	
冷却器		温度计	
加热器		液位计	
流量计		电动机	
原动机		气压源	
分水排水器		压力指示器	
		油雾器	
空气过滤器		消声器	
		空气干燥器	
油雾分离器		气源调节装置	
		气-液转换器	

参考文献

[1] 坂本正文. 步进电机应用技术[M]. 王自强, 译. 北京: 科学出版社, 2010.
[2] 张运真. 液压与气压传动[M]. 上海: 同济大学出版社, 2018.
[3] 林燕文, 陈南江, 许文稼. 工业机器人技术基础[M], 北京: 人民邮电出版社, 2019.
[4] SICILIANO B, KHATIB O. 机器人手册 第1卷: 机器人基础[M]. 《机器人手册》翻译委员会, 译. 北京: 机械工业出版社. 2016.
[5] CORKE P. 机器人学、机器视觉与控制: MATLAB算法基础[M]. 刘荣, 译. 北京: 电子工业出版社. 2016.
[6] 蔡自兴. 机器人学基础[M]. 北京: 机械工业出版社, 2009.
[7] 张铁, 谢存禧. 机器人学[M]. 广州: 华南理工大学出版社, 2001.
[8] 陈恳, 杨向东, 刘莉, 等. 机器人技术与应用[M]. 北京: 清华大学出版社, 2006.
[9] 陈万米. 机器人控制技术[M]. 北京: 机械工业出版社, 2017.
[10] NIKU S B. 机器人学导论: 分析、控制及应用[M]. 2版. 孙富春, 朱纪洪, 刘国栋, 译. 北京: 电子工业出版社, 2018.
[11] GONZALEZ R C, WOODS R E. 数字图像处理[M]. 4版. 阮秋琦, 阮宇智, 译. 北京: 电子工业出版社, 2020.
[12] 颜嘉男. 伺服电机应用技术[M]. 北京: 科学出版社, 2010.
[13] 刘刚, 王志强, 房建成. 永磁无刷直流电机控制技术与应用[M]. 北京: 机械工业出版社, 2008.
[14] 戴文进, 徐龙权. 电机学教程[M]. 北京: 清华大学出版社, 2012.
[15] 夏长亮. 无刷直流电机控制系统[M]. 北京: 科学出版社, 2009.
[16] 寇宝泉, 程树康. 交流伺服电机及其控制[M]. 北京: 机械工业出版社, 2008.
[17] 陈先锋. 伺服控制技术自学手册[M]. 北京: 人民邮电出版社, 2009.